U0872096

专用于国家职业技能鉴定

国家职业资格培训教程

核设备无损检测工

基础知识

中国核工业集团有限公司人力资源部
中国核能电力股份有限公司
组织编写

中国原子能出版社

图书在版编目（CIP）数据

核设备无损检测工. 基础知识 / 中国核工业集团有限公司人力资源部，中国核能电力股份有限公司组织编写. —北京：中国原子能出版社，2021.3

国家职业资格培训教程

ISBN 978-7-5221-1296-1

Ⅰ. ①核… Ⅱ. ①中…②中… Ⅲ. ①核设施–无损检验–技术培训–教材 Ⅳ. ①TL75

中国版本图书馆 CIP 数据核字（2021）第 045148 号

核设备无损检测工　基础知识

出版发行　中国原子能出版社（北京市海淀区阜成路 43 号　100048）

责任编辑　刘东鹏

责任校对　冯莲凤

责任印制　赵　明

印　　刷　保定市中画美凯印刷有限公司

经　　销　全国新华书店

开　　本　787 mm×1092 mm　1/16

印　　张　16.625

字　　数　415 千字

版　　次　2021 年 3 月第 1 版　2021 年 3 月第 1 次印刷

书　　号　ISBN 978-7-5221-1296-1　　　**定　价　118.00 元**

网址：http://www.aep.com.cn　　　**E-mail：atomep123@126.com**

发行电话：010-68452845

国家职业资格培训教程

核设备无损检测工基础知识

编审委员会

主　任　余剑锋

副主任　祖　斌

委　员　王安民　赵积柱　陈　桦　顾　健
霍颖颖　陈璐璐　周　伟　周汇东
聂　勇　蔡家藩　李　姝　陈　昱
张士军　刘玉山　何　石

主　编　聂　勇　杨崇安

编　者　蔡　军　周大禹　余荆生　夏建文

主　审　李祝松

审　者　周汇东　蔡全旺　沈德贵

前　言

为推动核行业特有职业技能培训和职业技能鉴定工作的开展，在核行业特有职业从业人员中推行国家职业资格证书制度，在人力资源和社会保障部的指导下，中国核工业集团有限公司人力资源部组织有关专家编写了《国家职业资格培训教程——核设备无损检测工》（以下简称《教程》）。

《教程》以国家职业标准为依据，内容上力求体现“以职业活动为导向，以职业技能为核心”的指导思想，紧密结合实际工作需要，注重突出职业培训特色；结构上针对本职业的职业活动的领域，按照模块化的方式，针对核设备无损检测工职业领域特点，分别按超声、射线、涡流、泄漏、磁粉、渗透、目视七种无损检测方法各自成册。《教程》中的章对应于职业标准的“职业功能”，节对应 “工作内容”；每节包括“学习目标”“生产准备”“工艺操作”及“自检”等单元，涵盖了职业标准中的“技能要求”和“相关知识”的基本内容。此外，针对职业标准中的“基本要求”，还专门编写了《核设备无损检测工（基础知识）》一书，内容涉及：职业道德、专业基础知识、安全文明生产与环境保护知识、金属材料加工工艺及典型缺陷特征、质量管理知识和相关法律、法规知识等。

《教程》适用于核设备无损检测工的初级、中级、高级、技师、高级技师培训，是核设备无损检测工职业技能鉴定的指定辅导用书。

《教程》由聂勇、杨崇安、蔡军、周大禹、余荆生、夏建文、王卓巍、卢威、张运平、张涵、左畅、董兴、余自力、刘铁群、曾玉华、陈霞、黄晓锋、陈胜宇、李宜全、高谊、岳晓明、吕为、帅军、王金龙、吴海林、刘波、潘越峰等编写，由李祝松、周汇东、蔡全旺、沈德贵审核。《教程》由核动力运行研究所、中核建中核燃料元件有限公司和中核北方核燃料元件有限公司负责编写，核动力运行研究所统稿。

由于编者水平有限，时间仓促，加之科学技术的发展，教材中不足与错误之处在所难免，欢迎提出宝贵意见和建议。

中国核工业集团有限公司人力资源部
中国核能电力股份有限公司

目　　录

第一章　核设备无损检测工职业道德

学习目标：

初级工和中级工：熟悉职业道德的概念及重要性、职业道德的内容和特点，了解社会主义职业道德的基本原则，并熟悉核设备无损检测工从业要求，掌握核设备无损检测工职业守则的相关知识。

高级工和技师：掌握职业道德的概念及重要性、职业道德的内容和特点，熟悉社会主义职业道德的基本原则，并掌握核设备无损检测工从业要求、核设备无损检测工职业守则的相关知识。

高级技师：全面掌握职业道德的概念及重要性、职业道德的内容和特点、社会主义职业道德的基本原则、核设备无损检测工从业要求、核设备无损检测工职业守则的相关知识。

第一节　职业道德基本知识

职业道德是道德生活的特殊领域之一，是社会道德要求在职业行为和职业关系中的具体体现。因而它更直接、更细致地反映着社会道德要求和人们的道德水平，是整个社会道德生活的重要组成部分。

一、职业道德的概念及重要性

1. 职业道德的概念

职业道德就是从事一定职业的人们在工作或劳动过程中所应该遵守的以及与其职业活动紧密联系的道德规范和原则的总和。职业道德反映着某种职业的特殊要求。它是人们履行本职工作的时候，从思想到行动应该遵守的准则，同时也是各个行业在道德方面对社会应尽的责任和义务。

核设备无损检测工职业道德是指从事核设备无损检测职业的人员在完成核设备无损检测及有关的各项活动过程中，从思想到工作行为所必须遵守的道德规范和行为准则。

2. 职业道德的重要性

(1) 有利于推动社会主义物质文明和精神文明建设

从事职业活动的人们自觉遵守职业道德，将规范人们的职业活动和行为，可以极大程度地推动整个社会的物质创造活动。同时，良好的职业道德创造良好的社会秩序，提高人们的思想境界，为树立社会良好的道德风尚奠定了坚实的基础，促进了社会主义精神文明建设。

(2) 有利于行业、企业建设和发展

行业的从业人员遵守职业道德，对行业的发展影响巨大，不断提高行业的道德标准，将是行业自身建设和发展的客观要求。促进企业经营管理、提高经济效益需要充分发挥企业中每个职工的劳动积极性、能动性。这要求广大职工自觉遵守职业道德，从思想和行动上全身心投入工作当中，产生对企业的凝聚力和推动力。职业道德还可以保障企业的发展按照正常的轨道前进，使企业获得良好的经济效益和社会效益。

(3) 有利于个人的提高和发展

职业人员应该树立良好的职业道德，遵守职业守则，安心本职工作，勤奋钻研本职业务，才能提高自身的职业能力和素质。只有树立良好的职业道德，不断提高职业技能，劳动者才能够在劳动市场优胜劣汰的竞争中立于不败之地。

二、职业道德的内容和特点

1. 职业道德的内容

职业道德的内容很丰富，包括职业道德意识、职业道德守则、职业道德行为规范，以及职业道德培养、职业道德品质等内容。

2. 职业道德的特点

(1) 职业道德是社会道德体系的重要组成部分

由于每个人的职业与人民、国家、社会的利益密切相关，每个工作岗位、每一次职业行为，都包含着如何处理个人与国家、个人与集体关系的问题，因此，职业道德是社会道德体系的重要组成部分。

(2) 职业道德是树立全新的社会劳动态度

职业道德的本质就是在市场经济条件下，鼓励每个劳动者通过诚实的劳动，在改善自己生活的同时，为增进社会共同利益而劳动，为建设国家而劳动。劳动既是为个人谋生，也是为社会服务，劳动的双重含义产生了全新的劳动态度，具有崇高的职业道德价值。

三、社会主义职业道德的基本原则

《中共中央关于加强社会主义精神文明建设若干问题的决议》规定了我们今天各行各业都应共同遵守的职业道德的五项基本规范，即“爱岗敬业、诚实守信、办事公道、服务群众、奉献社会”。为人民服务是社会主义职业道德的核心规范，它是贯穿于全社会共同的职业道德之中的基本精神。社会主义职业道德是判断人们职业行为优劣的具体标准，也是社会主义道德在职业生活中的反映。社会主义职业道德应遵循基本原则如下。

1. 集体主义原则

集体主义既是社会主义道德的基本原则，也是社会主义职业道德的基本原则。贯彻集体主义原则必须反对个人主义与小团体主义。

集体是由相互依存的个体构成的有组织的社会有机体。集体与个人是对立统一的关系。集体主义是与个人主义相对立的一种道德原则。集体主义是社会主义职业道德的一个基本原则，集体主义的原则存在于道德生活的三大领域中，即公共活动场所中的道德生活，婚姻与家庭中的道德生活，以及职业活动中的道德生活。

2. 全心全意为人民服务的原则

为人民服务是共产党人的根本宗旨，是共产党人的一切活动的出发点与落脚点；为人民服务体现的是一种新型的人与人的关系。为人民服务是公有制经济与社会共同理想的客观要求。

3. 主人翁的劳动态度

树立主人翁的劳动态度，要有强烈的社会责任感；对劳动、对工作要有主动精神，要诚实劳动。即把劳动、工作乃至整个社会主义事业，当作自己的事业去关心它、爱护它、积极主动地动脑筋、想办法，认真负责地去做，把自己全部的聪明才智和力量都贡献出来，把自己的一切都融化于社会主义事业与自己的职业之中。

第二节　核设备无损检测工职业守则

一、核设备无损检测工从业要求

核工业在我国是一个具有特殊发展历程的行业，在普通群众的印象中陌生而神秘。随着我国对军/民用核能发展历史宣传，核行业的整体面貌浮出水面。与各行各业的优秀从业人员一样，核工业人在具备基本职业道德、专业素养和劳动纪律的同时，其敬业精神和保密责任感显得尤为突出。而核设备无损检测工作更是行业内的特殊工种，世界各国对从事核设备无损检测人员都提出专门的要求，我国主要采用资格鉴定办法和资格证书管理制度。

目前，我国核设备无损检测人员资格鉴定工作主要依据《民用核安全设备无损检验人员资格管理规定》(HAF602)。

二、核设备无损检测工职业守则

核设备无损检测工应继承和发扬“事业高于一切，责任重于一切，严细融入一切，进取成就一切”的优良传统，并在生产实践中坚持以下基本职业守则。

1）遵守国家法律、法规与政策和企业的有关规章制度。

2）爱岗敬业，忠于职守，认真、自觉地履行各项职责。

3）工作认真负责，严于律己，吃苦耐劳。

4）刻苦钻研业务，重视岗位技能训练，认真学习专业知识，努力提高劳动者素质。

5）谦虚谨慎，团结合作，主动配合。

6）严格执行核设备无损检测工的岗位规程，重视安全生产，保证产品质量。

7）坚持文明生产，创造一个清洁、文明、适宜的工作环境，塑造良好的企业形象。

思考题

1. 社会主义职业道德应遵循的基本原则是什么？

2. 核设备无损检测工在生产实践中基本职业守则是什么？

第二章　核设备无损检测专业基础知识

学习目标：

初级工：熟悉核裂变与核反应堆基础知识，了解压水堆核电厂主要系统，熟悉其安全功能与安全等级以及金属材料基础知识，了解核设备金属材料性能要求，了解核设备无损检测应用。

中级工：熟悉核裂变与核反应堆基础知识，了解压水堆核电厂主要系统，熟悉其安全功能与安全等级以及金属材料基础知识，了解核设备金属材料性能要求、核设备常用的金属材料、压水堆核燃料组件、核设备无损检测应用及基本要求的相关知识。

高级工：掌握核裂变与核反应堆基础知识，熟悉压水堆核电厂主要系统，掌握其安全功能与安全等级以及金属材料基础知识，熟悉核设备金属材料性能要求，了解核设备常用的金属材料、压水堆核燃料组件、核设备无损检测应用及基本要求的相关知识。

技师：掌握核裂变与核反应堆基础知识，熟悉压水堆核电厂主要系统，掌握其安全功能与安全等级以及金属材料基础知识，熟悉核设备金属材料性能要求、核设备常用的金属材料、压水堆核燃料组件、核设备无损检测应用及基本要求的相关知识。

高级技师：全面掌握核裂变与核反应堆基础知识、压水堆核电厂主要系统以及安全功能与安全等级、金属材料基础知识、核设备金属材料性能要求、核设备常用的金属材料、压水堆核燃料组件、核设备无损检测应用及基本要求的相关知识。

第一节　核能基础知识

一、核裂变与核反应堆

1. 物质的组成

世界上一切物质都是由原子构成的。任何原子都由带正电的原子核和绕原子核旋转的带负电的电子构成的。原子核一般是由质子和中子构成的，最简单的氢原子核只有一个质子，原子核中的质子数(即原子序数)决定了这个原子属于何种元素，质子数和中子数之和称为该原子的质量数。同一种元素原子具有相同的化学性质。它们原子核中的质子数相同，但是中子数可能不同。原子核中质子数相同而中子数不同的原子属于这种元素的同位素，因在元素周期表中占有同一位置而得名。

2. 核裂变

在 80 多年前，科学家发现铀-235 原子核在吸收一个中子以后能分裂，同时放出 2～3 个中子和大量的能量。放出的能量比化学反应中放的能量大得多，这就是核裂变能，也就是我们所说的核能。裂变反应是由原子核吸收中子引起的，而反应结果又产生了新的中子。如果能用新的中子引起新的核裂变，裂变反应就能连续不断地进行下去，同时不断产生能量，人们找到了实现这种产生连续反应的条件,这种反应就叫链式裂变反应。铀是自然界中原子序数最大的元素。它是一种钢灰色金属,在地壳中含量为四百万分之一。天然铀由三种同位素构成:除了 0.71%的铀-235(235 是质量数)、微量铀-234 外,其余全是铀-238。铀-235原子核完全裂变放出的能量是同量煤完全燃烧放出能量的 270 万倍。

3. 核能

目前人们利用的核能是裂变能,裂变是利用热中子轰击铀-235 原子核,铀-235 吸收中子形成一个不稳定的铀-236,使其分裂成两个原子核(钡和氪)。该钡和氪原子为裂变产物,能量 E 为裂变能,其反应式为:

$$^{235}_{92}\mathrm{U} + {}^{1}_{0}\mathrm{N} \rightarrow \left({}^{236}_{92}\mathrm{U}\right) \rightarrow {}^{137}_{56}\mathrm{Ba} + {}^{97}_{36}\mathrm{Kr} + 2{}^{1}_{0}\mathrm{N} + E$$

铀-235 裂变方式有 40 余种,产生 80 种以上的裂变产物,上述反应式仅是其中之一。这种裂变反应产生:

(1) 巨大能量;

(2) 释放出 2~3 个中子;

(3) 释放出放射性射线。

铀-235 俘获热中子而发生裂变,人们称它为裂变材料,另外还有铀-233 和钚-239 也是裂变材料,但是这两种元素都不存在于自然界,而是靠人工生产出来。

原子核裂变后其质量会亏损一部分,按照爱因斯坦著名的质量能量公式 $E=mc^2$(E 为能量,m 为物质质量,c 为光速),这亏损的质量转变成公式中的热能 E。一个铀-235 核裂变放出的平均总能量约为 200 MeV(兆电子伏),也就是说 1 千克铀-235 全部裂变产生的能量约相当于 2 700 吨标准煤燃烧所产生的能量。由此可见核裂变产生的能量是多么的巨大。

当一个热中子轰击可裂变物质铀-235 产生 2~3 个高能中子,经过慢化剂慢化成为热中子,再去轰击下一个铀原子核,使它裂变,这样连续下去形成一连串的裂变反应,这种连续不断的核裂变过程就是链式反应,如图 2-1 所示链式反应示意图。如果这种链式反应不加以控制,短时间内可产生巨大的爆破能量,这就是原子弹的原理。在核裂变反应过程中加入吸收中子的材料,仅允许每次裂变反应后保持一个中子去轰击其他裂变核,有控制地去维持链式反应,就是我们日常所说的核反应堆。

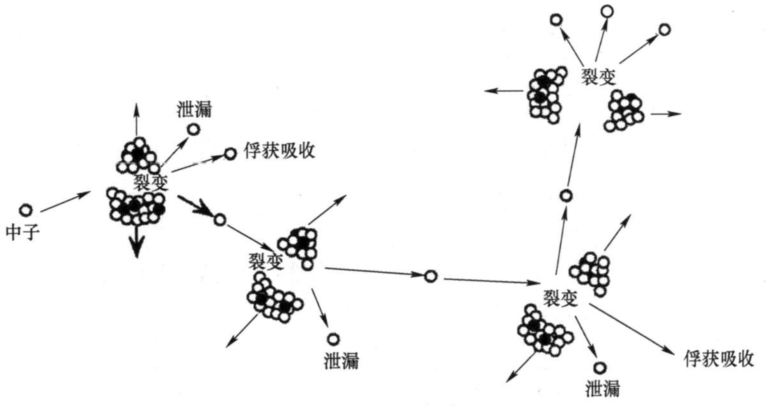

图 2-1　链式反应示意图

4. 核反应堆工作原理

核反应堆是以铀或钚作核燃料，可控制地使一定数量的核燃料发生链式裂变反应，并持续不断地把裂变释放的能量带出做功的一种装置。反应堆内设置有实施链式裂变反应的核燃料和可控制核裂变速率达到启动、正常运行或停止核裂变反应的控制设备。

核反应堆里面装的能产生裂变反应的物质（如铀-235、钚-239 等）称为核燃料。按轰击裂变材料的中子能量可以将核反应堆分为两类：热中子反应堆和快中子反应堆。凡直接利用核裂变时放出高能量、高速度的快中子来引起链式反应的装置，称为快中子反应堆。凡利用慢化剂把快中子速度降低成为热中子（或称慢中子），再利用热中子来进行链式裂变反应的，称为热中子反应堆。由于热中子更易引起铀-235 等裂变，这样用少量的裂变物质就可获得链式裂变反应。有效的慢化剂都是一些含轻元素而又吸收中子少的物质，如普通水（含氢）、重水（含氘）、铍、石墨等。热中子反应堆一般都是把核燃料元件有规则地排列在慢化剂中，组成堆芯。链式反应就在堆芯中进行。

反应堆必须用冷却剂把裂变能带出堆芯。冷却剂也应该是吸收中子很少的物质。热中子反应堆最常用的冷却剂是轻水（即普通水）、重水等。快中子反应堆不能用慢化能力强的物质作冷却剂，一般都用导热性能良好的液态金属钠作冷却剂。

反应堆都必须用吸收中子能力很强的控制棒来控制链式裂变反应。控制棒吸收体的材料一般有碳化硼、银铟镉合金等。控制棒插在堆芯中，可以上下移动，把控制棒向上提升，使其一部分移出堆芯，就可以启动反应堆和提升堆功率，反之，就可以降低堆功率和停堆。如果反应堆运行不正常，控制棒会自动快速插入堆芯，使链式裂变反应立即停止。

5. 核反应堆分类

核反应堆类型按照不同的方法可以将其归纳为：

(1) 按用途分类有研究堆、实验堆、辐照堆、生产堆、动力堆；

(2) 按中子能量分类有热中子堆、快中子堆；

(3) 按燃料分类有天然铀堆、浓缩铀堆和钚堆；

(4) 按冷却剂分类有水堆、气堆、液态金属和熔盐堆；

(5) 按慢化剂分类有重水堆、轻水堆、石墨堆和铍堆。

核裂变时既释放出大量能量、又释放出大量中子。核反应堆有许多用途，但归结起来，一是利用裂变核能，二是利用裂变中子。其中裂变核能主要用于发电，但它在其他方面也有广泛的应用。例如核能供热、核动力等。

把核能转变为电能的电厂，通常称为核电厂。由于核反应堆的类型不同，核电厂的系统和设备也有所差异。核电厂的类型是根据核反应堆类型来分类的，反应堆类型很多，现将主要的几种反应堆类型的核电厂介绍如下：

(1) 压水堆

压水堆（PWR）核电厂是目前世界上装机容量最多、单机容量最大、最安全、最成熟堆型的核电厂。它以低浓缩铀作为燃料，以轻水作为慢化剂和冷却剂，同时也作为载热剂。

(2) 沸水堆

沸水堆（BWR）核电厂以沸水反应堆在压力容器内直接产生的饱和蒸汽推动汽轮机发电机发电。沸水堆是以水和水汽混合物作为慢化剂和冷却剂的。沸水堆核电厂结构简单、安全可靠、负荷跟随能力强，是一种比较好的核电厂。沸水堆核电厂如图 2-2 所示。

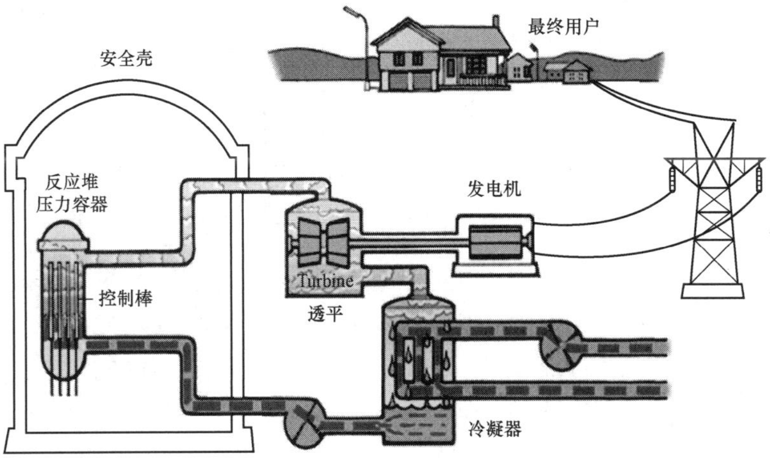

图 2-2　沸水堆核电厂

(3) 重水堆

重水堆(PHWR)核电厂是以重水堆将核裂变能转换为热能发电的。重水堆是以重水为慢化剂的反应堆。重水的中子吸收截面小、慢化性能好、中子利用率高,故可以直接利用天然铀作燃料。重水堆的冷却剂可以有多种材料,目前重水堆以加拿大的为主,都是重水作为冷却剂。重水堆核电厂如图 2-3 所示。

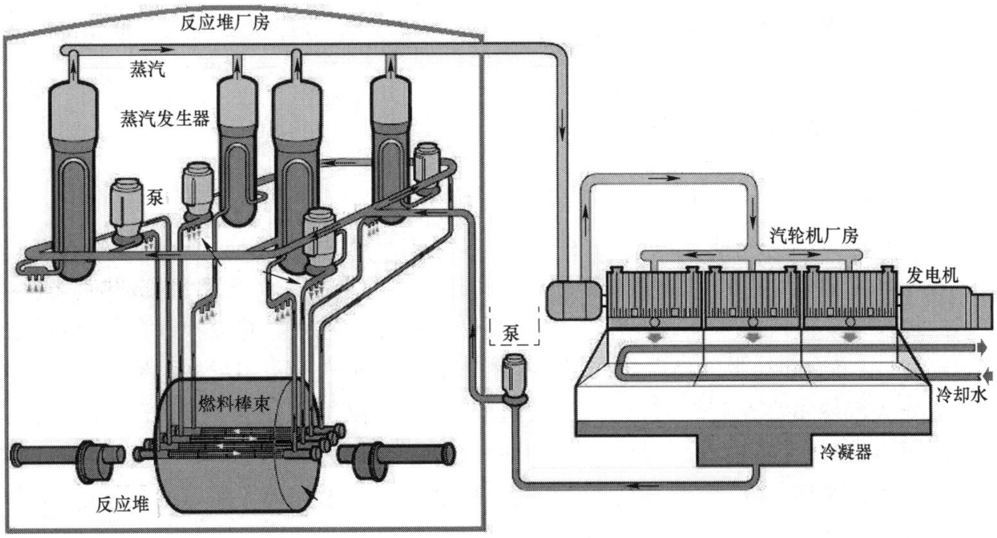

图 2-3　重水堆核电厂

(4) 快中子增殖堆

快中子增殖堆核电厂用快中子(未经慢化的高能中子)轰击原子核产生裂变能发电。这种快中子反应堆在运行中,既消耗裂变材料,又生产裂变材料,而且产多于耗,实现裂变材料的增殖,故称快中子增殖堆。快堆核电厂如图 2-4 所示。

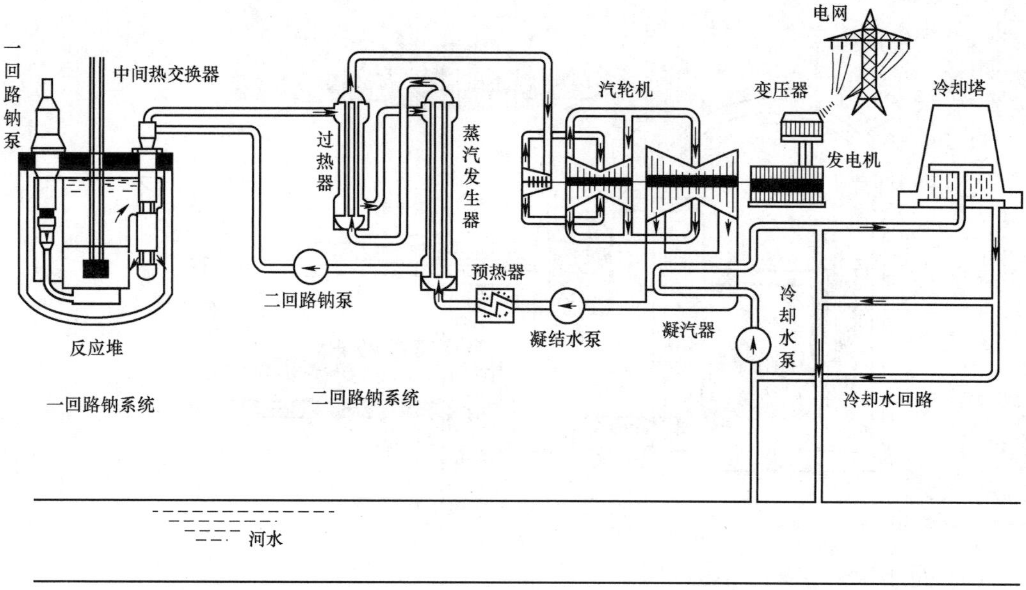

图 2-4 快堆核电厂

(5) 高温气冷堆

高温气冷堆是用氦气作冷却剂,出口温度高的核反应堆。高温气冷堆采用涂敷颗粒燃料,以石墨作慢化剂。堆芯出口温度为 850～1 000 ℃,甚至更高。核燃料一般采用高浓二氧化铀,亦有采用低浓二氧化铀的。根据堆芯形状,高温气冷堆分球状高温气冷堆和棱柱状高温气冷堆。

二、压水堆核电厂主要系统

1. 压水堆核电厂工作原理

压水堆核电厂是将核能变成电能的装置。其工作原理为:在反应堆压力壳中的堆芯内发生核裂变产生热能,由反应堆冷却剂系统(一回路系统)中的高压含硼水(载热剂)经主管道将堆内热能带至蒸汽发生器,在蒸汽发生器传热管的界面上发生热交换,将二次侧的水变成饱和蒸汽,由蒸汽和动力转换系统(二回路系统)通过主蒸汽管道引导去推动汽轮机,将蒸汽的热能变为汽轮机高速旋转的机械能,从而带动发电机发电。在汽轮机做过功的蒸汽被排入冷凝器,由循环海水冷却成凝结水,然后由主给水泵将凝结水送回蒸汽发生器二次侧,继续进行二回路循环;高压含硼水在蒸汽发生器传热管界面上交换了所带的热量后,由主泵送回反应堆压力壳内,继续进行一回路循环。其原理如图 2-5 所示。

2. 压水堆核电厂结构组成

压水堆核电厂通过多个复杂系统来实现核能—热能、热能传递、热能—机械能、机械能—电能的转换和传递过程,这些系统根据其作用和特点安装在不同的厂房中。压水堆核电厂一般由安全壳厂房、汽轮机厂房、一回路辅助厂房、辅配电厂房、循环水泵房、核燃料厂房及三废处理厂房等组成。

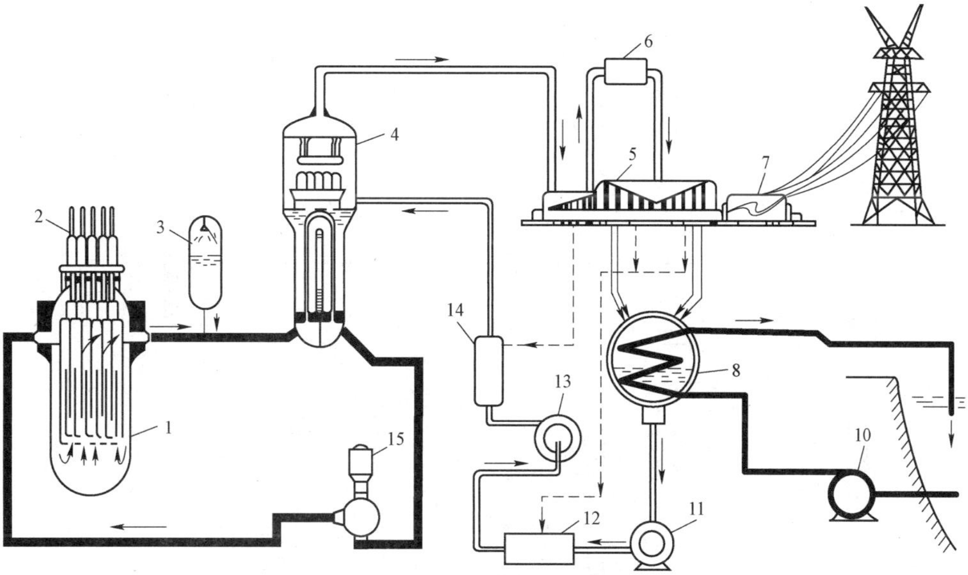

图 2-5　压水堆核电厂工作原理示意图

1—反应堆压力容器；2—控制棒传动机构；3—稳压器；4—蒸汽发生器；5—汽轮机；6—汽水分离再热器；7—发电机；8—凝汽器；9—循环水水源；10—循环水泵；11—凝结水泵；12—低压加热器；13—给水泵；14—高压加热器；15—反应堆冷却剂泵

安全壳厂房：反应堆、蒸汽发生器、主循环泵、稳压器及管道阀门等设备集中布置在一个立式圆柱状半球形顶盖的建筑物内，通常称为反应堆安全壳即核岛。安全壳为内径约30～40 m，高为60～70 m的预应力混凝土大型建筑物，将一回路系统中带放射性物质的主要设备包围在一起，以防止放射性物质向外扩散。其底部用钢筋混凝土底板封闭，顶部由准球形的预应力混凝土穹顶封闭的立式预应力混凝土筒体构成，其内侧覆有一层6 mm厚的碳钢衬里，防止泄漏。安全壳是核电厂隔离放射性物质的重要建筑物，其作用是防止放射性物质泄漏的第三道屏障。在运行时对冷却剂系统的放射性辐射进行屏蔽，限制泄漏。同时在一回路发生泄漏事故时，承受内压并限制泄漏。另外对外部事件(飞射物)进行防护，保证反应堆的安全。如图2-6所示。

汽轮机厂房(二回路厂房)即常规岛厂房：此厂房与普通火电站的汽轮发电机组厂房相似。其中设置有汽轮机、发电机、冷凝器、凝结水泵、低压回水加热器、高压回水加热器、除氧器、给水泵、汽水分离再热器、主蒸汽管道及有关的辅助设备。

一回路辅助厂房：核电厂的一回路辅助厂房是一个为反应堆主回路系统安全可靠运行而设置的辅助厂房。为了适应反应堆主回路系统既能安全运行又要缩小安全壳厂房的容积，只把一回路带放射性的主要设备集中布置在安全壳内，其他设施如控制调节，安全保护，剂量监测，新旧燃料的贮存及电气设备等，分别设置在一回路安全壳厂房的外围。

3. *压水堆核电厂主要系统构成*

压水堆核电厂主要由核反应堆堆芯、反应堆冷却剂系统(一回路主系统、一次冷却剂回路主系统)、蒸汽和动力转换系统(二回路主系统、二次汽水回路主系统)、循环水系统、发电机和输配电系统及其辅助系统组成。

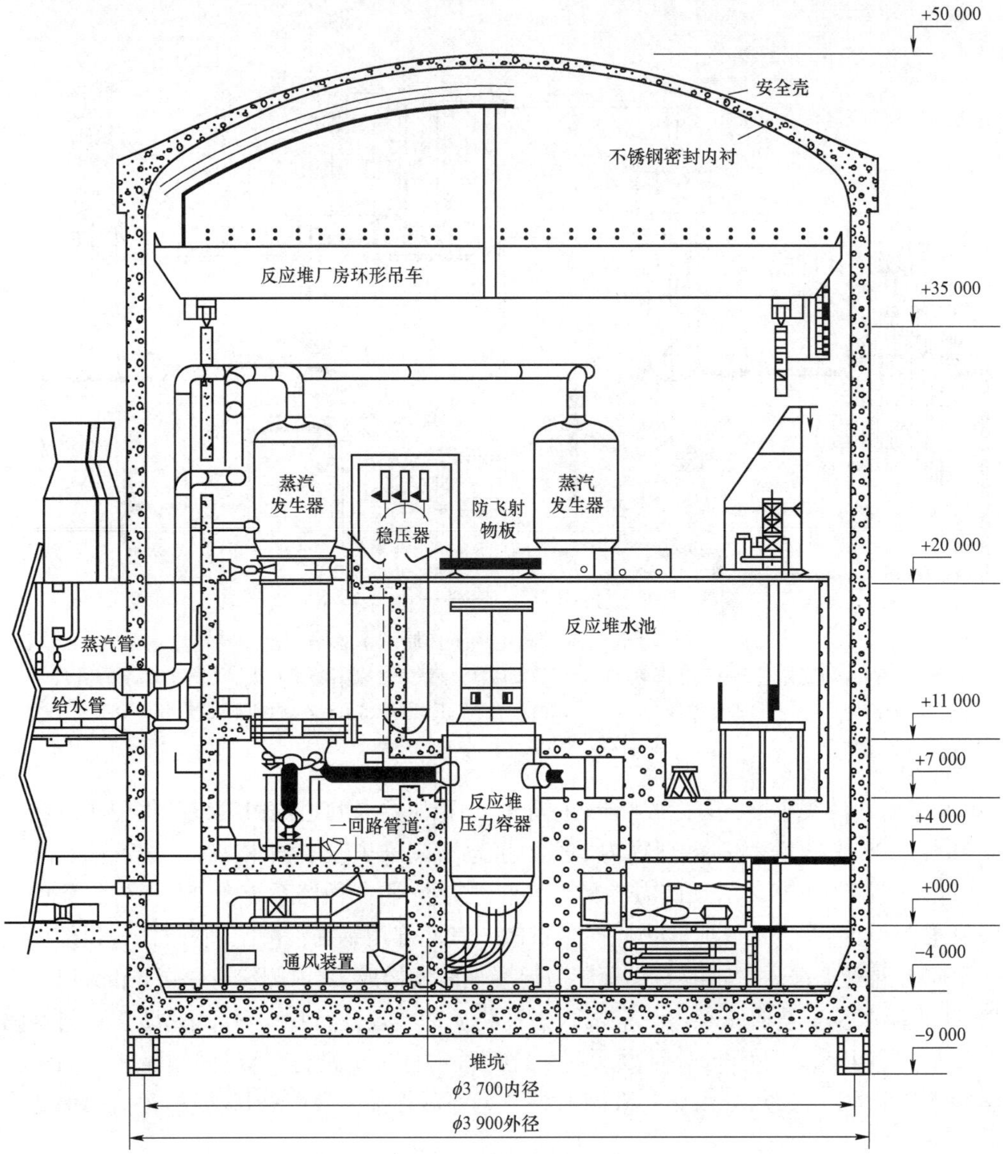

图 2-6 安全壳厂房布局示意图

(1) 核反应堆堆芯

核反应堆堆芯是原子核裂变反应区,是实现核能释放的装置,由核燃料组件、控制棒组件、可燃毒物组件和启动中子源组件等组成。

(2) 反应堆冷却剂系统

反应堆冷却剂系统又称核蒸汽供应系统或一回路系统。主要功能是把堆芯正常运行时产生的热量传输给蒸汽发生器,将蒸汽发生器二回路侧的给水加热并转化为驱动汽轮机发电机组的饱和蒸汽。

反应堆冷却剂系统由反应堆压力容器、主泵、稳压器、蒸汽发生器和相应管道组成。反应堆外壳是一个耐高压容器,通常称为压力容器或压力壳,其内安装着由许多核燃料组件构成的堆芯。一回路由 2 至 4 个环路对称地并联在压力容器接管上构成，每个环路有一台主泵和一台蒸汽发生器。在其中一个环路上装有一台稳压器，稳压器起着调节一回路压力的作用，使反应堆稳定工作。如图 2-7 所示。

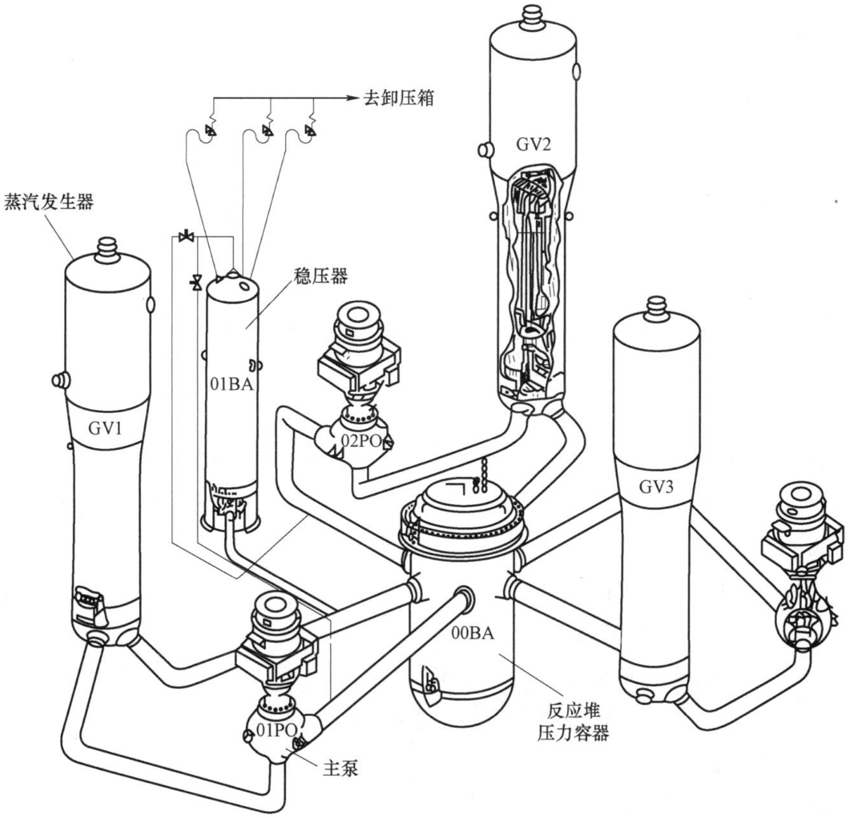

图 2-7　反应堆冷却剂系统组成示意图

反应堆冷却剂系统的三个辅助功能：

裂变产物放射性屏障：反应堆冷却剂系统压力边界作为裂变产物放射性的第二道屏障，在燃料元件包壳破损泄漏时，可防止放射性物质外逸。

反应性控制功能：作为反应堆冷却剂的除盐水，即用来传热、输热介质，又用作为中子慢化剂和反射层，以及中子毒物硼酸的溶剂。反应堆冷却剂系统通过硼酸溶液和控制棒一起保证反应性的调节。

压力控制功能：通过稳压器对回路系统压力进行控制的能力，稳压器能使反应堆冷却剂系统正常运行情况下压力保持恒定，并在负荷瞬态下限制其压力变化范围。

（3）蒸汽和动力转换系统

蒸汽和动力转换系统的主要功用是将蒸汽发生器产生的饱和蒸汽输送到汽轮机组做功，使热能转变为机械能，汽轮机带动发电机，使机械转变为电能。做功后的蒸汽排入凝汽器，并由循环水冷却为凝结水，再经过回热加热，给水除氧，作为给水返回蒸汽发生器二次侧，由此构成封闭回路。

主要设备有汽轮机、汽水分离再热器、冷凝器、凝结水泵、低压加热器、除氧器、主给水泵和高压加热器等。这个循环回路的流程原理与火力发电厂基本相同,只是由核岛部分的蒸汽发生器代替了火电厂的蒸汽锅炉。

由于蒸汽发生器传热管把一、二回路的水隔离开,因此这个汽—水循环回路中的水和蒸汽是不带放射性的。

(4) 专设安全设施

专设安全设施是核电厂安全纵深防御的重要组成部分。在设计基准事故时,用于确保反应堆安全停堆,并控制放射性的能量释放,尽量限制其产生的后果,以保护厂区和公众的安全与健康。属于这一类的系统有:安全注入系统、安全壳冷却系统、安全壳通风冷却系统、安全壳隔离系统、空气净化系统及消氢系统等。

(5) 反应堆装置的流体系统

这类辅助系统的基本功能是反应堆正常运行和使用服务,包括启动、停堆、功率运行、调试、检测、换料以及维修等。属于这一类的系统有:化学和容积控制系统、硼回收系统、堆芯余热排除系统、设备冷却水系统、主泵轴封水系统、废燃料池冷却及净化系统以及取样系统。

(6) 放射性废物处理系统

这类辅助系统用于收集、运送、贮存、处理放射性废物,以防止污染环境,保证厂区内外人员受到的剂量在允许范围之内。属于这一类的系统有:放射性废液处理系统、废气处理系统、固体废物处理系统等。

(7) 循环冷却水系统(或称三回路)

循环冷却水系统的主要功能是向冷凝器供给冷却水,确保汽轮机冷凝器的有效冷却。它是个开放式回路,循环水从海中抽取,经过冷凝器管道之后,循环水又流回海里。对于内陆核电厂,循环冷却水可以是封闭循环,通过冷却塔向大气排放。

(8) 电气系统

电气系统包括:发电机、励磁机、主变压器、厂用变压器等。发电机出线电压经主变压器升压后与主电网相连。在正常运行时整个厂用设备的配电设备由发电机的出线经过厂用变压器降压供电,当发电机停机时则由主电网经过主变压器反向供电。若此时主电网失电,则由另一外部电网经过辅助变压器向厂内供电。当上述电源均故障不可用时,则由备用的柴油发电机组向厂内应急设备供电,以保障核电厂设备的安全。

4. 反应堆结构和功能介绍

核反应堆是产生、维持和控制链式核裂变反应的装置,它以一定功率释放出能量,并由冷却剂导出。压水型反应堆使用低浓缩铀作核燃料,并用轻水作慢化剂和冷却剂,位于安全壳的中央。它由反应堆堆芯、堆内构件、反应堆压力容器和顶盖,以及控制棒驱动机构等主要设备部件组成。如图 2-8 所示。

(1) 反应堆堆芯

反应堆堆芯是由燃料组件排列而成。核燃料组件是采用铀-235 富集度约为 2%～4%的低富集度的二氧化铀烧结成直径约 8 mm、高约 10 mm 的圆柱状芯块,装入在壁厚约 0.6 mm 的锆合金管包壳内,两端密封构成直径为 9.5 mm 细长的燃料元件棒,然后按正方形排列成 15×15 根或 17×17 根燃料棒的栅阵,中间用定位格架将燃料棒定位夹紧,构成棒束型燃料组件。

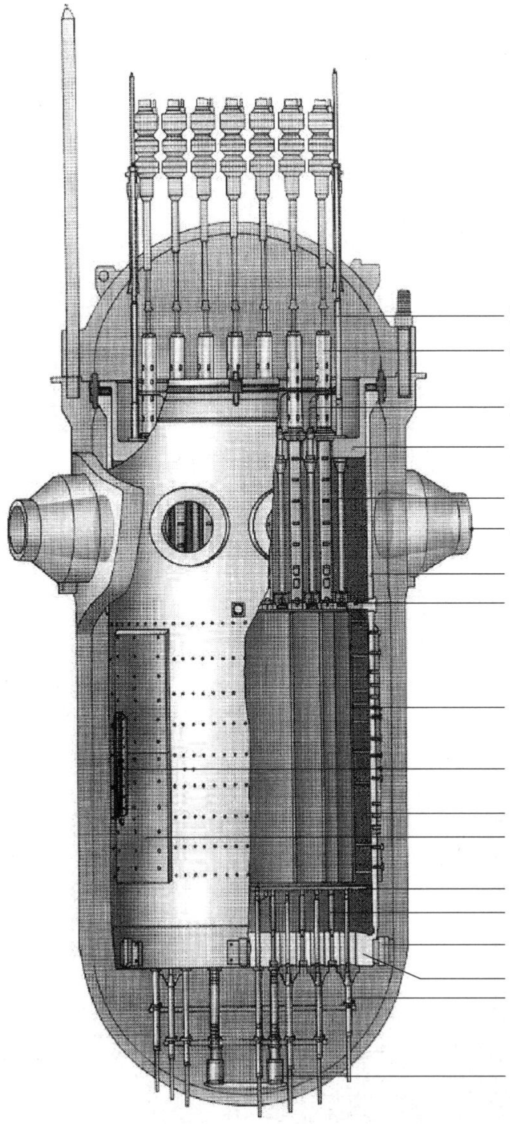

图 2-8　反应堆结构示意图

每个燃料元件棒内预留有足够容纳燃料释放出的裂变气的容积,并在包壳与燃料芯块之间留有间隙,允许包壳与燃料芯块的不同热膨胀和辐照肿胀,减少包壳超应力的风险。在每个燃料组件中都有控制棒导向管,它们为控制棒组件提出和插入提供了导向通道。

控制棒组件由多个控制棒组成,用来控制核链式裂变反应速率,以实现反应堆启动功率调节,停堆(包括事故工况下的紧急停堆)。控制棒通常采用银—铟—镉合金或碳化硼等吸收中子能力较强的物质做成的吸收棒,外面包上不锈钢制成棒状,端部用连接柄连接一起通过控制棒驱动机构的驱动轴上下移动,达到控制反应堆裂变反应的速率。

(2) 堆内构件

堆内构件是反应堆压力容器内的支承和固定堆芯组件,分为堆芯下部支承构件(吊篮部件)和上部支承构件(压紧部件)两大部分。

堆内构件的主要功能是:

1) 支承和固定堆芯组件,承受堆芯重量;

2) 确保控制棒驱动线的对中,为控制棒运动导向;

3) 构成冷却剂流道,合理分配流量并尽可能减少堆内无效流量;

4) 为压力容器提供热屏蔽,减少它受中子和 γ 射线的照射;

5) 为堆内测量提供安装和固定措施;

6) 为压力容器的材料辐照监督试验提供存放试样的场所。

堆芯下部支承构件包括吊篮、堆芯支承板、围板和辐板组件、堆芯下栅格板、热屏蔽、辐照样品管以及二次支承组件等。图 2-9 是堆芯下部支承结构的示意图。

堆芯上部支承构件包括导向筒支承板、堆芯上栅格板、控制棒导向筒、支承柱、热电偶和压紧弹簧等。图 2-10 是堆芯上部支承结构的示意图。

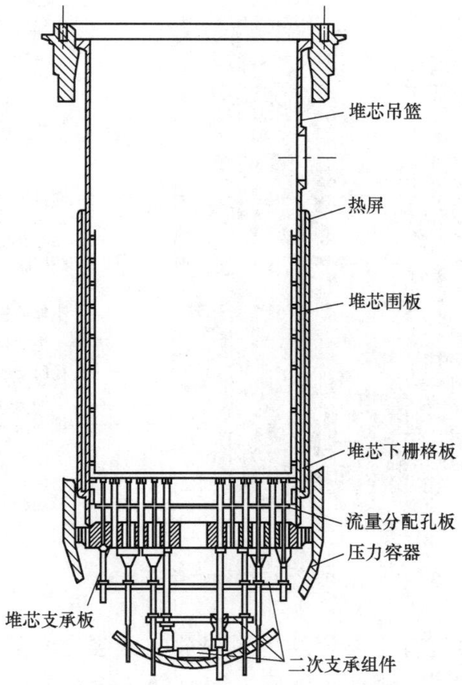

图 2-9 堆芯下部支承结构示意图

堆内构件使堆芯的四周用厚度为 25 mm 的围板围住,燃料组件的下部由堆芯下栅格板定位,其上部由堆芯上栅格板定位,整个堆芯由吊篮部件悬挂在压力容器筒身法兰的内凸缘上,并由压紧组件的堆芯上栅格板压紧燃料组件上管座的弹簧,防止组件在运行过程中由于水力冲击而产生移动。整个堆芯结构位于压力容器冷却剂进、出口接管的下方。冷却剂由压力容器进口接管流入堆芯带走热量,然后从压力容器出口接管流出堆外。

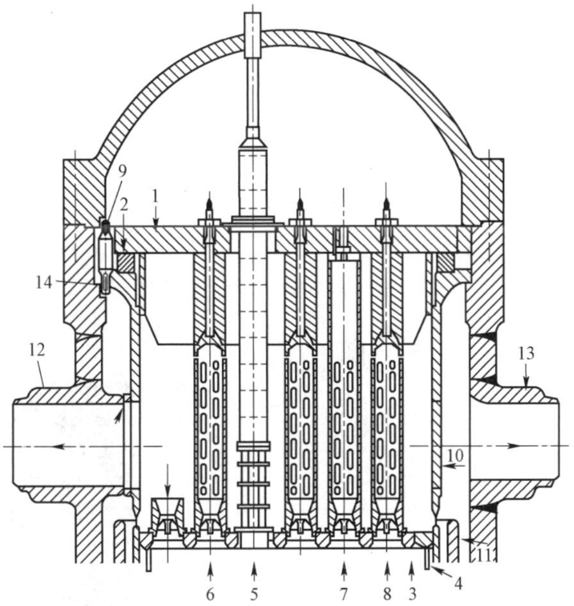

图 2-10　堆芯上部支承结构示意图

1—导向管支承板；2—压紧弹簧；3—堆芯上格栅板；4—堆芯围板；5—导向管；6、7、8—支承柱；9—定位销；10—吊篮；11—热屏；12—出口接管；13—入口接管；14—吊篮支承凸台

(3) 反应堆压力容器

反应堆压力容器是反应堆冷却剂压力边界的重要部件，它用来包容和固定压水堆的堆芯和堆内构件。为了保证冷却剂在高温时不沸腾，它应能承受 15.5 MPa 左右的工作压力，且经得起强中子和γ射线的辐照。压力容器由包括法兰环、筒身段、冷却剂进出口接管等筒体组合件、顶盖组合件、底封头和法兰密封结构组成。制造压力容器的材料用低碳含锰、钼、镍的低合金钢，它具有较高的强度极限和屈服强度，同时塑性和冲击韧性良好，且焊接性和抗中子辐照的性能都很好。但是其抗腐蚀性能较差，所以在压力容器拼装后，在内壁堆焊 6～8 mm 厚的不锈钢层，以提高其抗腐蚀性能。反应堆压力容器和一回路管道共同组成高压冷却剂的压力边界，是防止放射性物质外逸的第二道屏障之一。如图 2-11 所示。

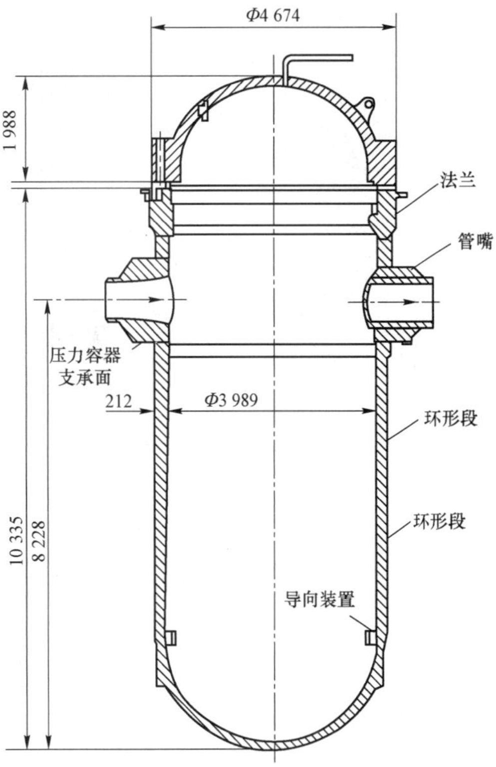

图 2—11　反应堆压力容器结构示意图

(4) 控制棒驱动机构

控制棒驱动机构是一种步进式的提升机构，用来使控制棒组件在堆芯内提起、插入或保持在适当的位置，以实现反应性的控制。每个

控制棒组件都由单独的控制棒驱动机构操作，它们都位于反应堆压力容器顶盖上方。控制棒组件在堆芯内提起和插入的最高速度为 114.5 mm/min。在失去电源时，控制棒组件从最高位置自由下落到最低位置的时间最长为 2.15 s。

5. 蒸汽发生器

蒸汽发生器是一回路冷却剂从反应堆获得的热能传给二回路工质使其变为蒸汽的热交换设备。压水堆核电厂的蒸汽发生器大多数采用饱和蒸汽发生器带内置汽水分离器立式倒“U”形管自然循环的结构形式。图 2-12 为立式 U 形管自然循环蒸汽发生器的典型结构。

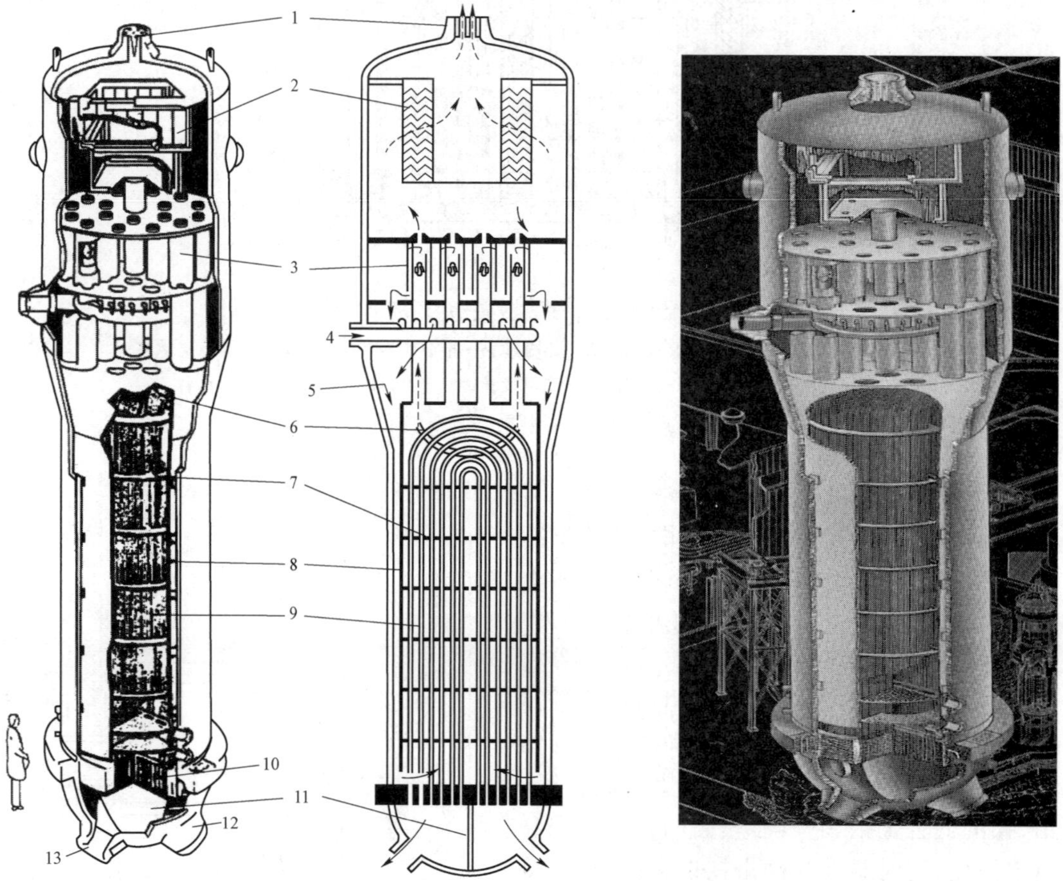

图 2-12　立式自然循环 U 形管蒸汽发生器

1—蒸汽出口管嘴；2—蒸汽干燥器；3—旋叶式汽水分离器；4—给水管嘴；5—水流；6—防振条；7—管束支承板；8—管束围板；9—管束；10—管板；11—隔板；12—冷却剂出口；13—冷却剂进口

蒸汽发生器由下封头、管板、U 形管束、汽水分离装置及筒体组件等组成。在一次侧，来自反应堆的冷却剂由下封头进口管嘴进入进口水室，然后通过 U 形管来将热量传递给二次侧工质，冷却剂流出 U 形管束后进入出口水室，再从下封头的出口管嘴流出，由反应堆冷却剂泵输送回反应堆。

二次侧流程：二次侧的给水由给水泵输送至蒸汽发生器的给水管嘴，通过给水环管在管束套筒与筒体之间的环形下降通道内分配后，与来自汽水分离装置的疏水汇合，成为再循环水向下流动，通过管板二次侧表面管束套筒之间缺口进入并横向冲刷管束，然后折流向上。由于吸收了来自一次侧的热量，再循环水达到饱和并逐渐汽化；汽水混合物在向上流动并离开管束区后进入一级分离器，汽水混合物中大约 80%～90%水量被分离出来成为疏水进入再循环，其余带有细小水珠的蒸汽继续向上，在经过重力分离空间后进入二级分离器——干燥器，使蒸汽发生器出口蒸汽湿度降低到 0.25%以下。蒸汽出口管嘴中装有蒸汽限流器，流出的蒸汽送往汽轮机做功。

立式自然循环蒸汽发生器的主要部件说明如下：

(1) 传热管

传热管对核电厂安全运行特别重要，应选择耐腐蚀性能好的材料。20 世纪 50—60 年代，核电发展的初期，主要选用 18-8 不锈钢管。60 年代美国采用 Inconel-600 合金(Crl5Ni74Fe)。20 世纪 80 年代后改用经热处理的 Inconel-690 合金(Cr30Ni60)，抗腐蚀能力有显著改善。德国采用 Incoloy-800(Cr20Ni32Fe)合金。此外，对水质控制等方面的综合研究和改进，使传热管的破损率明显下降。

(2) 管板

管板是一、二次侧的压力边界，它用低合金高强度钢锻造而成，大型蒸汽发生器的管板厚度达 500～700 mm，属于超厚锻件，材料应具有优良的塑韧性及淬透性，目前普遍采用的为 SA508-Ⅲ(Mn-Mo-Ni)钢。管板上钻出近 10 000 个通孔以装插 U 管。管板上钻孔是最关键的工艺之一。

(3) 下封头

下封头是蒸汽发生器中承受高压的部分，通常呈半球状，两侧设有冷却剂进出口管嘴和 2 个人孔，开孔面积达 40%～50%，应力状态复杂，材料也是采用高强度低合金钢。

(4) 管束组件

由 U 形管与若干块支撑板、防振条组成，支撑板和防振条用以固定管束，提高自振频率，防止运行中由于流动诱发振动导致管束损坏。支撑板结构的设计，应考虑二次侧流动通过能力，流动阻力，限制流动引起的振动及管—孔洞间隙中的化学物质的浓缩。支撑板设计为四叶梅花孔状，使腐蚀状况大为改善。

(5) 筒体组件

包括上封头、下筒体、锥形体、蒸汽干燥器、旋叶式汽水分离器等。上封头蒸汽出口管嘴中有若干个小直径文丘里管组成的限流器，用于在主蒸汽管道破裂事故时限制最大蒸汽流量。下筒体在靠近管板处设有若干个检查孔(手孔)，以便检查该区域内的传热管表面和管板的二次侧表面，在必要时可用高压水冲洗管板上表面沉积的淤渣。

6. 反应堆冷却剂泵

反应堆冷却剂泵用于输送高温高压的冷却剂，使其强迫循环流动，连续不断地将反应堆中产生的热能输送到蒸汽发生器，以保证一回路系统的正常工作。反应堆冷却剂泵是核动力装置的重要设备，是主系统中高速旋转的设备。

压水堆核电厂主要采用直立式、单级、混流式轴封泵。它由泵壳、叶轮、转轴部件、密封部件、飞轮和电机等组成。泵和电机可分开、电动机在上部，电机上设有大飞轮以增加泵的转动惯量，当主泵电机突然断电时，泵仍能继续运行十几分钟，以保证有足够的堆芯冷却，以便采取应急措施。图 2-13 为轴封式主冷却剂泵。

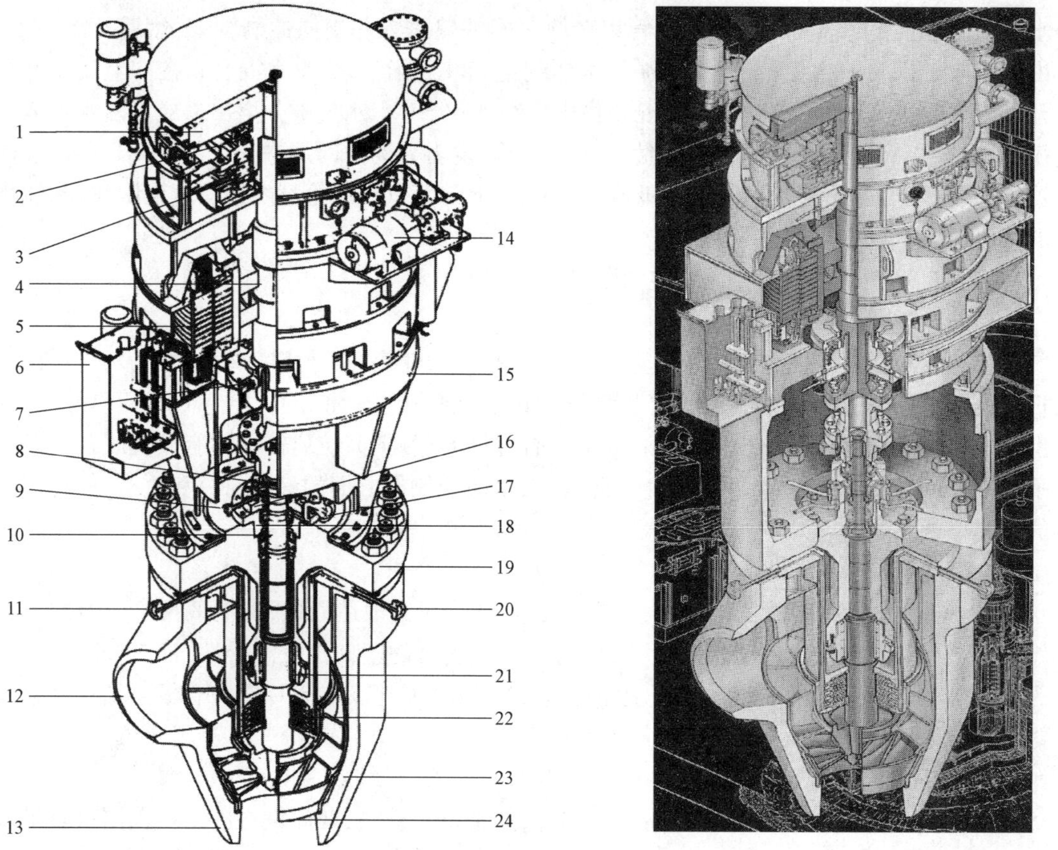

图 2-13 轴封式主冷却剂泵

1—飞轮；2—上部径向轴承；3—止推轴承；4—电机轴；5—电动机定子；6—接线盒；7—电机下部径向轴承；8—通向大气的蒸汽引漏；9—2号密封注入水引漏；10—泵轴；11—冷却水进口；12—泵出口接管；13—泵进口接管；14—止推轴承油提升泵和电动机；15—电动机组件；16—上部密封套；17—1号密封引漏；18—下部密封套；19—主法兰；20—冷却水出口；21—泵径向轴承；22—热屏和热交换器；23—泵壳；24—叶轮

为了防止带有放射性的高温高压冷却剂沿着泵轴缝隙向外泄漏，在泵轴穿过冷却剂系统的承压边界处，采用三级串联布置的动压密封，由两道流体静密和一道机械密封组成。为了补充泄漏流和防止主冷却剂进入轴封区，通过化容系统提供主泵轴封水。泵轴由径向轴承及止推轴承支承。止推轴承受双向轴向力。为防止由于主泵高速转动轴瓦温度过高，润滑方式采取了周密措施，两只油润滑导轴承分别置于止推轴承的上、下方，使轴系有足够的刚度。

主泵通常采用恒速鼠笼式感应电动机，电压约为 6 000 V，同步转速 50～60 Hz，1 500 rpm 要求耐温、耐湿度、耐辐照的绝缘材料，电机应充分冷却通风。

由于主泵在核电厂的重要性和它的工作条件，对主泵样机不仅在全流量回路上进行长期运行考验，而且还要进行模拟核电厂进行冷却水断失，注入水断失等试验。

7. 稳压器

稳压器又称为容积补偿器，它的作用是补偿一回路冷却水温度变化引起回路水容积的变化和调节一回路系统冷却剂的工作压力，以防止一回路系统设备由于压力过高而损坏或由于压力过低造成堆内冷却剂产生容积沸腾，而引起燃料棒过热烧毁的事故。

现代核电厂普遍采用电加热式稳压器，图 2-14 为西屋公司稳压器典型结构。它的结构呈圆柱形筒体。容器顶部设置有抑制压力升高的喷雾器，容器的底部垂直安装着 70～80 根电加热元件，容器具有足够的容积，正常运行时，一半容积(约 60%)充水，另一半容积(约 40%)为保持一定压力的饱和蒸汽。当负荷突然增加而使一回路压力下降时，稳压器内热水立即汽化，电热元件自动开启，使水加热，提高汽化量，从而使容器内压力升高，当负荷突降而使一回路压力升高时，稳压器内喷雾器立即喷入冷水，使蒸汽凝结降压以保持压力在最高允许压力以下。为了防止超压事故，稳压器顶部设有卸压阀和安全阀。当一回路压力超过允许压力时卸压阀和安全阀会相应开启，保证一回路设备安全，卸压阀和安全阀放出的汽水通过卸压箱贮存或疏放。

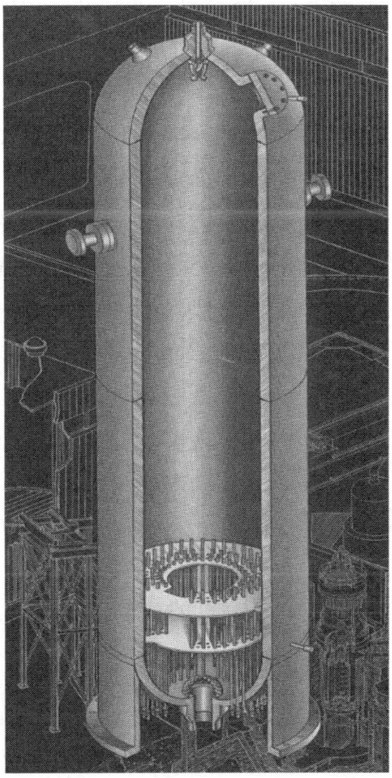

图 2-14　稳压器

容器的筒体上、下部为半球形封头，采用 A-533 钢制成，内部与冷却剂接触表面均堆焊奥氏体不锈钢。稳压器底部通过波动管与冷却剂热段管道相接，在下封头安装的电加热器，分布在封头中心线的同心圆上，通过电热器套管与下封头相连接。电加热器可以单根更换。稳压器上封头上还有人孔以便维修人员进入。整台稳压器通过下部裙座组件用螺栓固定于基座底板，此外还设有横向支撑组件及吊轴等构件，以及液位、温度、压力等测量装置。西屋公司 1 000 MW 级核电厂稳压器主要性能参数是：总容积 39.65 m^3，容积外径 2.33 m，总高 12.8 m，电加热器功率 1 440 kW，空重约 80 t。

8. 主管道

主管道是连接一回路主设备的重要管道，其使一回路主设备形成封闭回路，是冷却剂循环通道。反应堆冷却剂管道设计成能承受反应堆冷却剂系统在预期的运行工况范围内可能达到的温度和压力，反应堆冷却剂管道一般采用奥氏体不锈钢材料制造，以满足耐腐蚀和工作环境条件的要求。也有用铜管、低合金钢内堆焊不锈钢的方式制成。

9. 化学和容积控制系统

该系统是保证一回路运行必需的三种功能：容积控制、化学控制和反应性控制。

1）容积控制的目的是吸收稳压器不能全部吸收的一回路水容积的变化，从而能把稳压器的液位维持在整定值上。

2）化学控制的目的是清除水内悬浮杂质，维持一回路水的化学及放射性指标在规定的范围以内，将一回路所有部件的腐蚀控制在最低值。

3）反应性控制是指硼浓度的控制。通过调节一回路水的硼浓度，以补偿堆芯反应性的缓慢变化。

化学和容积控制系统的主要设备包括：

(1) 上充泵

上充泵是化学和容积控制系统中的重要设备。在正常工况时，向反应堆冷却剂系统输送净化水和正常泄漏的补充水，并控制稳压器水位波动，作为该系统容积控制的手段之一，向反应堆冷却剂泵提供轴封水。主冷却剂小泄漏时进行补水，以维持压力。在安注工况时向堆芯紧急注射冷却剂。在换料时，对系统进行充水和密封性水压试验。该泵具有多种用途。上充泵有往复式及离心式两种，互相配合使用。往复式上充泵一般为卧式三柱塞泵。电机为管道通风绕线型异步电动机。离心式上充泵一般为小流量、高扬程离心泵，单级，高速，其转速可达 20 000 r/min。

(2) 再生热交换器

再生热交换器用于将下泄流加热上充流，回收下泄流中的部分热量，防止低温的上充流直接进入堆芯而引起反应性效应，同时降低上充流对主管道的热冲击。再生热交换器一般采用呈整体 U 形卧式结构，用型钢作托架。筒体和封头均为不锈钢材料，壁厚为 60 mm。换热管座为不锈钢，直径为 12 mm，壁厚 2 mm，设计流量为 11 t/h，设计压力 19.6 MPa，设计温度 290 ℃。

(3) 下泄热交换器

下泄热交换器用于把下泄流冷却到净化床的工作温度(≤48 ℃)。热交换器一般为 U 形管立式，反应堆冷却剂在管侧流动，壳侧为设备冷却水。壳侧由筒体、法兰折流板和挡板等组成，材料为 16 Mn，管侧是封头、管板和 U 形管，材料为不锈钢，筒式支座材料为 16 Mn。管侧设计流量为 1.9 t/h，设计温度 197 ℃，设计压力为 3.92 MPa。

10. 堆芯余热排出系统

堆芯余热排出系统又称反应堆停堆冷却系统。

当反应堆停堆后，起初仍由蒸汽发生器将剩余功率这部分热量导出。当二回路不能再运行时，即由余热排出系统导出这部分热量，保证反应堆的冷却。

堆芯余热排出系统主要设备包括：

(1) 余热排出泵

正常停堆运行时，当反应堆(停运)冷却剂温度降至 180 ℃后，余热排出泵将反应堆冷却剂环路热端的冷却剂流经余热排出热交换器，降温后送回环路冷端，使反应堆温度继续降低。在失水事故工况下，当换料水箱发出低-低水位信号时，余热排出泵将从安全壳地坑内吸水，注入堆芯，防止堆芯烧毁。余热排出泵一般采用单级、单吸、悬臂卧式离心泵，转速 1 500 r/min。

(2) 余热排出热交换器

通常是两台热交换器并列布置，以保证在一台不可用时，余热排出系统仍具有部分热量排出的能力。余热排出热交换器是立式、倒置 U 形管壳式热交换器。反应堆冷却剂流经管侧，设备冷却水流经壳侧。热交换器下封头内装有一个隔板，两边是反应堆冷却剂的进、出水室。热交换器总高度约 9.65 m。

11. 反应堆硼和水补给系统

反应堆硼和水补给系统为化学和容积控制系统贮存并供给其容积控制、化学控制和反应性控制所需的各种液体。该系统的调硼和加硼部分与核安全有关，其他水系统部分与核安全无关。

硼酸配制箱为两台机组共用。配制时,用硼酸晶体和核岛除盐水相混合,配制硼浓度为7 000 μg/g的硼酸溶液。箱内设有电加热器和搅拌器。硼酸配制箱的可用容积为3 m^3,箱内最高工作温度为80 ℃,压力为大气压。

12. 核取样系统

该系统与核安全无直接的关系,但在监督一回路水质,保证一回路系统正常运行、减少厂房内剂量及延长设备使用寿命等方面起着重要的作用。

13. 反应堆水池和乏燃料水池冷却和处理系统

主要用于冷却乏燃料水池中的水,导出乏燃料的剩余释热。用于反应堆堆腔充水、换料。在堆芯余热排出系统不可用的情况下,又可作为堆芯余热排出系统的应急备用,导出堆内核燃料的剩余释热。所以,虽然本系统不属于专设安全设施,但考虑到它的重要性,部件设计都是冗余设置的,并有应急电源。

14. 设备冷却水系统

该系统向核岛内所有冷却器提供冷却水,并且该系统本身又是由"重要厂用水系统"用海水来冷却的,这两个系统都是与安全有关的系统。

15. 核岛冷冻水系统

供应除主控制室以外核岛所有空调冷却器的冷冻水;为主控制室和有关电气厂房空调提供冷冻水。由于在重大事故情况下要保证主控制室人员正常工作所需要的环境条件,因此电气厂房冷冻水系统是与核安全有关的。

16. 安全注入系统

安全注入系统由高压安全注入、中压安全注入和低压安全注入三个子系统组成。它们根据事故引起反应堆冷却剂系统的降压情况,在不同的压力下分别投入运行。

在一回路系统小破口失水事故时或在二回路蒸汽管道破裂造成一回路平均温度降低而引起冷却剂收缩时,向一回路补水,以便重新建立稳压器水位;在一回路系统大破口失水事故时向堆芯注水,以重新淹没并冷却堆芯,限制燃料元件温度的上升。

安全注入系统主要设备包括:

(1) 高压安注泵,即化学和容积控制系统的上充泵。当一回路系统发生失水事故时,安注讯号发生,安全注射泵即刻启动,将换料水箱中含硼水注入堆芯,防止堆芯烧毁。

(2) 低压安注泵,是带诱导轮的立式单级离心水泵,每台泵装在一个竖井内,这些泵都装有机械密封和球型止推轴承。

(3) 安注箱,是两端半球形的圆筒形压力容器,箱体设有一个人孔。箱内装有用加压氮气覆盖的含硼水。在反应堆冷却剂系统降到安注箱压力以下时,利用氮气压力将箱内硼水压入反应堆冷却剂系统冷管段。每台安注箱上端装有一个安全阀。

17. 安全壳喷淋系统

安全壳对核电厂安全具有特别重要的意义,它是阻挡来自燃料的裂变产物及一回路放射性物质进入环境的最后一道屏障。在发生一回路系统大破口失水事故或安全壳内蒸汽管道破裂事故情况下,高温、高压的蒸汽喷放出来,使安全壳内压力和温度升高。安全壳喷淋系统的功能就是通过喷淋冷凝蒸汽,使安全壳内压力和温度降低到可接受的水平,确保安全壳的完整性。它是专设安全设施中唯一有冷源的系统。

安全壳喷淋系统主要设备包括:

(1) 喷淋泵。是立式电动离心泵,安装在核燃料厂房地下室的竖井中,每台泵可保证100%喷淋功能。

(2) 喷淋水热交换器。在再循环喷淋时,为降低来自安全壳地坑水的温度,使用喷淋水热交换器冷却。它们是卧式、水平直通管式热交换器,管侧为喷淋水(热水),壳侧为冷水。

(3) 喷淋管。有四个环形喷淋集管,固定在安全壳的顶部,中央位于反应堆厂房中轴线上,以保证每条管线的喷淋皆可覆盖整个安全壳。喷管直径 9.5 mm,水滴平均直径为0.27 mm,最大水滴直径为 1.4 mm。

18. 辅助给水系统

辅助给水系统安全作用是在主给水系统的任何一个环节发生故障时,作为应急手段向蒸汽发生器二次侧供水,使一回路维持一个冷源,排出堆芯剩余功率,直到余热排出系统允许投入运行为止。堆芯导出的热量通过蒸汽发生器产生蒸汽,并排入冷凝器或向大气排放。

辅助给水系统主要设备包括:辅助给水贮存箱、电动辅助给水泵和汽动给水泵。

19. 安全壳隔离系统

为了保证安全壳作为第三道安全屏障的功能不受到损害,贯穿安全壳壳体的管道系统必须有适当设施,以便在发生事故时接到安全壳隔离信号后能将安全壳隔离,这些设施组成了安全壳隔离系统。安全壳隔离系统不是一个独立的系统,而是分散地、单个地结合在各有关系统中,涉及几乎所有的核岛系统和主蒸汽系统等约 28 个系统。

当发生一回路系统大破口失水事故时,安全壳隔离系统使除专设安全设施以外的穿过安全壳的管道及时隔离,从而减少放射性物质的对外释放;在主蒸汽管道发生破裂时,它及时隔离蒸汽发生器,以防反应堆冷却剂系统过冷和安全壳超压。

安全壳隔离主要由各种贯穿件、隔离阀和相应管道组成。管道在穿过安全壳处都设有密封的贯穿件,将管道封闭在预埋在安全壳内的套管内,套管和安全壳密封衬里板相焊接,在安全壳内侧经套管封头与管道焊接,以防放射性气体外漏。不同的工艺管道根据其功能采用不同的隔离阀。凡属一回路一部分或直接与安全壳内大气相通的贯穿管路,或者在安全壳内未形成封闭系统的,一般都采取在安全壳内、外各设一个隔离阀。

20. 饱和蒸汽轮机

汽轮机是一种高速旋转的动力机械。它首先把蒸汽的热能转变为蒸汽流动动能,接着又把蒸汽流的动能转化为机械功,带动发电机发电。压水堆核电厂由于蒸汽发生器产生的是饱和蒸汽,因此,相应配备饱和蒸汽轮机。核电汽轮机组的布置采用单轴多缸形式,即分为高压缸,中压缸及低压缸分流机组。蒸汽从汽缸中间进汽,通过汽缸往两边分流做功。秦山核电厂的饱和蒸汽轮机是反动式汽轮机,具有一个高压缸和两个相同的低压缸。每个低压缸各配备一台冷凝器。每台低压缸有两个排汽口往冷凝器排汽。简称为"三缸四排汽"汽轮机,三个汽缸和发电机、励磁机用单轴串联,布置在汽轮发电机平台上,在它的两侧布置两台汽水分离再热器。来自蒸汽发生器的饱和蒸汽由主蒸汽管道送至汽轮机的两个主汽阀。主汽阀为摇板式,分别布置于高压缸的两侧。蒸汽进入主汽阀后,再经过四个调节阀,由高压缸中部进缸，往两边分流做功，然后从缸的两端排至汽水分离再热器，在其中去除水分并再热升温后，从两只低压缸中部进缸，经两边分流。在低压缸做功后的乏汽排入冷凝器中冷凝成水，经回热除氧后，送回蒸汽发生器，完成一个循环。

汽轮机结构由三个基本部分组成：

(1) 静止部分：汽缸、喷嘴静叶、隔板、汽封及轴承等部件；

(2) 转动部分：动叶片、叶轮主轴及联轴节等部件；

(3) 附属设备：主汽阀、调节阀、调节系统、主油泵、辅助油泵及润滑装置等。

高压缸为双层缸结构，分内缸和外缸两部分，均采用铬钼钢铸件，在高压缸中部有四个进汽口，通过四根挠性主蒸汽管与调节阀相连，高压汽缸为双流对称结构。高压转子为双流九级对称铬镍钼钒钢整体锻造结构。

低压缸为三层缸结构——双层内缸加一外缸，降低温度梯度减少热变形。低压缸也是双流对称结构。低压缸转子也是双流对称结构，每流七级叶片，末级叶片高 869 mm。

高压转子，两只低压转子与发电机转子均用法兰式联轴器相连，用螺栓刚性连接，组成轴系，支承在八个径向轴承上。

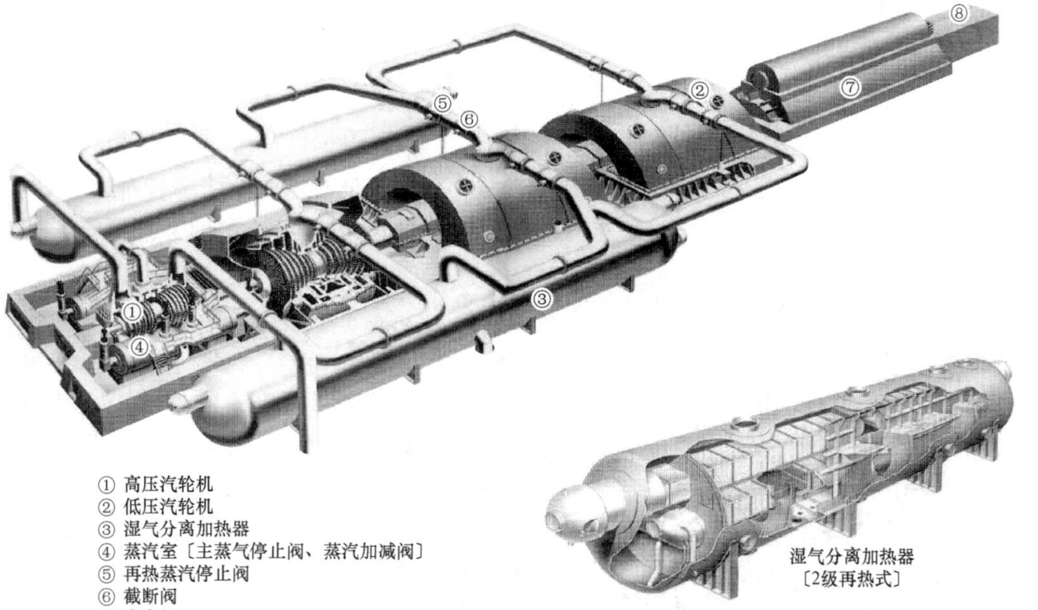

图 2-15　常规岛主要设备布置图

21. 汽水分离再热器

饱和蒸汽在汽轮机内膨胀做功后最终湿度可达 20%～24%，这样不仅大大降低汽轮机的效率，而且使零部件受到严重侵蚀，影响汽轮机可靠运转。因此，核电厂的饱和汽轮机一般都在高压缸和低压缸之间设置汽水分离再热器，卧式汽水分离再热器结构图如图 2-16 所示。

将高压缸排出的蒸汽进行分离除湿，并进行加热升温，使其成为微过热蒸汽，然后再进入低压缸继续做功。

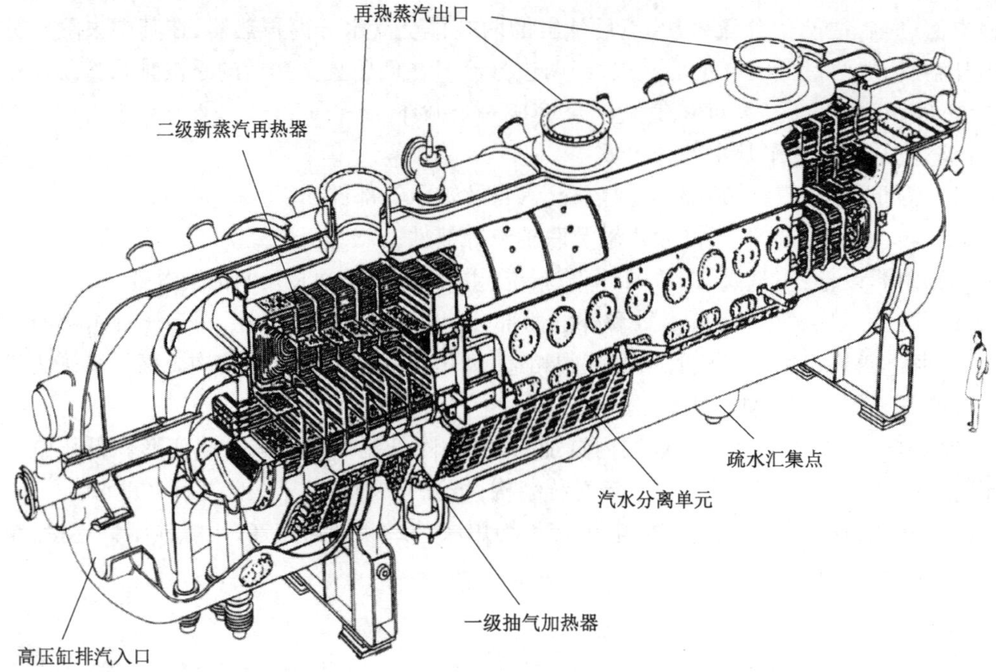

图 2-16 卧式汽水分离再热器结构图

高压缸排汽由进汽管沿纵向进入由壳体和支撑架构成的环腔，穿过流量分配板和汽水分离栅板，除去约 98%的水分。分离出的水在重力作用下通过水槽和下降管排入分离器的输水箱。经汽水分离后的蒸汽向上，顺序通过第一、二级再热管束，经筒体顶部的三根蒸汽管进入低压缸。

22. 冷凝器

对应于汽轮机的两个低压缸配备两台冷凝器，横向布置，每台冷凝器为双通道，双流程，单背压，一般设计压力为 4.9 MPa，每台冷凝的冷却水量约为 31 270 t/h。由于用海水冷却，用海水冷却的海边电站，可选用抗海水腐蚀性能好的钛合金作为冷凝器冷却管的材料，并设双层管板，在两层管板间的空腔内流过化学纯水，其压力高于循环冷却海水，以防止海水渗入冷凝水。每台冷凝器还设有两只外置式环型多级扩容膨胀箱，当汽轮机甩去全部外负荷而核电厂带厂用电运行时，可通过旁路排放系统将新蒸汽经扩容膨胀箱减温减压后排向冷凝器冷凝，最大排放量为额定设计量约 70%，冷凝器还用于对凝结水进行初步除氧并储存，在冷凝器热井中，各股凝结水，疏水，回水混合并加热到对应于冷凝器压力下饱和温度，然后由凝结水泵输出。冷凝器结构图如图 2-17 所示。

23. 除氧器

当水和气体相接触时，其中一部分气体将溶于水中，在天然水中溶解氧可达 10 ppm ($1\ \text{ppm}=10^{-6}$)以上。因此，在二回路系统中，空气会通过处于真空状态的凝汽器或其他设备和管道的不严密处漏入凝结水中，使凝结水和给水中溶有一定数量的气体，危害最大的是氧气。而二回路水质对氧含量有严格要求，在稳压运行时，热阱出口的给水含氧量应为 5 ppb ($1\ \text{ppb}=10^{-9}$)左右。为了保证核电厂安全运行，必须对给水不断地除气，而且主要对象是氧，因而又称为给水除氧。

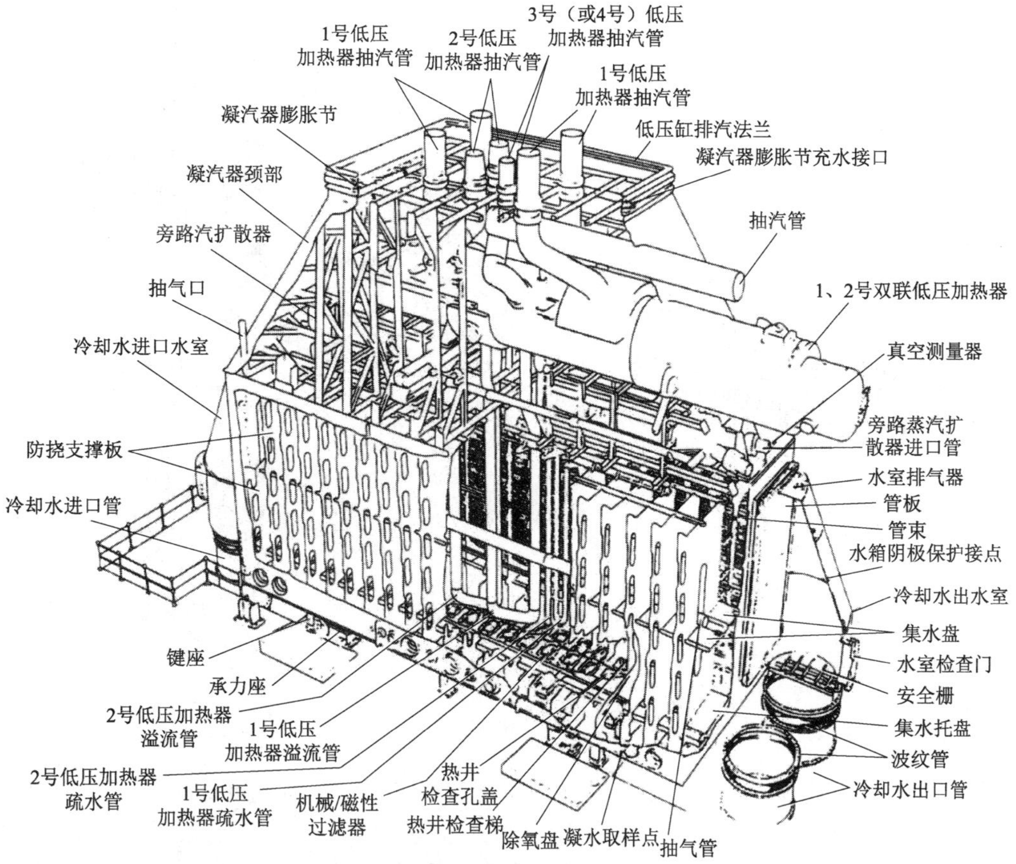

图 2-17 冷凝器结构图

除氧器按照结构形式有喷雾式、填料和淋水盘式以及它们的组合形式。

淋水盘式除氧器是发电厂常用除氧器形式(见图 2-18)。除氧器给水箱通常由除氧器及给水箱两部分组成。在除氧器中,设有多层平行的淋水盘,每层盘上钻有许多小孔,淋水盘的边缘附有一定高度的围缘。待除的水由上部引入,并由喷雾器粉碎成为雾滴,在降落的过程中被送向流动的蒸汽加热达到饱和,进行初级除氧。当水通过淋水盘小孔时,分散成细流,如此依次通过各层淋水盘下落至给水箱。

加热蒸汽由中央接管及进口接管进入,由淋水盘最下层的通气孔上升并加热细水流,同时本身被部分凝结,因而通过淋水盘的蒸汽逐层减少,而水量却自上向下逐层增加。析出的不凝性气体不向外排放。

淋水盘式除氧器在额定状态下除氧效果良好,当负荷变动时,进水量及进水温度均对除氧效果发生影响。当进水量减少时,水流成滴状下落,同时蒸汽量也相应减少,导致除氧效果恶化。给水箱用于汇集、贮存除氧后的给水,并向给水泵提供稳定的水源,其容量一般应满足蒸汽发生器额定蒸发量 6～10 分钟的给水量,用于承受机组的负荷波动,保证给水连续不断。

总的来说,由于淋水盘除氧器来汽、水进行传质过程的表面积较小,比较难以达到深度除氧目的。因此通常将喷雾器与淋水盘组合使用,并可采取设置蒸汽鼓汽装置及给水箱中再沸腾管等措施,而进一步提高性能。

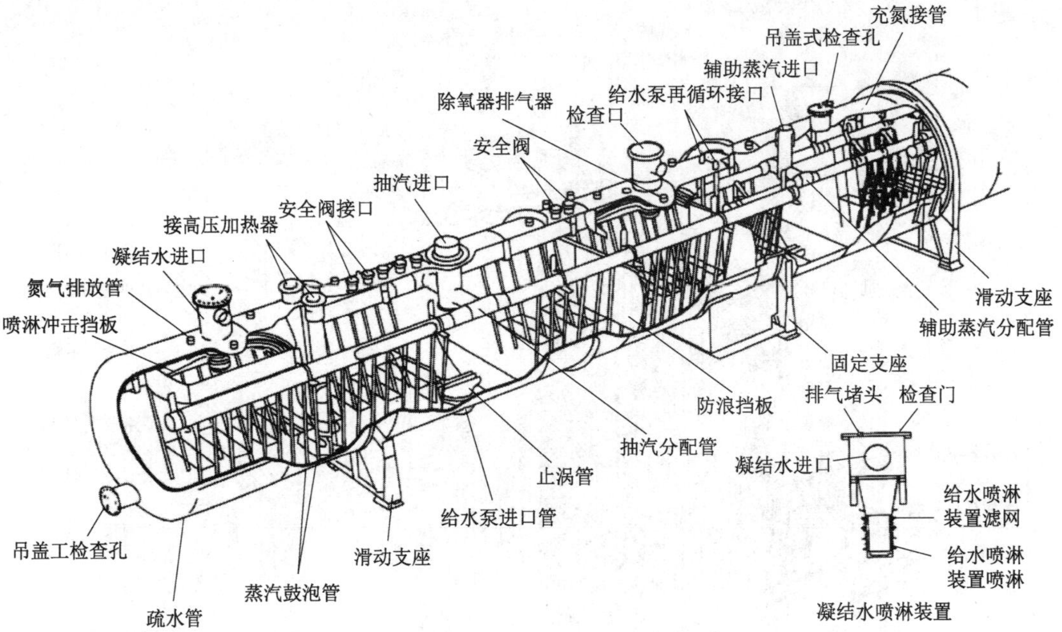

图 2-18 除氧器结构图

24. 高压加热器

高压加热器是保护蒸汽发生器最佳给水温度和机组热效率的主要设备。高压加热器的形式有立式和卧式两种。目前国内外大型机组几乎均采用卧式加热器,其主要优点是传热均匀,运行检修方便,容易布置及容易制造成大型加热器、其缺点是布置占用厂房面积较大。

三、安全功能与安全等级

核电厂反应堆运行时堆芯进行原子核链式裂变反应产生热能的同时释放出来的放射性物质——裂变产物,如果泄漏出去,就会污染周围环境,影响人们的身体健康。所以,人们在设计和建造反应堆时采取了一系列有效的安全措施,来防止放射性泄漏事故的发生。

1. 安全功能

为保证必要的安全性,核电厂设计必须满足下列总的安全要求:

(1) 必须为在某些运行工况和事故工况期间和之后的安全停堆和维持安全停堆状态提供必要的手段。

(2) 必须在某些运行工况和事故工况期间和之后,为停堆后从堆芯排出余热提供必要的手段。

(3) 必须为减少可能的放射性物质释放,为保证运行工况期间和之后的任何释放不超过规定限制、事故工况期间和之后的任何释放不超过可接受的限制提供必要的手段。

安全功能的条目有二十多条,如:防止发生不可接受的反应性瞬变;在所有停堆工作完成后,将反应堆保持在安全停堆状态;按要求关停反应堆以防止预计运行事件发展为事故工况和减轻事故工况的后果;在冷却剂流失事故后,在必须采取停堆行动才能使堆芯得到可接受的冷却的情况下,关停反应堆等。所有的安全功能条目中包括了防止事故工况所必需的以及为减轻事故工况后果所必需的那些安全功能。

根据情况适当利用为正常运行而设置的或防止预计运行事件发展为事故工况而设置的或减轻事故工况的后果而设置的系统、部件和构建物，就能执行所有的这些安全功能。

建立安全等级的目的是制定一套分级的设计要求提供基础。当然也可以为每项安全功能规定相应的设计要求，但是，考虑到安全功能的数目很多，这将带来很大不方便。实践表明，将安全等级分为四个等级，就可以按其安全上的重要性对设计要求进行有效的分级。

2. 核电厂设备安全分级

在核电厂设计中，应该认识到某些系统、部件和构筑物对安全的作用要比另一些系统、部件和构筑物更大，因而提出了根据设备的安全功能以及按其对安全的重要性进行分级的概念。划分安全等级的目的是提供分级设计标准，对于不同安全等级的设备规定不同的设计、制造、检测和试验要求。这样既提高了核电厂安全性，又避免了对某些设备要求过严的现象。

核电厂主要由核岛、常规岛以及辅助设备(BOP)组成，它们有些与安全和质量有关，有些只与电厂的可用率或质量有关(不涉及安全问题)，所以通常将设备分为两类：一类是与安全和质量有关的设备(简称 QSR)，在质量保证方面，它执行《核电厂质量保证安全规定》(HAF003)；另一类是与质量有关(不涉及安全问题)的设备(简称 QR)，在质量管理方面，它执行《ISO9001:2015 质量管理体系——要求》。

通常由于执行的功能不同，同一系统不同设备的级别也不相同，即使同一设备其各部件的级别也不相同，所以对物项的定级应慎之又慎。

安全重要性这方面的分级，在设计中可用几种方法来体现，用来确定对安全有关的系统、部件和构筑物的分级要求的两种方法就是确定论法和概率论法。目前国际上大都混合采用这两种方法。

设备安全分级的原则：一般根据执行某些重要功能的部件的承压外壳损坏对安全的影响将各安全功能分级，然后对每一安全等级提出不同的设计要求。各安全等级按其对安全影响的大小次序排列，对安全影响最大的为安全一级，以此类推。

压水堆核电厂设计一般采用四个安全等级：

(1) 安全 1 级部件是指执行防止裂变产物逸出功能的设备，包括主回路的设备，即包容一回路介质的承压边界，驱动机构耐压壳。

(2) 安全 2 级部件是指具备减轻事故后果的功能设备，除承压边界内不属于 1 级设备和在事故条件下执行安全功能的系统，如排除堆芯热量和限制放射性物质在安全壳内的那些设备、部件和系统设备和管道。

(3) 安全 3 级部件是指对上述两级设备安全功能执行支持功能的设备，如为反应堆提供硼的系统，应急给水系统，设冷系统、动力系统、支持性系统和放射性废物处理系统、净化系统和设备和管道。

(4) 安全 4 级部件是除 1、2、3 级外的核岛内的所谓非核系统部件。

ASME 规范中的四个安全等级：

1) 安全 1 级	ASME 第三卷	第一篇	1 级部件
2) 安全 2 级	ASME 第三卷	第一篇	2 级部件和 MC 级部件和第二篇
3) 安全 3 级	ASME 第三卷	第一篇	3 级部件

4) 安全4级　　常规电厂规范和标准中的最高等级

按核安全导则《用于沸水堆、压水堆和压力管式反应堆的安全功能和部件分级》(HAD 102/03)的原则,压水堆核电厂主要设备的安全分级见表2-1。

表2-1　压水堆核电厂设备安全分级示例

项目名称	安全等级	项目名称	安全等级
堆芯燃料组件相关组件	3	应急给水箱	3
堆内构件	3	事故后取样箱	3
控制棒驱动机构密封壳	1	液体取样箱	3
反应堆压力容器	1	重要冷冻水膨胀水箱	3
蒸汽发生器一次侧	1	硼酸贮存箱	3
蒸汽发生器二次侧	2	补水箱	3
稳压器	1	除氧水箱	3
主冷却剂泵	1	除盐水箱	3
主管道	1	应急水箱	3
反应堆,蒸汽发生器,主泵支承	1	安全注射泵	2
中子通量测量指套管	1	上充泵	2
设备闸门	2	安全喷淋泵	2
人员闸门	2	余热排出泵	2
余热排出热交换器	2	辅助给水泵	2
喷淋热交换器	2	设冷泵	3
化容热交换器	2	海水泵	3
设备冷却热交换器	3	蓄压箱泵	3
轴封回流热交换器	3	安全阀	1
过剩下泄热交换器	3	卸压阀	1
再生热交换器	3	隔离阀	1
硼回冷凝器	3	比例喷雾阀	1
硼回凝水冷却器	3	上充调节阀	1
硼酸混合器	3	闸阀	1,2,3
乏燃料冷却器	3	截止阀	1,2,3
蒸汽发生器排污取样冷却器	3	节流阀	1,2,3
废液蒸汽发生器	3	旋启止回阀	1
高压取样冷却器	3	升降止回阀	2,3
中压取样冷却器	3	球阀	2,3
卸压箱	2	蝶阀	2,3
安全注射箱	2	调节阀	3
容积控制箱	3	浓硼酸卸放箱	3
NaOH贮存箱	3	化学疏水箱	3
硼酸制备箱	3	设冷水波动箱	3

3. 压水堆核电厂的三道安全屏障

核反应堆既然是一个核裂变中心,必然产生大量的放射性物质,为了防止放射性裂变产物逸出,保证环境不受污染,一般压水型反应堆都设有三道安全屏障,见图 2-19。

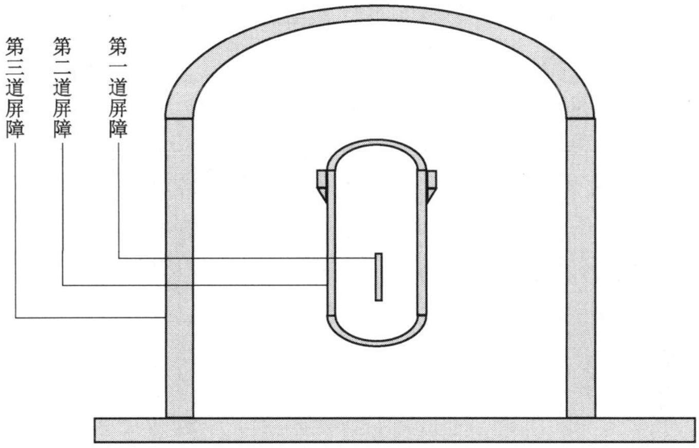

图 2-19　压水型反应堆三道安全屏障

(1) 第一道屏障是核燃料元件包壳。通常核裂变产生的裂变产物除了裂变气体、穿透率较强的中子和 γ 射线外,其他 98%的放射性裂变产物被保留在陶瓷型的燃料芯块内,脱离芯块的很少一部分放射性物质,都由耐辐照、抗腐蚀的锆合金材料制成的元件包壳管封住。从目前世界上使用情况来看,压水堆核电厂的燃料棒破损的概率只有 0.1‰~0.2‰。

(2) 第二道屏障是反应堆压力壳和一回路压力边界。一回路耐高压高温,耐腐蚀,燃料包壳万一破裂,放射性物质泄漏到冷却剂水中,仍然在密闭的一回路系统中。

(3) 第三道屏障是反应堆安全壳,它将反应堆及一回路系统的主要设备密封在安全壳内。即使在一回路系统及设备发生严重破裂的情况下,放射性物质也不会扩散到厂房以外。同时,为了保证这些屏障在最严重假想事故下不被突破,核电厂中还专门设置各种工程安全设施。例如在失水事故时,通过安全注射和安全喷淋系统将反应堆产生的热量带走并被带放射性的水蒸气冷凝下来,并通过净化系统将放射性物质除去,从而保证反应堆不发生熔化并防止放射性物质向外扩散。

4. 纵深防御

为了保证三道屏障在设备故障、人为错误或自然灾害下的完整性,核电厂在设计上采用纵深防御原则,或称“三道防线”。

(1) 第一道防线是采用保守的工程规范和标准,强调对事故的预防、对设备的检测和试验以及在运行中提供必要的监督,以达到长期安全运行的目的。在设计、制造、安装和运行中按照质量第一的原则实施。具体措施有:

1) 设计上以可能出现极限事故为基点,配有自控设施;

2) 选用的材料都是在运行条件下性能稳定的;

3) 有足够的仪表和控制设备(多重设备),使操作人员在任何条件下都能获得必需的信息和具有使反应堆停止运行的手段;

4) 设备的布置便于经常检查和定期试验;

5）有对燃料元件破损、蒸汽发生器管子破损和其他泄漏的探测装置。

（2）第二道防线是对各种故障有一套安全保护设施，这些保护设施能避免事故的扩大和保持反应堆的安全状态。主要的设施有：

1）紧急自动停堆系统，以便在控制棒卡住或电路发生故障时仍能快速停堆；

2）反应堆堆芯冷却系统，它能在反应堆失去冷却水时自动投入，以保持堆芯的冷却，防止其过热、熔化。这种系统有独立的两套或三套，互为后备；

3）除两套独立的外电源外，备有快速启动的柴油发电机组及蓄电池组，以便在全厂断电时仍保持应急冷却系统和必要设备、仪表、通风和照明的运转；

4）为保证停堆后的长期持续冷却，备有多重冷却系统和水源。

（3）第三道防线是为了对付安全保护设施部分失效，以致出现最大假想事故的情况而配备的附加安全设施，其目的是限制事故的后果。主要的设施有：

1）安全壳隔离系统；

2）安全壳喷淋系统和空气循环过滤系统。

第二节　核设备用主要材料

一、金属材料基础知识

1. 金属材料分类

工程材料按化学成分可分为金属材料和非金属材料。

（1）非金属材料主要包括高分子材料、陶瓷材料和复合材料三类。

1）高分子材料

高分子材料有天然的和合成的，由高分子化合物（分子量大于 5 000）和添加剂组成，如塑料、橡胶、合成纤维等。

2）陶瓷材料

陶瓷材料种类繁多，是粉状化合物经过成型或烧结而成，如陶瓷、瓷器、耐火材料、玻璃等。

3）复合材料

复合材料是由两种或多种不同的材料经过人工制成的多相体固体材料，如钢筋混凝土、玻璃钢等。

（2）金属材料通常可分为黑色金属和有色金属两类。黑色金属指的是以铁元素为主要基体的金属或合金，如各种钢材（包括不锈钢）和铸铁；有色金属是以铁以外的金属元素为基体的金属或合金，如镍基合金、钛合金、铝合金、铜合金。

金属材料具有优良的使用性能和工艺性能，广泛用于制造各领域包括核工业（如核电厂）的机械设备。核电厂主要设备的结构材料，大多数是金属材料。

2. 钢材

（1）钢和铁

钢和铁统称为铁碳合金。钢和铁的成分很复杂，但基本上是由铁和碳元素组成的。

含碳量小于 0.02% 的铁碳合金称为铁或纯铁，很少使用。

含碳量 0.02%～2% 的铁碳合金一般称为钢，使用范围很广。

含碳量大于 2% 的铁碳合金一般称为铸铁或生铁，较常使用。

含碳量大于 6.69% 的铁碳合金很脆，使用价值很小。

(2) 固态铁碳合金的基本组织

固态铁碳合金的基本组织有铁素体、奥氏体、渗碳体、珠光体 P。

1) 铁素体

铁素体用 F 表示，是碳溶于 α 铁中形成的固溶体(所谓固溶体，指的是组成合金的各种元素相互溶解而形成的均匀物质)，铁素体的溶碳能力很低，在 727 ℃时溶碳量最大，也仅有 0.022%，强度和硬度不高，但塑性和韧性良好，在 770 ℃以下才具有铁磁性。

2) 奥氏体

奥氏体用 A 表示，是碳溶于 γ 铁中形成的固溶体，奥氏体的溶碳能力较大，727 ℃时，溶碳量为 0.77%，1 148 ℃时为 2.11%。在铁碳合金中，奥氏体仅存在于 727 ℃以上的温度，无铁磁性，其硬度较低，塑性较好。

3) 渗碳体

渗碳体符号为 Fe_3C，是铁和碳的化合物，含碳量为 6.69%，其特点是熔点高，硬度很高(HB800)，脆性极大，塑性和韧性几乎为零，在 217 ℃以下具有铁磁性。

4) 珠光体

珠光体用 P 表示，是铁素体和渗碳体两相组成的机械混合物，平均含碳量为 0.77%。性能介于渗碳体与铁素体之间，强度较高，硬度适中，有一定塑性。

3. 钢的分类

按照化学成分，钢材可以分为碳钢和合金钢。

(1) 碳钢

碳钢属于非合金钢范畴，基本元素是铁和碳，此外还存在其他元素。

碳钢指的是含碳量在 0.02%～2%之间的铁碳合金。碳钢含的杂质有锰、硅、硫、磷、氮、氧、氢等。

1) 碳钢的分类

① 按含碳量不同，碳钢分为：

a)低碳钢：含碳量<0.25%；

b)中碳钢：含碳量 0.25%～0.6%；

c)高碳钢：含碳量>0.6%。

② 按质量不同，碳钢分为：

a)普通碳素钢(S≤0.05%，P≤0.045%)；

b)优质碳素钢(S≤0.04%，P≤0.04%)；

c)高级优质碳素钢(S≤0.03%，P≤0.035%)。

③ 按用途不同，碳钢分为：

a)碳素结构钢，主要用于制造机械构件，一般为低碳钢；

b)碳素工具钢，主要用于制造工具、量具、模具，一般为高碳钢。

④ 按冶炼时脱氧程度不同分为：

a)沸腾钢:不完全脱氧、组织不致密、性能不均;

b)镇静钢:完全脱氧、组织致密、性能均匀、成本较高。

2) 碳钢的牌号

① 普通碳素结构钢

现行标准规定普通碳素结构钢的表示为 Q×××—××,Q 代表“屈服限”,×××为钢的屈服强度值(MPa),××分别代表质量等级(A 或 B)和脱氧方法(F 表示沸腾钢、b 表示半镇静钢、Z 表示镇静钢)。

② 优质碳素结构钢

优质碳素结构钢的牌号用两位数字表示。如:08 钢的平均含碳量为 0.08%;20 钢的平均含碳量为 0.20%。含锰(Mn)量较高(0.7%~1.2%)的优质碳素结构钢的牌号后应附加 Mn,如 20 Mn。

③ 碳素工具钢

含碳(T)量在 0.7%~1.35%之间,用 T7、T8、…、T13 表示。数字表示平均含碳量为千分之几,如 T7 表示平均含碳量为 0.7%。钢号后加“A”,表示高级碳素工具钢,如 T7 A。

(2) 合金钢

在碳钢中有目的地加入一些合金元素的钢,称为合金钢。常用合金元素有 Cr、Ni、Mo、Ti、Nb、W、V、Si、Mn 等。

1) 合金钢的分类

① 按合金元素总含量不同分为低合金钢(合金元素总量<5%)、中合金钢(合金元素总量 5%~10%)和高合金钢(合金元素总量>10%)。

② 按用途不同分为合金结构钢、合金工具钢、特殊性能合金钢(如耐热钢、耐酸钢)。

③ 按钢的组织不同分为铁素体钢、马氏体钢、奥氏体钢等。

④ 按主要合金元素不同分为 Cr 钢、Cr-Ni 钢、 Mn 钢、 Si 钢等。

低合金高强度钢是在钢中控制和添加了适量的合金元素(<10%)而成,具有较高的强度,又有较好的塑性和韧性,低合金结构钢也称为低合金高强度钢,使用低合金结构钢代替碳素结构钢,在相同承载条件下,可使结构重量减轻 20%~30%,而且,冷、热成型及焊接工艺性好,因为合金含量较少,所以价格较低。

2) 合金钢的牌号

我国合金钢牌号按含碳量、合金元素和含量来编排,(牌号中有时还含质量级别和用途)。

牌号的第一部分用数字表示含碳量。低合金钢、合金结构钢用两位数表示平均含碳量的万分之几。高合金钢用一位数表示平均含碳量的千分之几,含碳量小于 0.1% 时用 0 表示,含碳量小于 0.03% 时用 00 表示。

牌号第二部分为合金元素,其后的数字表示含量的百分之几,含量少于 1.5% 时不标数字,含量 1.5%~2.49%时标 2,含量 2.5% ~ 3.49%时标 3……

① 16MnR 为低合金钢,平均含碳量 0.16%,平均含锰量小于 1.5%,是压力容器专用钢(R)。

② 12CrNi3 表示低合金钢,平均含碳量为 0.12%,含铬量为 1%,含镍量为 3%左右。

③ 0Cr18Ni9Ti 为高合金钢,含碳量小于 0.1%,含铬量为 17.5%~18.49%,含镍量为 8.5%~9.49%,含钛量小于 1.5%。

合金工具钢的前面数字表示含碳量,含碳量≥1%不标出,含碳量<1%,用千分之几表示。

合金元素用百分之几表示。

例如：Cr12Mo,C≥1%,Cr 为 12%左右。Mo 为 1%左右。

(3) 不锈钢

不锈钢指含 Cr 大于 11%的合金钢,它是工业上重要的高合金钢。

1) 铁素体不锈钢

Cr 为主加元素,如 0Cr13、1Cr17,不能经热处理硬化,但可经冷加工硬化。

2) 马氏体不锈钢

Cr 为主加元素,如 1Cr13、2Cr13,可经热处理硬化,获得高强度和高硬度。

3) 奥氏体不锈钢

奥氏体不锈钢以 Cr、Ni 为主加元素:含 Cr18%左右,Ni>8%(有些人习惯地称之为 18-8 不锈钢),常温下为单相奥氏体组织,无铁磁性,不能经热处理硬化。可经冷加工硬化。它的耐蚀性和加工性都比前两类好,用途最广泛。如 0Cr18Ni9、00Cr18Ni10、0Cr18Ni9Ti 等。奥氏体不锈钢是性能优良(防腐,高强,良好的焊接性能)、用途很大的钢种。

4. 合金元素对钢性能的影响

合金元素 Mn、Si、Cr、Ni、Ti、S、P、C 对钢的性能有不同的影响。

锰(Mn):锰具有脱氧作用,能减轻硫的有害作用。含锰量适当,能提高钢的强度和硬度,增加钢的耐磨性,减少气孔,提高焊缝的抗热裂性能,但塑性和冲击值降低。当 Mn≤1%时,将增加焊缝的强度和韧性;当 Mn>1%时,则焊缝易产生裂纹和夹渣,焊接性变坏。压力容器用碳钢中的含锰量一般在 0.35%～0.65%之间。

硅(Si):硅是强脱氧剂,溶入铁素体中能提高钢的强度,使焊缝致密均匀,提高钢的抗腐蚀性和抗氧化能力,加工硬化作用强。但含量过大时易使焊缝中形成夹渣,同时降低抗弯角度和冲击韧性,焊接性变差。压力容器用碳钢中的含硅量一般在 0.15%～0.30%之间。

铬(Cr):为了提高钢的耐腐蚀性能,使其在氧化介质作用下,表面形成致密的、稳定的钝化膜,在这方面铬是最有效的合金元素。铬在奥氏体不锈钢中最低含量为 11.7%。

镍(Ni):镍是扩大奥氏体区的元素,将镍提高至 8%时,合金在常温下也具有奥氏体组织,除具有耐腐蚀性能外,还具有冷变形性能、焊接性能、冲击韧性、没有铁磁性等。

钛(Ti):钛加入不锈钢中是为了防止晶间腐蚀,必须与碳保持一定比例。另外还要考虑到钛与氧和氮易形成氧化物和氮化物等夹杂物。

硫(S):硫是钢中的有害杂质,含硫量多时,晶界存在低熔点组成相,在热加工过程中容易产生“热脆”现象。焊接时,容易导致焊缝热裂。在焊接过程中硫易与氧化合,生成 SO_2,使焊缝中产生气孔和疏松。故应限制含硫量。压力容器用碳钢中含硫量一般控制在 0.02%以下。

磷(P):磷是钢中的有害杂质,能与碳化合,并析出脆性化合物(Fe_3P),使钢的塑性、韧性,特别是冲击值明显下降,在低温时尤为显著,即出现“冷脆”现象。磷的存在使钢的焊接性变坏,焊接时易产生裂纹。压力容器用碳钢的含磷量一般控制在 0.03%以下。

碳(C):碳是钢中的重要强化元素。含碳量增加,钢的强度和硬度提高,但塑性和韧性降低,焊接性变坏。基于碳与铬相结合生成碳化铬,从而降低不锈钢的耐腐蚀性能,一般压力容器用钢含碳量必须控制在 0.24%以下。

5. 金属材料的机械性能

材料的机械性能(又称力学性能)指金属材料在一定的温度条件下受到外力作用时,抵抗变形和断裂的能力。

机械性能包括强度、塑性、韧性、硬度等。对于压力容器材料,最重要的是材料的强度、塑性和韧性。

(1) 强度

强度指金属材料抵抗外力作用而不致断裂的能力。指标为应力 σ ,表示单位截面上的内力。$\sigma = P/F_0$(MPa),式中:P为外力,N; F_0为试样原始截面积,mm^2。

(a) 弹性强度(弹性极限):材料在外力作用下产生弹性变形所能承受的最大应力。

(b) 屈服强度(屈服极限):材料在外力作用下产生屈服现象时所承受的应力。

(c) 抗拉强度(强度极限):材料拉伸时断裂前承受的最大应力。

(2) 塑性

塑性指金属材料在外力作用下断裂前产生永久变形的能力。指标为延伸率 δ 和断面收缩率 Ψ。塑性指标较高的材料不容易发生脆性破坏。

$$\delta = [(L_1 - L_0) / L_0] \times 100\%$$

式中:L_0——试件原始长度;

L_1——试件拉断后的长度。

$$\Psi = [(F_0 - F_1) / F_0] \times 100\%$$

式中:F_0——试件原始截面积;

F_1——试件拉断后收缩处截面积。

(3) 冲击韧性

冲击韧性指金属材料在冲击载荷(指突然增加的载荷)作用下,抵抗破坏的能力。材料的冲击韧性与试验温度有关。

(4) 硬度

硬度指材料抵抗局部表面损伤或硬物压入表面的能力,表示材料的坚硬、耐磨程度。

(5) 金属结构的刚性

金属结构的承载能力,除了应考虑上述机械性能之外,还须考虑金属结构的刚性与稳定性,金属结构的刚性主要受形状和截面尺寸的影响。

(6) 疲劳强度

在多次重复或交变的应力作用下,虽然该应力远低于金属的屈服极限,仍能使材料发生断裂,这种现象称为疲劳断裂。

金属材料的疲劳断裂,与其受到的重复或交变应力的大小 σ 以及应力循环次数 N 有关,应力值 σ 越低,断裂前的循环次数 N 越多,当应力降低到一定值后,材料可经受无数次应力循环而不会断裂。

对钢材而言,把经受 107 次循环(有色金属取 108)而不致破坏的最大应力定为疲劳强度(大约为强度极限的一半)。

(7) 断裂韧性

断裂力学建立在“缺陷理论”的基础上,认为断裂的发生是由于材料中存在不可避免的微小裂纹而引起。根据断裂力学对裂纹尖端应力场的分析，用一个力学参数“应力强度因子(K)”描述裂纹尖端的应力场的强弱：

$$K = Y\sigma\sqrt{a}$$

式中：Y ——系数，与裂纹形状、加载方式、试样形状有关，无量纲；

σ ——外加应力，MPa；

a ——裂纹长度的一半，mm。

应力逐渐增大时，应力强度因子 K 逐渐增大；裂纹逐渐扩展时，应力强度因子也逐渐增大。当 K 增大到某值(临界值)时，裂纹失稳扩展，导致断裂。

根据材料裂纹的受力情况，可以把裂纹分为张开型(Ⅰ型)、滑移型(Ⅱ型)和撕裂型(Ⅲ型)三种。由于Ⅰ型裂纹是工程中最常见的也是最危险的裂纹，加上对Ⅱ型和Ⅲ型裂纹的研究还不及Ⅰ型深入，工程上把Ⅰ型裂纹受拉伸(方向垂直于裂纹面)应力时测得的应力强度因子临界值称为材料的“断裂韧性 KIC”。它反映材料有裂纹时，抵抗断裂的能力，是材料抵抗脆性破坏的一个韧性指标，是强度和韧性的综合体现。断裂韧性可通过试验测定，是材料本身固有的特性，与材料的成分、热处理、加工工艺、组织与结构有关，而与裂纹大小、形状、外加应力等无关。

材料是否会产生脆性断裂，应考虑下列三个条件：

1）必须有缺陷(裂纹或缺口)存在；

2）必须有足够大的拉伸应力存在；

3）在足够低的温度下，材料会发生脆性转变。

(8) 蠕变强度

不同材料产生蠕变的条件不同，这里简介金属材料的蠕变。

金属材料长时间在高温下承受载荷时，即使应力远小于屈服极限，但也会逐渐产生塑性变形，导致形状和尺寸变化，这种现象称为蠕变。当金属材料温度高于 0.3～0.4 T(材料熔点)时，可产生蠕变。金属蠕变强度常以 1 000 小时内产生 0.1%应变所需的应力表示，还必须指明试验温度。如 700 ℃下工作 1 000 小时产生 0.1 应变所需的应力值，用 $\sigma^{700}_{0.1/1\,000}$ 其蠕变极限值。

二、核设备金属材料性能要求

1. 物理性能

材料导热率、热膨胀系数的大小、熔点等要符合设计的要求。有关材料的磁性能应满足设计规格书的要求。晶体结构稳定性好。

2. 化学性能

化学性能稳定，具备相容性、抗腐蚀(包括应力腐蚀、晶间腐蚀、点腐蚀和局部腐蚀)性能、抗高温氧化能力。

3. 机械性能

具有良好的综合机械性能。屈服强度、抗拉强度、延伸率、断面收缩率都应满足设计要求。材料在规定温度下的 Cv 冲击值也应满足规范要求。

4. 耐热性

高温容器用钢在高温下应具有足够的强度、稳定性和抗氧化性能。

高温容器不宜选用碳钢，因为碳钢在 300 ℃以上时强度显著下降。

400～900 ℃是奥氏体不锈钢的敏化温度区间（晶间碳化物析出温度区）。

5. 工艺性能

应有良好的冶炼、铸造、热加工、冷加工、热处理和焊接性能。没有时效、回火脆性及延迟性等倾向或这些倾向很小。

6. 核性能

在热中子堆中，堆芯材料特别是燃料元件应具有低的热中子吸收截面，否则，要维持链式反应，必须采用更浓缩的燃料，代价很高。相反，控制棒中子吸收材料必须有很大的热中子吸收截面。

金属材料被腐蚀后，某些合金元素随同一回路的水进入堆芯，受中子照射后会生成放射性核素而产生放射性，该过程称为活化，产生的放射性产物（叫活性产物）主要有 ^{60}Co，^{56}Mn，^{59}Fe 等。活性产物特别是半衰期长的活性产物（如钴）的大量沉积，严重影响回路运行。因此，堆芯以及和一回路水接触的材料所含的元素必须耐腐蚀强、不宜活化。

7. 辐照性能

材料的冲击韧性与试验温度有关。试验温度越低，冲击韧性越差。当温度低到一定程度时，材料的冲击韧性急剧降低，只有微小塑性变形就发生断裂，材料由塑性转变为脆性，这时的温度叫作无塑性或脆性转变温度（Nil Ductility Transition Temperature，NDTT），即材料由塑性破坏转变到脆性破坏的上限温度。金属材料在低温下呈现的脆性称为冷脆性，钢材的最低允许工作温度应高于脆性转变温度的上限。脆性转变温度的高低是核用金属材料的性能指标之一。脆性转变温度越低，就能在越低的温度下承受冲击载荷。

高通量中子辐照导致材料的强度增加、冲击韧性降低，脆性转变温度提高（脆化）；燃料芯块和包壳会因辐照而肿胀、蠕变，中子通量越大，辐照时间越长，辐照效应的影响越大。反应堆容器材料的铜、磷会显著加大这种影响，铜、磷的含量应分别控制在 0.08%和 0.008%以下。运行期间，反应堆容器内壁附近装有辐照监督试样，监督试样将定期取出进行测试。

大亚湾核电站反应堆容器钢材脆性转变温度随中子注量的变化见图 2-20。

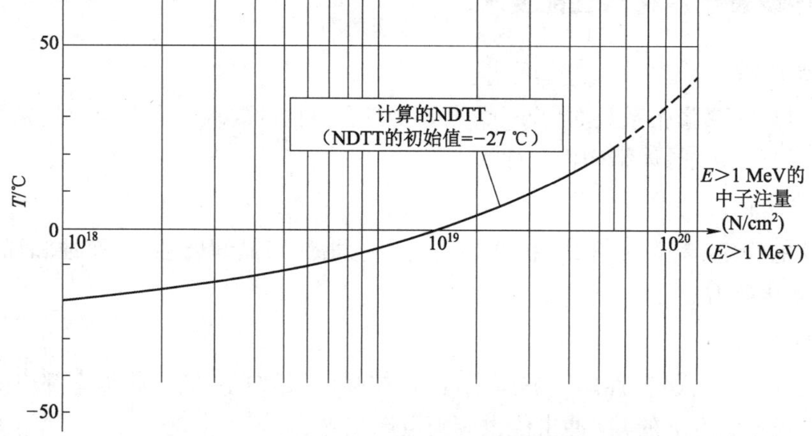

图 2-20 大亚湾核电站反应堆容器钢材脆性转变温度随中子注量的变化

注：初始脆性转变温度为−27 ℃，30 年升至 25 ℃，随后继续上升达 52 ℃。

8. 经济性

材料来源充足,生产工艺成熟,制造成本可以接受。

三、核设备常用的金属材料

1. 反应堆内主要部件的材料

(1) 堆内支撑部件

奥氏体不锈钢。

(2) 核燃料组件

燃料组件包括燃料芯快、燃料包壳、通量测量管、燃料组件导向管等其他支撑结构组成。

1) 燃料芯块

铀合金 UO_2 粉末经冷压、烧结制成陶瓷型燃料芯块。燃料芯块中起裂变反应的元素是铀,但天然存在的裂变材料只有铀的一种同位素铀-235,天然铀中的铀-235 的富集度只有0.71%,所以,大部分反应堆要使用浓缩铀作为核燃料。

2) 燃料包壳

包壳用于保护燃料芯块不受冷却剂腐蚀和其他机械损伤,包容裂变产物,防止其进入冷却回路。构成放射形的裂变产物与外界环境之间的第一道屏障。

适宜作包壳用的材料:

① 锆合金,热中子吸收截面小,抗腐蚀性强,强度较高,锆-2 合金和锆-4 合金广泛用于动力堆。大亚湾核电站燃料包壳材料为锆-4 合金,外径 9.5 mm,厚 0.57 mm,长 3 582 mm;

② 铝及铝合金,耐高温水腐蚀能力和强度有限,多用于低温生产堆和试验堆;

③ 奥氏体不锈钢,可焊性和耐腐蚀性好,比锆合金便宜得多。但中子吸收截面大,广泛用于快中子堆。如果用于热中子反应堆,则须采用更浓缩的铀。

3) 通量测量管、燃料组件导向管:奥氏体不锈钢(如 304 钢)

4) 定位格架:镍基合金(如 inconel-718)

(3) 控制棒组件

外壳:不锈钢。

控制棒吸收体:银—铟—镉合金(如:80%+15%+5%)或不锈钢。

(4) 堆芯相关组件

堆芯相关组件一般包括可燃毒物组件、中子源组件、阻力塞组件。

1) 可燃毒物棒的主要材料:304 不锈钢包壳管,硼玻璃管;

2) 中子源棒的主要材料:初级源—锎,次级源—锑、铍;

3) 阻力塞棒的主要材料:304 不锈钢。

2. 蒸汽发生器和热交换器换热管的材料

蒸汽发生器传热管常用的材料有奥氏体不锈钢、Incoloy 800、Inconel 600 和 Inconel 69。

压水堆核电厂1、2、3级热交换器用的管子,大多采用321或304 L不锈钢冷精整无缝管。少量用一些钛管。

3. 驱动机构的材料

驱动机构的耐压壳采用 0Crl8Ni12Mo2Ti(相当于 316)奥氏体不锈钢锻棒机加工而成。

驱动机构的环形杆采用1Cr17Ni7Al不锈钢棒材。

驱动机构的磁极采用0Crl3不锈钢锻件。

另外,321管子(记作TP321)10号 锻钢等也用于驱动机构的零部件。

4. 螺栓联接件的材料

反应堆压力容器等1级承压设备的螺栓(包括螺母和垫片)采用SA540、B24Gr3锻棒制造,这种材料的国内牌号为40CrNiMo。

二级承压设备的螺栓采用42CrMo和40CrMoV钢棒材。

堆内构件的螺钉类紧固件和联接件,采用GHl69(Inconel 718)和321不锈钢棒材。

5. 安全壳的材料

安全壳壳体是钢筋混凝土结构,它的衬里采用焊接性能良好的 SA516(国内的 16MnR或15MnHR与其相当)板材制造。

6. 常用金属材料

(1) 低碳钢

用于核电厂2、3级设备、蒸汽管道、二回路管道等。

(2) 低合金高强度钢

用于核电厂的各个主设备(反应堆容器、蒸汽发生器、稳压器、主泵壳)和螺栓。

(3) 奥氏体不锈钢

含 Cr 约 18%,Ni>8%,广泛用于核设备,如堆内构件、离心铸造主管道、驱动机构、热交换器传热管。牌号有:0Cr19Ni9、00Cr19Ni11、0Cr18Ni11Ti、00Cr17Ni14Mo2(美国牌号304、304 L、321、316 L)等。

(4) 有色金属

有色金属,如锆合金、镍基合金、钛合金等,也是核设备的重要材料,能较好满足某些特殊的性能要求。

第三节 压水堆核燃料组件基础知识

一、核燃料元件

1. 压水堆堆芯结构

组成压水堆堆芯的燃料组件及相关组件,垂直排列在由堆芯上、下板和堆芯围板所围成的空间内,燃料组件下端由堆芯下板定位,上端由堆芯上板和压紧部件定位及压紧。整个堆芯由堆芯吊篮将其悬挂在反应堆压力容器筒身法兰的内突缘上,而堆芯吊篮下部的定位是靠其上的支承筒与压力容器内壁下部的支承块配合来实现的。为了减少压力容器的辐照损伤,堆芯与压力容器内壁之间应保持足够的水隙和设置局部中子屏蔽以及采用低泄漏燃料管理。压力容器的上封头上布置若干控制棒驱动机构,以驱动控制棒在堆内上下移动,实现反应堆启动、功率调节、正常和事故停堆等控制功能。

压水堆核电厂的反应堆本体结构和堆芯结构布置见图2-21和图2-22。

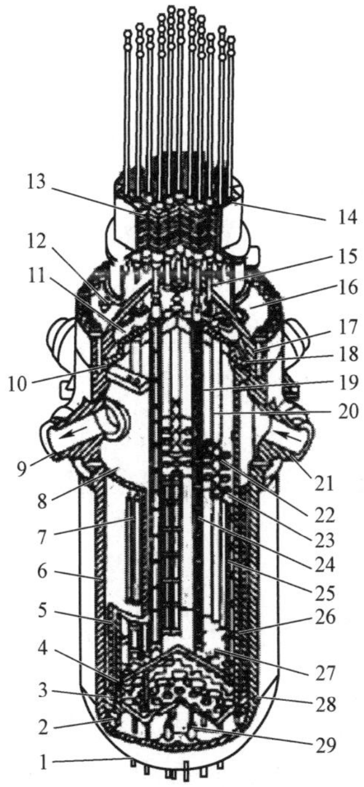

图 2-21　压水堆本体结构

1—通量测量管；2—吊篮定位块；3—吊篮底板；4—流量分配板；5—热屏蔽；6—压力容器筒身；7—辐照监督管；8—吊篮筒体；9—出口接管；10—压紧环；11—压紧板；12—顶盖吊耳；13—控制棒驱动机构；14—通风罩；15—温度测量管座；16—压力容器顶盖；17—压力容器螺栓；18—O 形密封环；19—导向筒；20—支承筒；21—进口接管；22—控制棒组件；23—堆芯上板；24—燃料组件；25—围板；26—辐板；27—堆芯下板；28—支承柱；29—二次支承

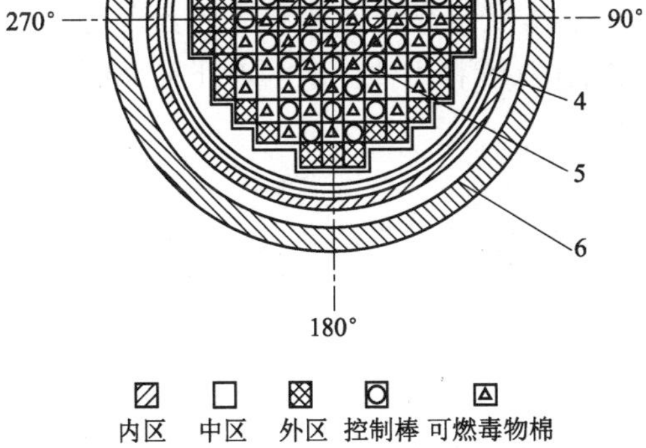

图 2-22　堆芯结构布置

1—堆芯围板；2—堆芯吊篮；3—燃料组件及相关组件；4—热屏蔽；5—控制棒位置；6—压力容器

2. 术语

(1) 核燃料(nuclear fuel)

含有易裂核素,放在反应堆内能使自持核裂变链式反应得实现的材料。

(2) 燃料组件(fuel assembly)

组装在一起并且在堆芯装料和卸料过程中不拆开的一组燃料元件。

(3) 相关组件(associated assembly,core components)

直接与燃料组件相关的控制棒组件、中子源组件、可燃毒物组件和阻流塞组件的总称。其中中子源组件又分为一次或初级中子源组件和二次或次级中子源组件。

(4) 燃料元件(fuel element)

反应堆内以核燃料作为主要成分的结构上独立的最小构件,它的具体形状有棒状、板状和球状等。

(5) 乏燃料(spent fuel)

辐照后从堆内卸出且不再在该堆中使用的核燃料。

(6) 包壳(cladding)

包覆和封闭核燃料或其他材料的外套。用以保护核燃料或其他材料不受化学性质活泼的环境介质的影响,包容被包覆材料在辐照过程中产生的放射性产物,也可提供结构支撑。

(7) 定位格架(spacer grid)

燃料组件中保持燃料棒之间一定间距,并为燃料棒提供横向支撑(有时也提供轴向支撑)的构件。

3. 燃料元件分类

燃料元件名称极其繁多,这主要是由于不同的分类方法造成的。当掌握了燃料元件的分类方法以后,就不难理解,同一种燃料元件可能有多种不同的名称,下面介绍几种主要的燃料元件分类方法。

(1) 按燃料类型

可分为金属型燃料元件、弥散型燃料元件和陶瓷型燃料元件三种,这是最常见的分类方法。轻水堆燃料元件属陶瓷型燃料元件,因为它使用陶瓷二氧化铀作燃料芯块。

(2) 按燃料元件几何形状

可分为棒状、板状、管状和球状等燃料元件形式。其命名法一般是:几何形状+燃料元件。如几何形状是棒状,则叫棒状燃料元件。轻水堆几乎全部用棒状燃料元件,习惯称作燃料棒。

(3) 按反应堆类型

燃料元件可按反应堆型+燃料元件的方法命名。如轻水堆和重水堆用的燃料元件,就分别叫作轻水堆燃料元件和重水堆燃料元件。

(4) 其他

还有按包壳材料和包壳几何形状以及几种分类法放在一起等分类方法。如用铝合金和锆合金作包壳的燃料元件,就分别叫作铝合金包壳燃料元件和锆合金包壳燃料元件;包壳带肋的燃料元件,就称为带肋燃料元件;用天然铀作芯体的生产堆用棒状燃料元件,就称为天然铀生产堆棒状燃料元件等。

4. 燃料元件主要特点

压水堆燃料元件的主要特点如下：

（1）具有放射性

目前燃料元件中的核燃料主要采用铀-235，其次是钚-239。而铀-235还没有作为燃料元件的核燃料投入实际应用。铀-235 和钚-239 本身就是放射性物质，而俘获中子后的核裂变将产生放射性活度更高的裂变产物。

（2）能量高度集中

铀-235 每次裂变，大约释放 200 MeV 的能量。1 g 铀-235 全部裂变释放的热量，相当于 2.8 t 标准煤燃烧产生的热。

（3）环境条件苛刻

燃料元件在反应堆内所处环境具有辐照场、温度场、速度场以及一定外压的压力场等多重特点。其内的核燃料存在裂变产物，同时伴随性能变化和辐照损伤；对于包壳、端塞等结构部件除辐照损伤外，还将承受尺寸变化产生的应力、应变、冲蚀造成的腐蚀和疲劳；反应堆停堆和运行时功率波动变化，还将产生冷热冲击交变载荷，加速结构部件的疲劳。

（4）具有一系列特殊要求

在设计、加工制造、存放、运输、运行、检测和后处理阶段，考虑放射性物质特殊要求的同时，为确保整个工作寿期内不破损，还要在燃料元件的适应性、相容性、安全可靠性和经济性等方面提出一系列特殊要求。

（5）涉及学科多、综合性强

燃料元件的原料供应涉及地质勘探、采矿、冶金、化工、电力和精密仪器仪表等工业部门；其研究、设计和制造过程，涉及核物理、电化学、热力学、水力学、材料学、计算技术、检测技术、辐射防护等学科。

（6）费用大、研发周期长

一种新型燃料元件从概念到商品供应，要经过一个漫长的研制阶段，其周期约为 5～10 年。

二、核燃料组件

1. 核燃料组件的结构和功能

以大亚湾核电厂为例，压水堆堆芯装有 157 组机械上完全相同的 17×17 型先进燃料组件（见图 2-23），位于堆芯上、下板和围板所围成的空间内。初始堆芯为三区布置，富集度 3.10%的 52 组燃料组件装在堆芯外围，称为 3 区（外区）；富集度 1.80%的 53 组和富集度 2.40%的 52 组燃料组件按棋盘式交替装在内区，称为 1 区（内区）和 2 区（中区）。采用年换料制，每年更换 52 组燃料组件。换料用新燃料组件富集度为 3.20%装在外区，其余燃料组件依次按棋盘式重新布置，使堆芯功率分布尽可能均匀。燃料组件由燃料棒和燃料组件骨架组成。

典型压水堆燃料组件燃料棒和导向管排列见图 2-24，264 根燃料棒插入一个称为骨架的支持结构中。骨架由 24 根导向管、1 根仪表管、8 层定位格架、1 个上管座和 1 个下管座组成，仪表管用作监测反应堆中子通量分布及反应堆运行工况参数，它位于燃料组件的中心。

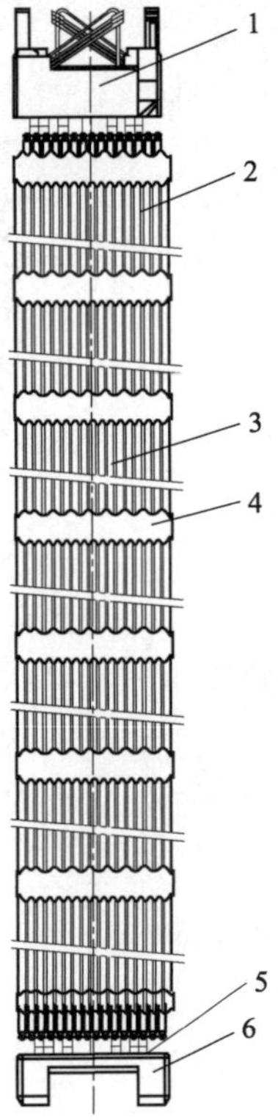

图 2-23 燃料组件

1—上管座;2—燃料棒;3—仪表管;
4—定位格架;5—导向管;6—下管座

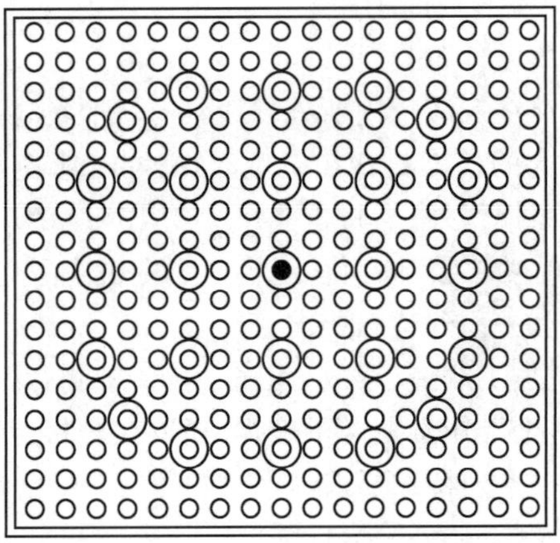

图 2-24 AFA 17 X 17 燃料组件排列

○燃料棒位置(264 根);◎导向管位置(24 根);
◉仪表管位置(1 根)

作为反应堆本体重要组成部分,燃料组件设计必须保证的功能包括:平均卸料燃耗要求、尽量减少寄生中子俘获、有效地把热量传给冷却剂、控制棒抽插自如、底部固定的测量装置可插入、包容燃料和裂变产物、易于后处理、管座可拆卸和重新组装、保持燃料组件在堆芯中的位置、为燃料组件提供横向支撑、为燃料棒提供支撑、防燃料棒脱出、抗水力提升力、便于运输和装卸、抗事故工况联合载荷、限制泄漏燃料棒的数量、抗化学腐蚀和辐照引起的损伤、容许燃料棒膨胀和轴向生长、容许燃料组件生长、尽量减小流致振动、防异物引起的燃料组件损伤等。

2. 燃料棒

每组燃料组件有 264 根呈 17×17 排列的燃料棒,由 8 层与 24 根导向管点焊连接的定位格架夹持,悬挂于上、下管座之间。燃料棒由二氧化铀燃料芯块、低锡 Zr-4 包壳和上、下端塞以及贮气腔压紧弹簧组成。见图 2-25。为平衡包壳管内外压力,压水堆燃料棒内要求充入适当压力的氦气,为此,沿上端塞的轴向设计了充氦孔,密封焊接前通过小孔注入氦气。燃料棒具有产生热能并将其传递给冷却剂以及包容燃料和裂变产物的功能。

(1) 包壳管

锆合金包壳管的主要类型有两种,一类是锆-锡合金,如 Zr-2、Zr-4 合金;另一类是锆-铌合金如 M5、Zr-1%Nb(E635)合金。我国核电厂主要采用 Zr-4 合金。

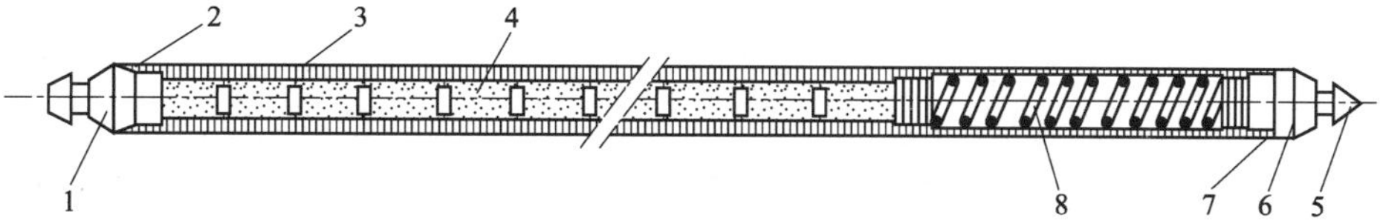

图 2-25 典型的压水堆燃料棒结构示意图

1—下端塞；2—下端环焊缝；3—包壳管；4—UO_2芯块；5—密封焊点；6—上端塞；7—上端环焊缝；8—弹簧

(2) 端塞

燃料棒的端塞使用与包壳管材质相同的锆合金棒经过机械加工而成。端塞有两个作用，一是塞住包壳管两端头起密封燃料芯块的作用；二是形状满足燃料棒束组装需要或方便工艺操作的目的。

(3) UO_2芯块

UO_2 芯块是燃料棒的核心，绝大多数的燃料芯块都是采用 UO_2 粉末压制成型，在 1 750 ℃左右的高温下经过数小时烧结成的陶瓷体。

(4) 弹簧

不同类型的燃料棒，其弹簧设计也有区别，弹簧的种类有螺旋等节距压缩弹簧、螺旋变节距弹簧和胀紧管自锁止推式弹簧。

(5) 氦气

在燃料棒制造时充入 2～3 MPa、纯度≥99.995%氦气，其作用是使芯块裂变时释放的热能通过包壳管迅速传给冷却剂；氦气还可以充当保护 UO_2芯块的气垫；一定压力的氦可以平衡燃料包壳管内外的压力差，防止出现包壳管塌陷。

3. 燃料

全球压水堆燃料棒内的核燃料都是陶瓷 UO_2 芯块。UO_2芯块采用传统的粉末冶金工艺制造，即将 UO_2 粉末冷压成生坯，然后烧结、磨削、检查，得到符合技术条件要求的 UO_2 芯块。

在满足芯块结构性要求的前提下，核燃料还应满足相应的核要求。具体的核性能主要指二氧化铀粉末中铀含量、同位素富集度、杂质元素含量、当量硼含量等，这些性能是需要严格控制的；二氧化铀粉末的物理性能，如比表面积、松装密度、振实密度、颗粒尺寸等则与芯块制造有关，常常是需用户与供货商协商的问题。

4. 燃料组件骨架

燃料组件骨架由上、下管座、定位格架、导向管和仪表管组成。

(1) 上管座及其压紧部件

上管座由上孔板、围板、框板和 4 组板式压紧弹簧组成。

上管座是燃料组件的上部结构部件，具有如下主要功能：确定燃料组件相对于堆芯上板的位置和燃料组件的栅距；确定导向管和仪表管的位置；抵抗水力提升力和适应燃料组件长度相对于堆芯上下板之间距离的变化，并把产生的力传递给燃料组件；为装卸工具提供抓取部位；装卸料时为燃料组件起导向和保护作用；防止燃料棒通过上孔板应力准则的条件下，尽可能地增大过水面积，减小压降；在易观测表面示出标识等。

(2) 下管座及其滤网

下管座由下孔板、4个支撑柱(带支撑板)和滤网组成,除滤网由因科镍-718制造外,下管座其余零件均由304 L不锈钢制造。

下管座是燃料组件的下部结构部件,具有与上管座类似的主要功能:确定燃料组件相对于堆芯下板的位置和燃料组件的栅距;确定导向管和仪表管的位置;支撑燃料组件和把各种力(燃料组件重量和压缩力)传递给堆芯下板;在堆芯装卸料和转运期间,对燃料组件起导向和保护作用;防止燃料棒通过下孔板脱出;分配流量,在满足下孔板机械完整性的前提条件下,尽可能使过水面积为最大,降低压降;通过选取下管座合适的高度,尽量减少堆芯下板受到的辐照量。

(3) 定位格架

每组燃料组件沿燃料棒长度以规定的间隔设置8层定位格架,中间6层带搅混翼,两端2层不带搅混翼,而其他都是相同的。

定位格架的主要功能是:夹持燃料棒为其提供轴向和横向支撑;保持燃料棒处于格架栅元中心位置和燃料棒间正常间距;使导向管和仪表管受到横向支撑和定位;增加冷却剂搅混和改进燃料棒传热;易于进行燃料组件装卸操作和不致发生钩挂现象;易于装卸燃料棒而不损伤定位格架的完整性等。

三、相关组件

相关组件实际上是中子源组件、控制棒组件、可燃毒物组件和阻流塞组件的统称。相关组件由相关棒和星形架或连接柄组成。

相关棒也是一个统称,它指中子源棒、控制棒、可燃毒物棒和阻流塞棒。

1. 控制棒组件

控制棒组件具有用于反应堆启动、停堆、变更堆功率和保护反应堆的功能。

具体说来,在反应堆运行期间提供堆芯反应性控制,以变更堆功率、冷却剂温度或硼浓度;通过把控制棒逐步插入燃料组件实现正常停堆;靠自身重力将控制棒快速插入燃料组件实现紧急停堆,落棒时间满足堆芯安全分析规定的时间要求;支撑控制棒,使控制棒排列与燃料组件中导向管的排列一致;吸收落棒行程末端剩余的能量,以防止对燃料组件和星形架中弹簧产生冲击损伤;与驱动轴耦合成一体确定准确的轴向位置;在星形架的可见部位进行标识,以便于识别等。

控制棒组件由星形架和24根控制棒组成(如图2-26)。控制棒组件是可动式相关组件,每组控制棒组件都有其本身的驱动系统,可单独动作或若干组控制棒组件编组动作。控制棒组件的设计寿命为15年,寿命只受燃耗的限制而不受力学性能的限制。

(1) 星形架　也称连接柄,是支撑控制棒和确保控制棒排列与燃料组件导向管排列一致的结构部件,具有与驱动轴可靠刚性连接和吸收控制棒快速下落产生冲击能量的作用。星形架由带16块径向分布翼板的中央圆筒和缓冲装置组成。

(2) 控制棒　大亚湾核电厂按核设计要求采用两种类型的控制棒,即黑棒和灰棒。除黑棒和灰棒的吸收体材料分别选用Ag-In-Cd和退火304不锈钢外,其他结构和材料都是相同的,如图2-27所示,均由吸收体、包壳、弹簧和上下端塞组成。

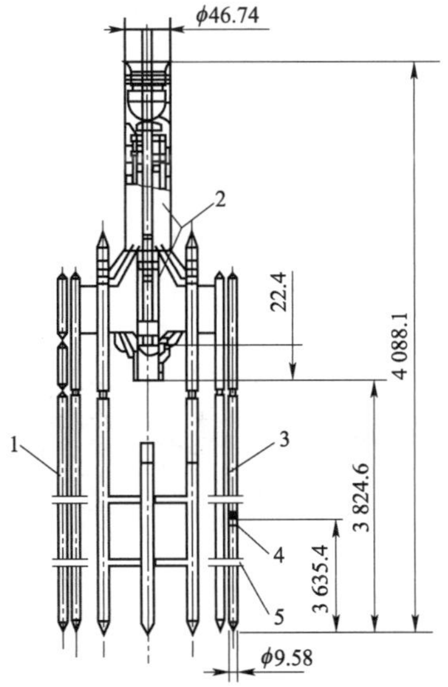

图 2-26　控制棒组件(单位:mm)
1—控制棒;2—星形架;3—弹簧;
4—吸收体;5—包壳

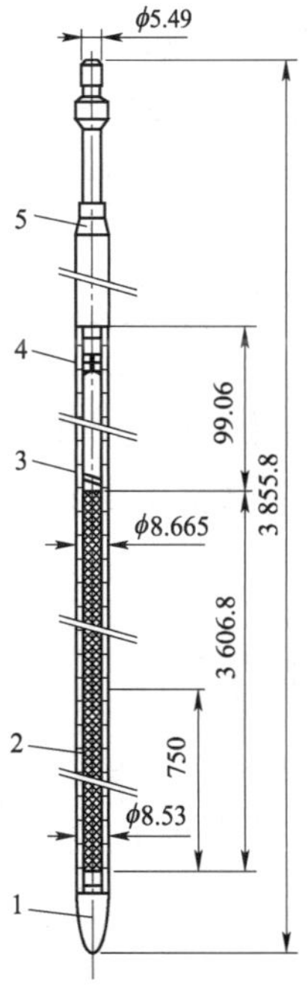

图 2-27　控制棒—黑棒(单位:mm)
1—下端塞;2—吸收体;3—包壳;
4—弹簧;5—上端塞

2. 可燃毒物组件

可燃毒物组件的功能是仅用于首次装料堆芯,利用可燃毒物的特性吸收堆芯过剩的反应性,以降低冷却剂中的硼浓度,使堆芯保持负的慢化剂温度系数;改善堆芯径向功率分布。

可燃毒物组件,与一次和二次中子源组件以及阻流塞组件一样,都是固定式相关组件。

四种固定式相关组件的压紧部件是相同的,差别只是相关棒不同。可燃毒物组件由压紧部件和可燃毒物棒及阻流塞棒组成,并有含 16 根可燃毒物棒、8 根阻流塞棒和 12 根可燃毒物棒、12 根阻流塞棒两种类型之分。

组成可燃毒物组件的压紧部件和可燃毒物棒设计描述如下。

(1) 压紧部位　是支撑可燃毒物棒或其他棒的部件,通过它使棒的排列与燃料组件导向管的排列保持一致,在堆正常运行时,就位于燃料组件上孔板上。压紧部件由连接板、圆筒、压紧弹簧组和共轭杆组成。

(2) 可燃毒物棒　由包壳管、上端塞、下端塞、硼硅玻璃管、内衬管等组成。

3. 中子源组件

中子源组件由压紧部件和中子源棒组成,其中压紧部件与可燃毒物组件的一样。由于实际工程应用的中子源棒数目不多,所以需要同阻流塞棒和可燃毒物棒混装成所谓的固定式相关组件。另外,因中子源棒有一次(初级)和二次(次极)中子源之分,所以相应也有一次中子源组件和二次中子源组件的区别。

一次中子源组件的功能是为首次装料堆芯提供足够的中子注量率水平,保证反应堆在安全监测条件下启动。一次中子源棒由中子源、隔棒、包壳和上、下端塞组成。

二次中子源组件功能是用于除首次循环以外的其他循环堆的再启动和启动过程的安全监测。二次中子源棒由中子源、包壳和上、下端塞组成。棒内充氦压4.5 MPa,以改善包壳应力状态,防止寿期初由于冷却剂压力而使包壳塌陷和改善棒内间隙热导率。

4. 阻流塞组件

阻流塞组件的功能是燃料组件导向管内凡不装入控制棒、可燃毒物棒、中子源棒的都装入阻流塞棒,以限制通过导向管中的旁通冷却剂流量,保持全堆芯燃料组件流量平衡。

阻流塞组件由压紧部件和阻流塞棒组成。阻流塞组件的压紧部件与可燃毒物组件的相同;阻流塞棒是一根整体加工制成的实心不锈钢短棒,分上端塞、过渡段、实心棒和下端塞四个部分。

第四节 核设备无损检测应用及基本要求

一、核设备常用无损检测方法分类

无损检测方法一般分为:目视检测、表面检测和体积检测。

1. 目视检测

目视检测用于提供有关被检零件、部件或表面状况的一般资料,包括诸如表面划痕、磨损、裂纹、侵蚀或泄漏迹象。可以使用光学辅助设备,如电视摄像机、双筒望远镜和反光镜等。

如果复制品的表面分辨率至少相当于目视观察所达到的效果,则表面复制法可认为是一种可用的目视检测方法。

2. 表面检测

表面检测用以显示或验证表面或表层缺陷或不连续的存在。

采用的方法有磁粉法、液体渗透法、涡流法或电接触法。

3. 体积检测

体积检测用以查明表面下的缺陷或不连续的存在、深度或大小。

通常包括射线照相、超声波或涡流检测技术。

超声波检测是用于检测平面型缺陷(例如裂纹或裂纹型缺陷)的较有效的方法。检测时应注意选择检测的角度。

射线检测是用于检测具有体积型特征缺陷(例如气孔、夹渣、点蚀、局部冲蚀)的较有效的方法。

涡流检测通常用于薄壁的非铁磁性材料,例如检测蒸汽发生器或热交换器传热管的壁厚减薄、缺陷、凹陷等。

二、无损检测在核设备中的应用

核电主要设备具有包容带有或可能带有强烈的放射物质,同时设备处在或可能处在高剂量的辐照环境下运行。为保证核安全,在核设备设计、制造、安装和运行过程中,都必须考虑和实施无损检测,以便及时排除不合格的材料或零部件,监测核设备的完整性,减少设备维修和更换概率，避免核泄漏事故。

1. 在产品设计阶段的应用

在设计阶段设计单位应考虑无损检测的实际能力，以保证结构设计要求与无损检测的灵敏度、分辨力和可靠性相一致。确定允许缺陷（不连续性）类型和尺寸、无损检测方法和规范、验收标准、使用修理中需要无损检测的项目等。编制适合标准要求的技术条件，以指导或要求设备供方选择检测人员和编制检测规程，以有效地完成所要求的无损检测。

技术条件可能适用于某类材料、设备或系统，也可能只适合于某一特定产品，甚至某一条具体焊缝，或者某一关键的生产过程中的检测。设计人员还应监督设备生产者或采购者正确应用和满足这些技术条件的条款。

设计人员需密切结合生产能力的具体情况确定检测的内容和方法，并随情况的改变做出调整。对于同一特定产品来说，虽然使用性能要求相同，但由于原材料及材料制造工艺不同，其采用的无损检测方法和技术以及相应的结果评定内容可以很不相同。

无损检测实施情况、结果的信息反馈，也可对设计质量的提高起着重要作用。

2. 制造与安装中的检测

在制造过程中无损检测几乎要对所有的材料、零部件、焊缝和设备做设计所规定的检测，以证明所生产的设备符合使用要求。这个包括原材料验收，工艺控制，零部件和最终的质量验收。

在设备安装过程中要求对工地上应用的结构材料和现场的安装焊缝、预制件等进行无损检测。检测要求一般与制造过程中无损检测相同。

检测对象包括板材、锻件、棒材、管道及其配件、管道焊缝、铸件和紧固件等。检测时机包括原材料提供阶段、半成品加工阶段、产品的修补等，根据不同产品的制造、安装工艺等确定。

检测方法涉及：目视检测、渗透检测、磁粉检测、射线检测、超声波检测、涡流检测和泄漏检测。

一般而言，制造与安装的无损检测与其他工业设备的无损检测是一致的。主要区别在于选用标准和对缺陷形状与位置分布应适合核工业要求。比如，对同一工件可能要求一种方法的不同应用或者多种方法相互补充检测，以便充分地掌握缺陷信息，进行合理判断和提供足够的跟踪条件。

鉴于民用核安全设备较多地应用奥氏体不锈钢等材料，实施超声波检测时，由于奥氏体的各向异性在不同方向有可能得出不一样的结果或出现伪缺陷。同时要注意选择方法或检测器材，使之不能对被检件造成不能确定或不能接受的潜在损伤。

对于包容含放射性介质的设备，除进行水压、气压试验外，往往要求做各种检漏，特别是在氦气检漏中应严格制定检测规程，认真细心观察和分析检测结果。

3. 设备与装置的在役检查

民用核安全设备在役检查的目的是对核电厂正常运行的诸设备、系统的质量状况进行连续监督，以便对设备中可能存在的缺陷（制造与安装阶段形成的缺陷，或者在投入运行后由于疲劳和腐蚀致使缺陷扩展）的情况进行监督、控制和评价。民用核安全设备在役检查，往往在辐照环境下进行，工作强度大，责任心强，这是核电安全运行的必要保证手段之一。这种检查的同时对常规岛机械部件、设备和系统进行检测，通常这种检测叫作金属监督。

在役检查是核动力装置(如核电厂)的一种预防性维修操作,包括按照预定的计划对指定的机械设备进行全面的或部分的检查,在役检查须按照规定的时间间隔进行,每次检查都应重新规定检查范围,以便发现设备材料(特别是焊缝)中存在的缺陷,对被检查设备未来的性能做出判定。在役检查一般分为:役前检查、全面在役检查、部分在役检查和其他在役检查。在役检查包括的所有检测项目都应按照一套正式确认的文件的规定予以实施,这些文件都必须符合规范的要求。每种检测方法,都应规定检测区域。在役检查必须按程序、由取得资格的人员实施,无损检测技术(包括程序、设备、人员)必须经过验证。

在役检查常用国际规范有 ASME Ⅺ卷(美)和 RSE-M(法)。

核电厂的常规岛设备与核岛设备一样要求能长期稳定运行。进入常规岛的蒸汽是一种带有或可能带有核辐射的高速饱和蒸汽,因此其设备和管路系统的无损检测带有一定的特殊性。常规岛金属监督范围和内容包括汽轮机、发电机、冷凝器及管道系统。

核岛的在役检查与常规岛的金属监督的目的是周期性地进行检测和监督核电厂设备的完整性,确保其安全运行,这些检测与换料周期同步。

三、核设备超声检测基本要求和应用

1. 检测原理

超声检测(UT)是工业上无损检测的方法之一。超声波进入物体遇到缺陷时,一部分声波会产生反射,接收器通过对反射波的位置、能量及能量变化情况进行分析,能够发现缺陷,并且能够判断缺陷的位置和大小等参数。

当把高频电压加于压电晶片的两面时,因晶片产生逆压电效应,在厚度方向产生伸缩变形的机械振动。若晶片与工件表面有良好的耦合时,机械振动就以超声波形式传播进去,这就是“发射”。与此相反,当超声波遇到异质界面反射等原因而到达晶片时,晶片受到超声波作用发生伸缩变形。此时,由于压电效应的作用,晶片两个表面产生不同极性的电荷,形成超声频率的高频电压,这就是“接收”。超声波检测就是利用超声探头中压电晶片的“压电效应”来发射或接收超声波进行缺陷检测。可用于无损检测的超声波频率为 400 kHz~25 MHz,其中经常使用的超声波频率为 1~5 MHz。

超声波的波型主要分为“纵波”和“横波”两类。“纵波”是指介质中质点的振动方向与波的传播方向互相平行的波动,它可在固体、液体、气体中传播。“横波”是指介质中质点的振动方向与波的传播方向互相垂直的波动,它只能在固体中传播。

2. 适用范围

超声检测是用得十分广泛的无损检测方法。可以检测表面、内部缺陷,特别是对垂直于声传播方向的平面型缺陷尤为灵敏。

3. 技术特点

这种检测的优点是:

(1) 适用于金属、非金属和复合材料等多种制件的无损检测;

(2) 穿透能力强,适宜检测厚度较大工件内的内部缺陷;

(3) 检测灵敏度高,可检测工件内部尺寸很小的缺陷;

(4) 对面积型缺陷的检测率较高;

(5) 缺陷定位,尤其是在工件厚度方向上的定位较准确;
(6) 检测成本低、速度快,超声检测设备轻便,现场使用较方便,对人体及环境无害。
这种检测的局限性是:
(1) 常用的手动型脉冲反射法检测时,结果显示不直观,无直接见证记录;
(2) 对工件中的缺陷进行精确的定性、定量仍需作深入研究;
(3) 对具有复杂形状或不规则外形的工件进行超声检测会有一定困难;
(4) 工件的材质、晶粒度等对检测有较大影响;
(5) 缺陷的位置、取向和形状对检测结果有一定影响;
(6) 探头扫查面的平整度和粗糙度对超声检测有一定影响。

四、核设备射线检测基本要求和应用

1. 检测原理

射线检测(RT)利用各种射线源(X 射线,γ 射线,高能粒子射线,中子射线)穿过被检工件,当工件结构上存在不连续性时,使射线产生衰减、吸收或散射,然后在记录介质上形成影像。当不连续性部位透过射线强度大于周围完好部位,例如,钢焊缝中的气孔、夹渣等缺陷,射线底片上缺陷呈黑色影像。当不连续性部位透过射线强度小于周围完好部位,例如,钢焊缝中的夹钨缺陷,射线底片上缺陷呈白色块状影像。但如果不连续性部位与周围完好部位透过的射线强度无明显差异,则射线底片上缺陷将得不到显示。

2. 适用范围

射线检测法适于检测内部缺陷,但对体积型缺陷比较敏感,对于沿射线方向的平面型缺陷更好。

3. 技术特点

这种检测的优点是:
(1) 检测结果有直接记录——底片;
(2) 可以获得缺陷的投影图像,缺陷定性定量准确;
(3) 体积型缺陷检测率很高,但面积型缺陷的检出率受到多种因素影响;
(4) 适宜检测对接焊缝。
这种检测的局限性是:
(1) 有些工件结构和现场条件不适合射线检测;
(2) 缺陷在工件中厚度方向的位置、尺寸(高度)的确定比较困难;
(3) 检测角焊缝效果差,不适宜检测板材、棒材、锻件;
(4) 射线检测成本高、检测速度慢;
(5) 射线对人体有伤害。

五、核设备涡流检测基本要求和应用

1. 检测原理

涡流检测(ET)是利用电磁感应原理,使金属材料在交变磁场作用下产生涡电流(涡流),根据涡流的大小和分布来探测导电的磁性和非磁性材料缺陷的无损检测方法。当载有交变电流的检测线圈靠近导体工件时，由于线圈磁场的作用，工件中感生出涡流，涡流的大小、相位及流动形式受到工件的导电性能等因素的影响。而涡流的反作用磁场又使检测线圈的阻抗发生变化。因此，通过测定检测线圈阻抗的变化，就可以得出被测工件的性能及有无缺陷的结论。

2. 适用范围

涡流检测是在被检对象表面下产生感应电流，因此只能检测导体。但它可以用于不接触、不需要耦合介质的高速自动化检测。

涡流检测只能在金属材料的表面或近表面处进行，而对内部缺陷的检测灵敏度太低。在涡流检测中，应根据检测深度的要求来选择工作频率。

3. 技术特点

这种检测的优点是：

(1) 适用于导电材料的工件表面和近表面检测，包括非铁磁性和铁磁性金属材料工件；

(2) 是一种多用途的无损检测方法，可用于缺陷检测、测电导率、测厚等；

(3) 涡流检测线圈可以不接触受检工件，不需要耦合剂，检测速度快，容易实现自动化检测。

这种检测的局限性是：

(1) 不适用于检测非导电材料的工件；

(2) 不能检测出导电材料工件中存在于远离表面的内部缺陷；

(3) 难以判定缺陷的性质，对检测人员要求较高。

六、核设备泄漏检测基本要求和应用

1. 检测原理

泄漏检测(LT)是基于密闭容器内外存在压差时流体能够从漏道渗入或渗出的原理，或是利用液体毛细管作用从漏道通过的原理来检测系统或容器密封性的无损检测方法。

2. 适用范围

泄漏检测主要是针对系统/容器整体密封性能的无损检测技术，泄漏检测技术习惯按被检工件检测时的压力状态区分，包括加压检漏法(如：压降法、气泡法、氨检法等)、真空检漏法(如：真空计法、气体放电法、氦质谱法等)。

3. 技术特点

这种检测的优点是：

(1) 整体性检测，被检部件不受形状/尺寸限制；

(2) 反应时间短，检测效率高；

(3) 灵敏度高、稳定性好；

(4) 能够对漏孔进行定位和定量；

(5) 示漏介质在空气中含量低，污染小。不堵塞漏孔。

这种检测的局限性是：

(1) 检测方法多样化，其使用设备、环境条件、灵敏度、经济性各不相同，往往存在设计和选择性困难；

(2) 只能检出存在漏道的缺陷部位;
(3) 受环境温度影响。

七、核设备磁粉检测基本要求和应用

1. 检测原理

磁粉检测(MT)是利用漏磁和合适的检测介质发现试件表面和近表面的不连续性的无损检测方法。当铁磁性工件被磁化以后,由于不连续性的存在,使工件表面和近表面的磁感应线发生局部畸变而产生漏磁场,吸附施加在受检工件表面的磁粉,在合适的光照下形成目视可见的磁痕,从而显示出不连续性的位置、大小、形状和严重程度。

2. 适用范围

磁粉检测只适合于磁性材料表面和表面下的缺陷检测,尤其对裂纹性的缺陷十分敏感。

3. 技术特点

这种检测的优点是:
(1) 可检测出铁磁性材料表面(开口和不开口)的缺陷;
(2) 能直观地显示出缺陷的位置、形状、大小和严重程度;
(3) 具有很高的检测灵敏度,可检测到微米量级宽度的缺陷;
(4) 单个工件检测速度快、工艺简单、成本低,污染少;
(5) 如采用合适的磁化方法,几乎可以检测到工件表面的各个部位,基本上不受工件大小和几何形状的限制;
(6) 缺陷检测重复性好;
(7) 可检测受腐蚀的表面。
这种检测的局限性是:
(1) 只适用于铁磁性材料,不能检测奥氏体不锈钢材料和焊缝,以及其他非铁磁性材料;
(2) 只能检测表面和近表面缺陷;
(3) 检测灵敏度与磁化方向有很大关系,若缺陷方向与磁化方向近似平行或缺陷与工件表面夹角小于 20°,缺陷就难以发现;另外,在表面浅而宽的划伤、锻造皱褶也不易发现;
(4) 若工件表面有覆盖层,将对磁粉检测有不良影响,尤其是电接触部位的非导电覆盖层必须打磨掉;
(5) 部分磁化后具有较大剩磁的工件需进行退磁处理。

八、核设备渗透检测基本要求和应用

1. 检测原理

渗透检测(PT)是利用液体的毛细管作用,将渗透液渗入固体材料表面开口缺陷处,再通过显像剂将渗入的渗透液吸出到表面显示缺陷的存在。

2. 适用范围

渗透检测只能检测材料或结构件上的表面开口缺陷。适合于金属和非金属材料,但对多孔性材料不适用,应注意防止被检对象的腐蚀。

3. 技术特点

这种检测的优点是:

(1) 渗透检测可以用于除了疏松多孔性材料以外任何种材料的表面开口裂纹、折叠、疏松、气孔、夹渣、冷隔和氧化斑疤等。一般情况下,直接目视检测是难以发现的;

(2) 不受缺陷形状(线性缺陷或体积型缺陷)、尺寸和方向的限制。只需一次渗透检测,即可同时检查所有的表面开口缺陷;

(3) 不需要大型的设备,可以不用水、电。在现场使用携带式喷罐着色渗透剂十分方便。

这种检测的局限性是:

(1) 工件表面光洁度影响大,检测结果往往容易受操作人员水平影响;

(2) 可以检测出表面开口的缺陷,但无法检测出埋藏缺陷或闭合型的表面缺陷;

(3) 操作工序多,速度慢;

(4) 检测灵敏度比磁粉检测低;

(5) 渗透检测材料较贵、成本较高;

(6) 难以确定开口缺陷的深度;

(7) 有些渗透检测材料易燃、有毒。

九、核设备目视检测基本要求和应用

1. 检测原理

现代目视检测(VT)是指用观察来评价物品的一种无损检测方法。它仅指用人的眼睛或借助于光学仪器对工业产品表面作直接观察或测量的一种检测方法。

2. 适用范围

目视检测可用肉眼、放大镜、内窥镜、水下电视、光纤等方法,观察设备表面的不连续性;检测压力试验时的泄漏痕迹;确定设备和其承件总体机械和结构状况。根据ASME标准,目视检测可以分为三类:

VT-1:观察设备表面的不连续性,如:裂纹、磨损、腐蚀和浸蚀。

VT-2:在进行系统压力试验时检测承压设备的泄漏痕迹。

VT-3:确定设备和其承件总体机械和结构状况、包括间隙、紧固、实体位移;检测结构上的不连续性,如螺栓和焊接接头处的完整性损害、零件松动或丢失、碎片、腐蚀、磨蚀和浸蚀;还包括会影响阻尼器、恒载荷和弹簧类型支撑满足可运行性和功能要求的条件检测。

3. 技术特点

这种检测的优点是:

(1) 原理简单,易于理解和掌握,不受或很少受被检工件的材质、结构、形状、位置、尺寸等因素的影响;

(2) 一般情况下,无须复杂的检测设备器材;

(3) 检测结果直观、真实、可靠、重复性好。

这种检测的局限性是:

(1) 由于受到人眼分辨率能力和仪器设备的限制;目视检测不能发现表面上非常细微的缺陷;

(2) 在观察过程中由于受到表面照度、颜色的影响容易发生漏检现象。

思考题

1. 压水堆核电厂设计一般采用四个安全等级,它们分别对应哪一类设备?
2. 核设备金属材料有哪些性能要求?
3. 典型压水堆燃料棒由哪些部分组成?
4. 简述核设备常用无损检测方法的分类。

第三章　安全文明生产与环境保护

学习目标：

初级工和中级工：了解文明生产与劳动保护、环境保护、消防安全、现场急救、核应急、工业安全的相关知识，并熟悉核安全文化、辐射防护的相关知识。

高级工和技师：熟悉文明生产与劳动保护、环境保护、消防安全、现场急救、核应急、工业安全的相关知识，并掌握核安全文化、辐射防护的相关知识。

高级技师：全面掌握核安全文化、文明生产与劳动保护、环境保护、消防安全、辐射防护、现场急救、核应急、工业安全的相关知识。

第一节　核安全文化

一、核安全文化的背景、基本概念

1. 核安全文化的背景

(1) 全球能源的需求与危机：能源是人类社会的生命线，是满足人类基本需求，支持和促进经济发展，不断提高生活水平的重要因素。目前，全世界所消耗的能源主要来自石油、煤、天然气等化石燃料的使用。但地球上的化石燃料是有限的，由于人类长期且不断增长的消耗，其正面临着枯竭的危机。同时，这些化石燃料的燃烧造成了酸雨、温室效应、臭氧层破坏等一系列严重的环境问题。因此，人类正面临着能源的需求及其所引发的各种问题的巨大挑战。

(2) 我国能源的战略选择：20 世纪 70 年代末开始的改革开放，使我国国民经济的发展释放出前所未有的巨大活力，国民生活水平快速提高。在此背景下，电力工业虽然也同样取得了长足的进步，但依然成为制约经济发展的重要瓶颈之一。

我国目前的电力生产主要依靠火力发电和水力发电。其中，火力发电的原料基本上就是煤，占全国发电总装机容量的 70.19%。尽管我国煤炭和水力资源相当丰富，但分布相当不均匀。煤炭资源多在华北地区，水力资源多在西南地区，而我国的大部分工业中心和主要人口集中地都在华东、华南和东北地区。由于受到燃料运输与电力输送等因素的制约，在这些地区发展核电，是一种现实的、非常经济的选择。

(3) 我国核电发展目前的状况：2020 年，我国在运核电机组 48 台，总装机容量 4988 万千瓦；在建核电机组 14 台，总装机容量 1553 万千瓦。

我国核电呈现出发展较快的形态，核安全的问题相应也就成了重中之重，必须引起所有相关从业人员的高度重视，必须建立、学习、领会和实践核安全文化。

2. 核安全文化的起源

核安全思想的发展大致可以分为如下三个阶段:20 世纪 70 年代,这 10 年核安全思想集中在技术上的可靠性、设备与程序的质量方面,即优先考虑的是初始设计工作;20 世纪 80 年代,这 10 年以人为失误为主要对象,寻找通过组织管理减少人为失误,增加作为程序的使用者的可靠性的方法;20 世纪 90 年代,这 10 年集中于核安全文化的发展,核安全水平得到改善。核电历史上的两大事故对核安全思想的发展有着重大的影响,即:1979 年 3 月 28 日发生在美国的三哩岛核事故;1986 年 4 月 28 日发生在苏联乌克兰的切尔诺贝利核事故。

(1) 70 年代-设备与程序:70 年代投运的核设施,重点考虑的是设计的、设备的以及程序的质量。设计过程中,采取了许多设备和措施以防止事故的发生及限制事故发生的后果。认为所有的意外均在设计考虑中,运行人员只要将机组维持在原设计的水平上,就可以保证安全。程序的采用是为了减少人为错误的可能性,但程序将人的作用限制到最低程度,人们通常只是被要求使用这些程序而已。

(2) 80 年代-人因(三哩岛核事故):三哩岛核设施采用的也是轻水型压水堆堆型,不过这种早期的设计存在许多薄弱环节。事故是以丧失第二道屏障开始的。一个稳压器的安全阀开启后不能回座。然后,由于采取的行动不得当,堆芯的冷却没有及时得到保证,造成了堆芯的部分熔化,也就是说,失去了第一道屏障。幸运的是第三道屏障充分地发挥了其功能。仅仅由于反应堆地坑的水自动传输到核辅助厂房,导致了向环境轻微的放射性泄漏。

三哩岛事故的教训:有效的管理可以减少人为失误,三哩岛核事故的根本原因是人因问题。人们发现三哩岛核设施的设计本身就存在缺陷,比如,主控室的人机接口不完善,相关的仪表指示不能真实地反映所测的物理现象等。此外,人员培训的不足;相应的事故处理规程不适应;工作方法不当,以及缺乏足够的经验都是导致这次事故的重要因素。

(3) 90 年代-核安全文化(切尔诺贝利事故):与国内主要堆型为压水堆不同,切尔诺贝利核设施采取的是石墨水冷堆型(RBMK)。由于一连串的失误,使反应堆欠冷。堆内冷却剂的沸腾带来的空泡正效应使反应堆的功率迅速增长,堆芯能量的剧烈释放造成了反应堆及其厂房的爆炸以及放射性的严重泄漏。

切尔诺贝利事故的教训:核安全文化。切尔诺贝利事故是设计错误的结果,其事故的处理过程也暴露了苏联核设施运行人员的培训及其管理并没有吸取三哩岛事故的教训。运行操作人员及管理的失误加上设计上的错误才导致了如此惨痛的悲剧。

2011 年 3 月 11 日发生的日本福岛核事故,尽管其直接诱因是极端的外部条件——海啸和地震,但是在 2012 年 7 月 5 日日本国会“福岛事故调查委员会”正式发布的福岛核事故最终调查报告中将福岛核事故的根本原因定性为“人祸”,而非自然灾害。东京电力公司的一些行为,比如运行期间存在篡改监测数据、无视研究人员早先提出的防海啸警告,机组海水冷却行动迟缓,应急体系职责不明,高层想放弃核事故缓解等,无不显示了核安全文化建设在福岛第一核电站存在严重问题。福岛核事故从 4 级发展到 7 级,东京电力公司核安全文化的缺失或弱化有着不可推卸的责任。日本东京电力公司对安全文化建设重视不够,国家层面的安全文化建设长期存在缺陷是这次日本核事故愈演愈烈的主因。

3. 核安全文化的定义

切尔诺贝利核设施事故是引发“核安全文化”这一概念的起因,为此,国际原子能机构

(IAEA)的国际安全咨询组(INSAG)出版了一份报告:INSAG-4,详尽地阐述了"核安全文化"这一概念。INSAG-4 报告对核安全文化做出了如下的定义,即:

核安全文化是存在于单位和个人中的种种特性和态度的总和,它建立一种超出一切之上的观念,即核设施安全问题由于它的重要性要保证得到应有的重视。

4. 核安全的基本知识

(1) 核安全的定义:核安全就是核设施在其设计、制造、运行及停役期间为保护公众及环境受可能的放射性危害所采取的所有措施的总和。这些措施包括:确保核设施的正常运行、预防事故的发生、限制可能的事故后果。

核设施正常运行期间,必须严格控制对环境的放射性废液及废气排放。这一控制包括对废物的取样分析,精确地知道放射性产物的排放浓度,使其排放低于根据国家环保局规定的年排放量控制值而制定的排放标准。如果分析结果表明放射性产物的排放浓度高于规定的标准,营运者必须对其进行再处理,直到满足要求为止。国家环保局对核设施放射性废物的年排放量有严格的要求。这一措施保证了核设施正常运行期间对公众和环境的保护。

(2) 纵深防御原则:为了保证较高的核安全水平,应采取多种多样的且相互独立的措施。当某类措施失效时,其他的措施能有效地防止事故的发生或限制事故引起的后果。这些措施的总和就是纵深防御原则。纵深防御原则就是考虑到技术的、人为的以及组织管理上的失效,而为此设立的多层次的防御线。一般说来,对于任一失效均有三道防线加以预防。但也有例外的情况,比如,对压力容器的破损,目前,在结构上还不可能考虑设置多重的防线,因此,就必须采取其他的防御措施以加强对这一事故的防御。纵深防御原则是一种贯穿于核设施整个寿期(包括退役在内)各个阶段内各项生产活动的安全设计思想。

(3) 核安全的三大功能:反应堆在运行过程中产生的裂变物质包容在燃料芯块及芯块与包壳之间的缝隙中。为了防止这些放射性产物的外泄,就必须保证燃料包壳的完整性,避免包壳的破损和燃料芯块的熔化。只有当反应堆正常运行时,疏导出堆芯的裂变能;或反应堆停闭时,疏导出堆芯的剩余能量,才能达到这一目的。

二、核安全文化建设的基本要求

1. 决策层的责任范围及其体现

决策层的责任首先是发布相应的核安全政策,从而阐明核安全文化所应包含的任务和目标。该政策明确规范机组运行期间的核安全要求;获得并证明机组及运行方法与核安全要求上的一致性,并始终维持机组电价竞争力;确保在核设施各个层次上核安全目的、要求、原理的合适性;确定核设施各个与核安全相关的职能部门的责任及分工。

决策层的责任同样也通过实施质量政策而表现出来。这一政策用质量控制和质量保证手段来评价核设施的安全等级,并使之维持在一个永不降低的水平上。

质量控制与质量保证过程的目的是在核安全要求的遵守方面获得充分的信心。这一政策不仅适应于核设施,也同样适应于设备制造商。

2. 核设施管理层的职责

(1) 核设施负责人对核设施核安全文化的建立与实施负全面长期的责任,这一责任的体现可以通过与内部(日报、电视监测、信息、会议等)的各种交流以及外界的各种联系(与公众当局、新闻媒介等)体现出来。

(2) 另外还通过成立核安全技术小组和核安全委员会等,以及它们对核安全密切细致的跟踪与监督工作来表现这一责任。

(3) 通过工作现场的经理负责制以及对某一特殊活动的进展情况的关注来表现这一责任。

(4) 通过对各种核安全指标的跟踪进行工作。这些核安全指标需进行定期的交流,解释及评价。通过这些指标,核设施的日常活动、目标、工作进展等便一目了然,这些用来控制核设施的基本指标,同时也是对核设施进行评价的最好根据,也是引入激励机制因素之一。

(5) 营造良好的工作环境,核设施管理层的责任之一就是要创造成功的工作条件(有利于交流、有利于激励机制的建立和运作、有利于提高工作方法的可靠性)以及保证工作的正常进展。

(6) 建立相应的质量系统,每一个核设施都应建立相应的质量系统,这一质量系统在《核设施质量保证程序手册》(PQOM)中进行了详尽的描述。该手册汇集了各种条例、指令、各部门的职责和任务以及为保证运行期间的质量应采取的对策等内容。

三、个人对核安全文化的理解与应用

1. 核电厂每个员工的职责

核设施的每个员工通过其本身的责任、对核安全的主动性、严谨的工作态度以及他本身的专业能力,对核设施运行安全起着非常重要的作用。

员工在工作中对核安全发挥其影响,他所提的每一个问题、对问题的思考、对参与的工作给予的关注和努力等均是核安全文化的真实表现,员工个人行为可主要归纳为表 3-1 内容。

表 3-1 员工个人行为

探索的工作态度	严谨的工作方法	相互交流的工作习惯
我了解这项工作任务吗? 我的责任是什么? 它们和安全的关系如何? 我具备完成任务的必要技能吗? 其他人的责任是什么? 有什么异常情况? 我是否需要帮助? 会出什么错? 出现失误会造成什么后果? 应该怎样防止失误? 万一出现故障,我该怎么办?	弄懂工作程序; 按程序办事; 对意外情况保持警惕; 出现问题停下来思考; 必要时,请求帮助; 追求纪律性、时间性和条理性; 谨慎小心地工作; 切忌贪图省事。	从他人处获取信息; 向他人传送信息; 无论是正常状态还是异常情况都要汇报工作结果,并作书面记录; 提出新的安全建议。

2. 员工对核安全文化的应用

纵深防御原理以及质量控制基本原则,均体现着核安全文化的直接作用。任何事情都可能有意外。基于这一观点,核设施采用了纵深防御的原理。这一防御原理不仅仅只适用于核设施的设计,同时也适用于核设施的运行和预防性维修活动,尤其是某些非常规的机组状态以及突发性的维修活动等。工作的质量与质量控制都属纵深防御的范畴;所有运行和预防性维修活动也属于纵深防御的范畴。员工对于这些活动的思考和实施都显现出核安全文化的具体影响。

(1) 工作前的考虑:积极预防;质量控制开始于工作人员的准备阶段,质疑的工作态度是确保工作准备质量的前提。安全与质量是建立在具体检测工作或其他活动的预先分析基础上的。必须对某项活动过程的每一步骤、实施活动所需具备的条件、风险的辨识、存在的疑点等进行分析以便采取必要的应变措施。工作方法的选择,严谨细致的工作态度对核安全功能的控制以及设备可用性的维持起着决定性作用。

(2) 工作期间的保证:认真监督;监督与检查是纵深防御的辅助防线,以此来确保正确遵守规定的情况。每个人都应该认真做到:确信并检查所有工作均按预先的计划进行;按程序办事;确保对过程的控制(停工待检点等);消除偏差;监测异常并汇报。运行值长肩负着当值所有运行活动的完全责任,尤其是与核安全相关活动的责任。在运行值长的直接负责与允许下,值内其他技术人员进行规程、程序及运行技术规格书的实施和应用。值内技术人员是工作执行的负责人,运行值长和安全工程师负责监控。在役检查方面,在役检查活动的每一步骤均清晰明了地由相应的人负责。工作人员负责执行,工作负责人负责监控,核安全与质量监查部门负责监查。核设施设计时,根据单一故障准则的原理配置了一定的冗余设备或功能;考虑到共模故障的风险(如火灾、水灾等),进行了设备的多样化和实体隔离设计。核设施运行期间,某些故障或不可用可能导致这些原设计功能的失效。其原因往往是由于检修、运行和在役检查或计划的失误造成的。因此,所有从业人员在工作中都必须牢记核安全功能的控制和维持设备的可用性两个根本任务。

(3) 工作后的纠正与检查:经验反馈,机组的日常运行过程中需进行大量的与核安全有关的活动。这些活动的进行和实施就是经验的积累过程。经验需要通过对偶发事件的实际处理以及控制管理这些事件过程的总结来完善。经验是具有积极意义的,它是核电从业人员个人价值的重要体现。但经验如果不加以正确利用或者不利用就等于无用。积极参与到经验反馈的活动中去,是个人实践核安全文化思想的具体体现。因此,我们应毫不犹豫和毫无保留地描述我们是怎样地处理了一起事故、攻克了一道难关、组织了一项生产活动、解决了一个问题。这样才能形成相互交流的工作习惯,达到经验共享,好的实践为大家所知,合理利用的目的。

(4) 个人对核安全文化中质量保证的理解和运用:机组运行期间,保持与核安全要求的一致性,将使核安全得到最好的保证。如果能提供有效的承诺与保证,那么,核设施的安全营运是可信的。质量保证是所有与核安全相关活动的基础,而周期性的总结和概括是营运者达到预定目标的标志。

四、核安全文化评估

核安全文化是一个组织"核安全高于一切"的价值观和行为的总和。它通过领导者的带头示范和员工的奉献体现。核安全价值观是对待"核安全"的态度和观点。它是体现在所有核电厂思维和行为中的一种关注核安全的思维倾向和价值判断依据。

对于核反应堆核级设备无损检测工来说,应牢固树立"核安全高于一切"的价值观,并在无损检测工作中严格践行。为此,应充分理解核安全文化八大原则。

1. 核安全人人有责

明确界定核安全的责任与权利,并让全体人员清楚自己的责任和权利。落实与核安全责任相关的指挥体系、岗位权限、人员配备和资金保障。公司政策中强调核安全高于一切。

2. 领导做安全的表率

高层领导和高级管理者是核安全的主要倡导者,应重视言传身教,要经常不断地、始终如一地贯彻核安全第一的理念。

3. 建立组织内部的高度信任

在组织内建立高度的信任,通过及时准确的沟通来培育这种信任,有畅通的信息流程来提出和处理问题,对员工提出问题所采取的措施要告知员工。

尊重员工的人格和尊严;员工可以提出核安全方面的问题,不必害怕惩罚,相信所提的问题会得到回应;期望和鼓励员工提出新思路来帮助解决问题;欢迎和尊重不同的意见,必要时,用公平和客观的方法来解决冲突;主管善于以坦诚开放的方式应对员工的问题,这是管理团队的重要组成部分,这对于用核安全文化来促进团队关系是至关重要的。

4. 决策体现安全第一

员工在做出支持核电厂安全、可靠运行的决策时,经过系统和严格的考虑。运行人员得到充分的授权并了解安全期望值,当面临突发或不确定工况时,将核电厂置于安全状态。高级管理层支持和强化保守决策。

5. 认识核技术的特殊性和独特性

所有的决策和行动都要考虑核技术的特殊性。反应性控制、持续堆芯冷却、核裂变产物屏障的完整性是核电厂有别于其他常规电厂的重要特性。

6. 培育质疑的态度

通过质疑假设、分析异常工况、思考行动的潜在不利后果,员工表现出质疑的态度。事故的产生往往来自于组织根据错误的假设、价值和信念,所采取的一系列决策和行动。员工要对可能给核电厂安全产生不利后果的状态或活动提高警惕。

7. 倡导学习型组织

高度重视运行经验,培育学习和应用经验的能力。通过培训、自我评估、纠正行动和对比,来激励学习和提高业绩。

8. 评估和监督活动常态化

采用监督手段来强化和提升业绩。通过各种监督方法对核安全进行常态化监督和检查。

(1) 自我评估和独立监督相结合是一种综合平衡的方法。这种平衡需定期审查和调整。

(2) 实施定期的核安全文化评估,以此作为改进的基础。

(3) 组织认识到仅专注片面的业绩指标是不够的,还要关注识别那些可能预示业绩下滑的指标并做出响应。

(4) 重视各方面人员(包括质保人员、评估人员、独立监督人员和普通员工等)提出的意见和建议。

(5) 定期向高层管理人员汇报监督结果,以使他们深入了解核电厂的安全业绩。

五、防人因失误工具的应用

对于在役检查工作来说,由于在役检查人员的工作技能、身体状态、精神状态等不可能始终保持一致,因此,任何工作人员都可能失误犯错。为了避免人因失误,通过采用相应的防人因失误工具,可以达到避免和控制人因失误的目的。

核电设备在役检查工作中防人因失误工具主要包括以下十项。

1. 自检

使用条件:所有活动中都必须使用自检。

使用方法:自检工具的使用依据 STAR 原则。

(1) 第一步:停(STOP)。

(2) 第二步:思(THINK)。

(3) 第三步:行(ACTION)。

(4) 第四步:审(REVIEW)。

2. 他检

(1) 使用条件: 操作人认为需要进行他检;操作任务中的关键步骤;改变反应性的操作;重要设备启、停或重要功能的投、切;第一次执行某项操作;不经常执行的操作;规程中明确要求执行他检的工作。

(2) 使用方法:操作人对操作对象进行自检;检查人确认操作对象正确;检查人确认要执行的行动和操作对象是正确的。如果检查人不同意操作人的意见,则终止操作;操作人执行操作;检查人确认操作后状态并确认说出:"对,正确"。

3. 监护

(1) 使用条件:对涉及核安全、工业安全、辐射安全、环境安全以及电厂的稳定运行,可能立即产生不可逆影响的工作任务。

(2) 使用方法:操作人、监护人同时到达操作现场;操作人手持执行文件,阅读操作步骤;操作人手指设备或者触摸要操作的设备,大声说出:要操作哪项设备(编码)、对其进行何种操作;监护人核对操作人的口颂指令及指向的设备与程序的规定一致后,回答"对,请执行";操作人执行操作,监护人确认操作和预期一致,否则及时制止;操作人手指向或轻触响应设备(如指示表、显示数值或状态等),读出响应状态或数值,确认响应正常;监护人手指向或轻触响应设备,读出响应状态或数值,确认响应正常后,回答:"正确"。

4. 独立验证

(1) 使用条件:适用于重要的运行工作,对以下操作后果及系统设备配置状态需进行独立验证。设备维修后投役前;安全相关设备或重要设备及系统的配置;安装重要设备或系统的隔离牌/锁时;临时变更的安装及拆除时;反应堆保护系统的相关仪控设备维修后投用前;对堆芯损伤有影响的设备状态改变。

(2) 使用方法:操作人或组执行操作;操作人或组向下令人报告任务完成,要求独立验证;验证人(组)验证设备的状态(或配置)与程序要求的一致。

5. 三向交流

(1) 使用条件:在电厂运行工作的口头信息传递过程中必须使用三向交流。下达操作指令,以及要求接收者采取下一步行动的沟通;对重要的系统、设备状态或参数进行的沟通或确认;涉及电站、人员安全状况的报告及交流(如汇报现场火情);职责转移、工作移交时(如:操纵员临时离开岗位,须将工作交代到另外一名授权的操纵员时);接受电网调度指令。

(2) 使用方法

1) 信息发送者:称呼对方名字,引起听者注意;自报姓名、单位;说出要传递的信息(关键信息减慢语速,口齿清晰,讲普通话)。

2) 信息接收者:用自己的语言重复听到的信息;(如有需要用笔纸记录下对方的要求如没听清楚要求对方重复)用提问方式澄清对方的重点要求或信息;等待(或要求)对方回答:“是的”。

3) 信息发送者:发送者核实信息正确后对接收者说“正确”“对的”等表示肯定;如果信息错误,则重新开始以上沟通流程。

(3) 特殊规定:传递信息后代表所交代的任务的职责由信息发送者转移给信息接收者;使用专业术语进行交流,禁止使用地方话或俗语;推荐使用字母法进行交流。

6. 使用规程

(1) 使用条件:规程根据使用类型分为三类:记忆使用、参照使用和连续使用;三步以上的操作均需要“连续使用规程”。

(2) 使用方法:

1) 程序使用前

确认程序是最新版,且为受控版本;检查程序是否缺页(特别是最后一页);确认规程的适用范围、先决条件和限制条件是否适合当前操作;阅读、熟悉程序对于“关键步骤”标识出来,对不适用的步骤在步骤后面写上“N/A”;理解程序中的各种警示、限制条件和提示信息(这一步骤建议在工前会上完成);如需连续执行多份程序,在程序的封面上写好使用顺序编号。

2) 程序执行完毕后,

浏览已执行完毕的程序,确认已按要求完成程序的所有内容;对已执行完毕的程序进行签字或盖章;对于执行程序过程中发现的问题,填写状态报告;将规程使用中遇到的问题在工后会中讨论。

7. 工前会

(1) 使用条件:工前会可分为简单工前会、标准工前会;对于简单的,经常重复的并且没有严重后果的操作,采取简单工前会。对于复杂的(需要三个及以上工作人员或工作组配合完成的)、不经常重复的(执行周期大于等于3个月的)或者有严重后果的(例如:会造成停机、停堆、引起堆机功率波动、导致重水泄漏、导致重要设备损坏等的),必须召开标准工前会。

(2) 使用方法:

1) 简单工前会

陈述工作的内容、目的、分工;说明该项工作涉及的安全事项;提醒工作中需要用到的个人防护用品(如果需要)。

2) 标准工前会

主持人介绍工作任务的总体情况:任务背景、目的、时间、内容、最终状态、涉及的规程、人员分工、专业配合要求;参加工作的工作人员应在工前会之前已经阅读过该规程,并了解了规程的主要内容。主持人组织讨论:操作流程、操作范围,涉及哪些系统、设备和岗位;讨论识别规程的关键步骤、讨论注意事项、操作要点,如有需要学习图纸;明确TS的相关要求、停止工作或者采取特定行动的限值、对其他工作的影响、接口和限制要求以及管理层介入程度和监督部门的监督要求;预计最容易失误的环节;讨论安全风险、各类防护及预防措施;预见失误后果,讨论应对方案;回顾运行经验;明确专业和工作组之间的联络方法,宣布会议结束。

8. 工后会

(1) 使用条件:工作过程中出现了没有考虑到的异常或意外情况;非常规的工作任务(三个月及以上才执行一次的工作);复杂的工作任务(需要三个及以上工作组紧密配合执行的工作);工作人员认为需要召开工后会的工作任务。

(2) 使用方法:由工作负责人主持,主要参与者都参加,以讨论或提问的方式进行。可以是简单的几句话总结讨论,也可以是详细的正式的讨论。工后会的内容可以包含如下方面:任务过程中出现的主要问题及良好实践;规程和工器具是否需要优化;任务安排和实施过程是否需要改进和优化;是否需要对相关知识和技能进行培训。

9. 质疑的态度

(1) 使用条件:任何时候从事任何工作前,都应该保持健康的质疑态度。

(2) 使用方法:

1) 提出疑问

决策前和执行任务前,收集和任务相关的信息;识别出有矛盾的(比如信息前后不一致)、感到迷惑的(比如觉得看不懂的)、存在担心的信息;执行过程中,出现有警示信息时(比如有异常报警等),需要停下来。

2) 澄清疑问

以有效的、受控的信息作为依据;使用最直接的证据(参数、现场核实等)而不是用假设作为判断条件;当疑问得不到澄清时,向专业人员寻求帮助。

10. 不确定时暂停

(1) 使用条件:在执行规程时遇到不确定的情况或错误时;遇到参数或情况与工作任务要求不一致时;有任何疑惑和不理解时。

(2) 使用方法:遇到疑惑、不懂时,停止手头工作;把设备或者系统置于安全状态;独立思考或联系相关主管人员;消除疑惑后继续工作。

第二节 文明生产与劳动保护

文明生产是企业管理工作的重要组成部分,是企业保证生产安全,提高工作效率和质量的基础。要满足现场文明生产要求,就需要做好以下几个方面工作。

一、文明生产要求

1. 在役检查现场管理相关知识

(1) 核电厂部件在役检查现场由在役检查工作负责人统一管理,在役检查工作负责人对在役检查工作的安全、质量、进度及文明、规范性负责,进入在役检查现场的各工作人员必须听从在役检查工作负责人的安排;如发现在役检查现场有任何异常情况,工作负责人应及时向主控室及现场经理汇报。

(2) 任何人员如发现在役检查现场存在有安全隐患或违反安规、制度、在役检查规程及不文明作业等情况时,均可向现场工作人员指出并要求改正,现场各工作人员须虚心接受并采取合理措施及时予以纠正。

(3) 所有在役检查活动在现场开工时必须将办理好的工作票(一般包括工单和工作许可证)及检测规程、质量计划等在役检查文件包带至现场。

(4) 在役检查开工前先确认核安全相关设备是否具备检测条件。

(5) 所有在役检查作业场所应进行隔离。根据现场情况挂牌和设置隔离区,同时应根据情况采取必要的安全防护和防异物措施。凡存在安全质量风险的项目,如坑洞、弧光、落物、触电、碰伤、辐射、异物等,均需要在在役检查现场设置隔离区并挂牌。在役检查活动必须文明、规范,确保工作安全和质量。

(6) 在役检查现场应具备良好的照明和必要的通风条件;在役检查现场附近的通道、楼梯、门口和平台等处不准堆放杂物,以免妨碍通行;在役检查场地应保持整洁,在役检查中产生的废物和垃圾应及时装入废物袋或放于指定的地点,并及时清理,做到工完料尽、场地清洁。

(7) 进入在役检查场地的所有人员必须按规定穿戴好安全防护用品,如安全帽、安全带、防砸鞋、专用防护服、防护手套等,并严格遵守相关的工业安全规定;进入辐射控制区工作,还应按照要求穿戴好辐射防护用品和个人剂量计,并严格遵守辐射安全方面的各项规定,听从辐射防护人员的指导和要求,按照 ALARA 原则的各项规定实施在役检查工作,同时,个人剂量计等辐射监测仪表必须妥善保管,不得丢失、损坏。

(8) 在役检查现场须保持规范、有序,工器具、零部件、材料应摆放整齐,一般情况下,在役检查场地禁止使用透明材料,应铺设不透明的塑料布、橡胶皮或其他铺垫物,以保持场地清洁和保护地面设施不受损坏。

(9) 在役检查现场应尽可能避免射线检测与其他检测方法交叉作业,如因特殊情况无法避免时,应指定专业人员对各检测方法的工作分别进行监护,检测过程中各工作人员应注意加强协商和保护,以确保、射线检测时他人的安全。

(10) 在带电作业时,应根据规定使用有绝缘把手的工具,并穿戴好防护用品,如绝缘手套、绝缘靴、绝缘垫,并根据情况设专人进行监护。

(11) 应尽量减少在开口系统或设备的周围使用工具,工具不用时收起并妥善保管,透明塑料布及透明胶布等透明材料禁止在在役检查现场使用。

(12) 对于反应堆换料水池、燃料厂房水池的上方或水池边等在役检查现场,工作负责人应采取必要的措施防止异物坠入水池,如:在役检查中易落的工器具、材料要系好保险绳;

图纸、记录表及随身物品等应妥善保管；剂量表应按规定挂在脖子上并放入口袋以防止低头时掉落；记录笔及眼镜应系带等。

(13) 对于容器类设备(如蒸汽发生器、稳压器等)的役前检查现场，人员在进入容器前，容器的所有进出口管道必须做可靠的隔离(关闭阀门或采用盲板封堵)，并采取必要的安全防护措施；同时，容器内应具备良好的照明和必要的通风条件，人员进入前必须测量容器内的含氧量(应大于 18%)，并在容器外挂牌记录，确认安全的前提下才允许进入；作业期间须有一名工作人员在容器外进行监护，监护人应站在能看到或听到容器内工作人员声音的地方。容器内的各项作业必须遵守安全规定，使用的工具、材料要系好保险绳；应在设备外部进行检查、清理，并妥善保管；带入、带出的工具、物品必须严格进行清点、登记，保证记录的正确性和完整性，记录的结果应纳入役前检查报告；

(14) 在役检查过程中如发现有安全隐患、需要扩大在役检查范围或超出在役检查计划范围、实际情况与检测规程的要求不符等异常情况时，工作负责人应及时向上级领导汇报并填写质量缺陷报告(QDR)，按照在役检查大纲中补充检测的规定实施，严禁在未报告或未得到批准的情况下擅自实施。

(15) 如在在役检查现场发现有系统、设备存在缺陷，应及时通知运行人员或向值长汇报，严禁在未经汇报和许可的情况下自行处理。

(16) 在役检查过程中应严格遵守相关 QC 管理程序，根据质量计划中的选点情况及时通知相关的 QC、QA 人员到现场见证。

(17) 从事在役检查、起重等特种作业的人员，必须随身携带有效的特种作业证书(或复印件)，以供安全、质保等监督人员进行检查。

(18) 在役检查工作完成后，应检查并清除在役检查过程中在工艺设备上标识的临时标记；工作负责人应负责将在役检查现场清理干净，做到工完料尽场地清。

2. 在役检查人员行为规范相关知识

在役检查人员的行为对核电厂安全运行具有重要意义，因此，核电厂对于在役检查人员在在役检查工作中所应遵守的行为规范制定了明确的标准和要求，从而确保核电厂的预防性维修活动，保证核电厂的安全、可靠和稳定运行。

(1) 在役检查人员行为规范化管理的目标：改进在役检查人员行为；减少人因失误；控制和减少员工的辐射剂量(ALARA)；促进并在最大程度上保证核安全；减少员工的人身伤害事故；最大限度提高生产效率；减少返工。

(2) 核安全文化对在役检查人员行为规范的要求

国际原子能机构(IAEA)对核安全文化的定义：安全文化是存在于单位和个人的种种特性和态度的总和，它建立一种超出一切之上的观念，即核电厂的安全由于它们的重要程度要保证得到应有的重视。

建立和强调安全文化是确保个人、公众及环境的安全，提高电厂经济效益的最有效的方法。

为了防止意外事故的发生，在役检查人员必须遵守与安全有关的规章，养成良好的工作习惯、方法和态度，接受安全文化的培训。为了使安全得到最大的保障，在役检查人员应牢记并遵循以下安全文化准则：安全第一，在电厂运行和在役检查中安全是最主要的考虑因素;安全是每一个人的责任;即使最优秀的人也会犯错误;事故是可以预防的;遵守程序是最安全的;安全的工作是好的工作;安全事件必须报告;鼓励和支持能促进安全的行为。

(3) 在役检查人员行为规范的管理规定

在核电厂的在役检查作业中,对于在役检查人员行为规范的管理规定主要体现在在役检查人员的职责规定、团队协作的原则、保守的工作方法、程序的符合性确认、正确使用工器具的规定、在役检查过程中对于异常情况的处理方法、防异物措施、在役检查现场的卫生标准、在役检查报告的编制规定等各个方面的内容。

1) 在役检查人员的职责规定

在役检查人员应以高度的责任心对待所承担的在役检查工作,要对自己的行为和所承担的工作负责,这主要体现在以下几个方面。

理解需要做什么;知道行为的后果;遵守相关程序;按时开工和完工;以职业和专业的方式实施在役检查工作;工作中要求高标准;体现主人翁的态度。

2) 保守的工作方法

在役检查人员应该对影响安全的所有活动表现出保守、谨慎、质疑的态度。因为保守的方法可以将风险降到最低的水平,虽然保守的方法并不能消除风险,但可以在很大程度上控制风险。保守准则主要包括:将安全放在第一位,核安全始终高于生产和成本,做保守的决定;工作要有计划,包括使用射线源进行检测的应急计划,预先考虑到可能存在的风险,工作计划要考虑到工作中可能发生的故障和偏离;继续进行工作前,必须解决已发现的问题或错误,决不将不确定的问题带到下一步;相信警示的正确性直至错误得以证实;认为潜在的危害是不安全的,直到被证明是安全为止。始终假设"枪已上膛",所有潜在危险应都视为不安全,除非得以证实是安全的,特别是涉及电压、放射性和压力边界的工作;培养自我检查的习惯,强迫自己动手前先停下来想一想,避免仓促的决定和鲁莽的行动;对电厂的各种指示、警报、电厂状况和电厂事件要做保守的理解和响应;当不熟悉的或意外的情况发生时,停止工作,将设备置于已知的安全状态,再与有关人员商量解决问题的办法;尽可能使用成熟的方法处理问题;切忌贪图省事走捷径;报告当班时身体上和精神上的不适情况。班组长安排任务时应考虑这种情况。

3) 团队协作精神

核电厂的所有在役检查工作均是以团队作业来完成的,一个在役检查方法小组就是一个在役检查团队,在役检查作业的安全、质量和进度需要团队作业才能够得到保证,因此,团队协作精神应是在役检查人员的一项必备的职业素养。

4) 程序符合性

在役检查人员应该遵守发布的与他们的工作有关的指令和程序。除了一些日常简单工作外,所有在役检查工作应该按照适用的程序来进行。

在役检查人员应该确保所使用检测程序、图纸或其他文件适用的是最新版且是受控的。

如果发现文件存在错误或处在预料之外的状态下时,应该立即停止工作,并报告其上级或填写状态报告。

5) 正确使用工器具

在役检查过程中正确适用工器具,对于保护人身和设备安全以及实现高效和有效的工作是很重要的。在役检查人员应接受正确使用工具的培训。

6）防异物措施

无论任何时候，只要系统或设备一经打开，都应采取措施防止物品进入到系统设备中，使用覆盖物和围栏等保护用具，对进出系统的工具、材料和人员要有程序来控制，防止异物进入系统设备。一旦确认有异物进入系统或设备，则要进行异物清除，实施前应根据需要编制异物清除方案。

7）在役检查过程中出现异常的报告

在工作实施期间，如果发现检测程序/规程/图纸等文件不能满足或不符合现场实际情况；工作负责人应在30分钟内(原则上)将现场的实际状态或情况汇报到现场经理，现场经理根据设备重要程度逐级汇报至业主技术支持处。在没有得到许可或落实解决方案的情况下，在役检查人员应继续执行保守的工作方法。

8）现场卫生

在役检查区域应该保持干净、整洁、有序。工作完成后，要将工作场所打扫干净，产生的废物要放到指定的废物存放地点，做到工完料尽。在规定的地方存放材料，正确存放工具和设备，在役检查通道应该畅通无阻。

9）在役检查报告

在役检查现场工作结束后，应在规定时间内及时完成在役检查报告。在役检查报告是记录在役检查内容和结果的客观凭证，包含检查、试验、标定、故障处理、更换和监督等结果和详细的资源使用或消耗情况。所有记录都必须真实、可信、明确和清晰，并符合质保要求。在役检查报告必须用黑色或蓝黑色墨水笔填写，不得用圆珠笔、铅笔填写。工作负责人应详细、准确、真实地记录在役检查过程对在役检查质量产生影响的所有方面，包括缺陷显示描述、原因分析、处理方法、使用的备品备件、检查/试验/测量结果、开出的质量缺陷报告(QDR)、不符合项报告(NCR)、对在役检查规程修改的意见、使用的工具等，并按生产管理系统的要求完整地输入数据库中。

3. 在役检查工前会及工后会总结实施相关知识

为了向所有参与的工作人员明确工作范围，分配任务，定义角色，识别风险，预见任务失败的结果，采取应对措施，分享实施经验教训，减少人因失误，需开好工前会。

当安排一项任务时，班组长应和相关工作负责人、在役检查人员讨论所要进行的工作，使他们对其负责的工作的内容和范围有全面的了解，做好工前的风险分析，确保工作负责人、在役检查人员了解存在的人身安全危害和核安全危害以及相应的预防措施、异物的防止及排除方案、要遵守的程序、应急计划和其他注意事项。

工前会议在开始工作前召开，由工作负责人主持，所有与本项工作相关的在役检查人员都应参加，可以根据情况邀请设备管理人员、运行人员、监管人员参加，工作负责人再次强调本项工作的内容、范围、各种注意事项，使所有在役检查人员明确各自的职责。

工前会议的主要内容有：

1）工作内容介绍；

2）确认工作对象的名称、编号和地点；

3）确认工作的范围；

4）确认工作中已知的和潜在的人身安全、核安全及设备安全等风险及应对措施；

5）确认是否需要图纸等文件，如有，这些文件是否为最新版本；

6）确认是否已经熟悉和理解检测规程；

7）确认工器具是否齐备、量具是否在有效期内；

8）确认工作人员是否已经熟悉工器具和备品备件的使用要求；

9）确认工作边界以及相关的安全措施；

10）确认工作人员已经熟悉废物处理方法；

11）检查现场各种安全保护/控制设备和设施；

12）经验反馈。

开工前的首次工前会应有工前会议记录。

工前会议是防人因失误的有效工具之一，每个作业团队和个人应高度重视，使工前会议取得实效。不仅在一项工作首次开工前需要召开工前会议，而且在工作暂时中断后再次开工前（如第二天继续开工或中午休息后开工）、有新的工作人员加入以及当工作内容和性质有较大变化的时候也应该及时地召开工前会议，使工前会议这个防人因失误的工具随时随地灵活地得到有效运用。

完成工作后，在役检查人员应与班组长讨论遇到的异常情况或重要的发现或结果以及过程中的良好实践和待改进之处。这些良好实践和待改进之处应通过书面的形式反映出来（填写经验反馈单）以便开发相应的纠正行动，对管理制度、检测规程进行修改和完善。

二、安全生产相关知识

1. 安全管理的基本知识

（1）安全管理的含义：核设施的安全管理是为实现生产过程中的人员和财产的安全而组织和使用人力、物力、财力等各种资源的过程。它利用计划、组织、协调、指挥等管理职能，控制来自生产过程中机械的、物质的以及自然界的不安全因素和人的不安全行为，避免发生事故，保障职工的安全健康和核设施财产的安全。

（2）安全管理的原理：从本质上讲，发生事故是一种随机事件，是有偶然性的。这样就不可能存在有确切的规律。但是在一定条件下，用科学的仪器和手段，通过经验的积累和分析，可以找出发生事故的近似的规律，即从外部和表面的联系，找到内部的决定性的主要关系。也就是从偶然性中找出必然性。

（3）安全管理制度：一个企业必须要贯彻、执行国家的安全生产的有关法律、法规，还必须根据本企业的性质、工艺、特点制定自己的安全管理制度，并认真执行。这样，才能把国家的法律、法规落到实处。核设施的安全管理制度就是在本厂范围内的安全法规。目前，国际上正趋向所谓"绩效型"的法规，绩效型的意思是不仅看法规的有效性，要看综合的效果，要看总的效益。这个效益包括安全的、经济的、社会的综合结果。而不是机械地、片面地强调某个方面，而不计其余。当然，这样法规的制定、执行都要有更高的水平。核设施的工业安全管理制度的制定、执行体现绩效型的思想。

2. 事故预防

(1) 发生事故的原因:安全生产是一门综合性科学,既包括自然科学,也包括社会科学。因而发生事故的原因也是各种各样的。

(2) 事故预防的一般原理和方法:事故预防,传统的方法通常是通过实际事故率与目标事故率的对比来判断。这种做法的主要缺陷在于,当事故率上升之后,或发生事故之后才会引起警觉,采取补救措施。这种做法又称为“指标反应法”。目前,国际上在这方面采取的另一种做法叫“指标超前法”。这种方法是在事故发生前,对安全管理的系统及措施进行评价,预测安全状态的变化,然后将评价和预测的结果与系统的安全指标相比较,从管理上找出漏洞和薄弱环节,从根本上采取纠正行动,进行事故预防。由于危害及风险的客观存在以及事故的偶然性,要完全预防事故是不可能的,但大部分不安全现象和不安全行为是可以预防的。就预防方法而言,分为事后追查型预防方法和事前预测型预防方法。

(3) 预防事故的措施:预防事故必须采取措施,从根本上解决安全工作中存在的问题。例如,生产单位要建立健全安全生产法规体系;明确职责和工作重点,切实健全和真正落实安全生产责任制;抓好安全生产的宣传教育和职工安全培训工作;对发生的责任事故要严肃查处;切实加强隐患整改。这些措施已经被实践证明是有效的。

三、正确使用劳动保护用品

劳动保护用品是保护劳动者在劳动过程中的安全与健康的一种防御性装备。劳动防护用品又称劳动保护用品,一般指个人防护用品,国际上统称个人防护装备。个人防护用品是指能够保护个人,防止伤害,限制事故后果的个人穿戴的所有衣物或器具。个人劳动保护是在所有集体保护措施之后,防范措施的最后屏障,是保证个人安全的最后手段。个人防护设备包括头部的保护,听觉保护,眼部及面部保护,呼吸保护,手和脚的保护,身体的保护,高空作业的保护等。

(1) 头部防护用品:头部防护用品是为防御头部不受外来物体打击和其他因素危害而采取的个人防护用品。根据防护功能要求,目前主要有:普通工作帽、防尘帽、防水帽、防寒帽、安全帽、防静电帽、防高温帽、防电磁辐射帽、防昆虫帽等9类产品。

(2) 呼吸器官防护用品:呼吸器官防护用品是为防御有害气体、蒸汽、粉尘、烟、雾经呼吸道吸入,或直接向配用者供氧或清净空气,保证尘、毒污染或缺氧环境中作业人员正常呼吸的防护用具。呼吸器官防护用品按防护功能主要分为防尘口罩和防毒口罩(面具),按形式又可分为过滤式和隔离式两类。

(3) 眼面部防护用品:预防烟雾、尘粒、金属火花和飞屑、热、电磁辐射、激光、化学飞溅等伤害眼睛或面部的个人防护用品称为眼面部防护用品。根据防护功能,大致可分为防尘、防水、防冲击、防高温、防电磁辐射、防射线、防化学飞溅、防风沙、防强光等9类。

(4) 听觉器官防护用品:能够防止过量的声能侵入外耳道,使人耳避免噪声的过渡刺激,减少听力损伤,预防由噪声对人身引起的不良影响的个体防护用品。听觉器官防护用品主要有耳塞、耳罩和防噪声头盔等3大类。

(5) 手部防护用品:具有保护手和手臂的功能,供作业者劳动时戴用的手套称为手部防护用品,通常人们称作劳动防护手套。手套预防的风险主要包括:可防粗糙或尖锐物扎手,烫伤,腐蚀,触电。

(6) 足部防护用品:足部防护用品是防止生产过程中有害物质和能量损伤劳动者足部的护具,通常人们称劳动防护鞋。国家标准按照防护功能分为:防尘鞋、防水鞋、防寒鞋、防冲击鞋、防静电鞋、防高温鞋、防酸碱鞋、防油鞋、防烫鞋、防滑鞋、防穿刺鞋、电绝缘鞋、防震鞋等13类,每类鞋根据材质不同又能分为许多种。

(7) 躯干防护用品:躯干防护用品就是我们通常讲的防护服。根据防护功能,防护服分为:普通防护服、防水服、防寒服、防砸背心、防毒服、阻燃服、防静电服、防高温服、防电磁辐射服、耐酸碱服、防油服、水上救生衣、防昆虫、防风沙等14类产品。每一类产品又可根据具体防护要求或材料分为不同品种。

(8) 防火及抗热:进行救火、铸造、烧焊等有关工作时,消防员或工作人员是需要暴露于高热力及强冲击力的环境中。所选用的防护衣物必须有防火及抗热的特性,避免被炙伤或严重烫伤;烧焊及铸造人员的全身防护衣物应没有衣褶或复杂设计,以免火花或飞溅的热金属藏于其间而把衣物烧穿洞。

(9) 防化学品:选择适用于防止化学品危险的衣物时,必须考虑以下要点:化学品是液体或固体(如粉状),属酸、碱或溶剂性质。

(10) 防坠落用品:防坠落用品是防止人体从高处坠落,通过绳带,将高处作业者的身体系接于固定物体上,或在作业场所的边沿下方张网,以防不慎坠落,这类用品主要有安全带和安全网两种。

第三节　环境保护

一、环境保护的重要性

1. 环境基本知识

(1) 环境的定义和分类:在环境科学中,环境是指以人类为主体的外部世界,其主要指地球表面与人类发生相互作用的各个自然要素及其总体,它包括地球表面的陆地、海洋和大气层。这是人类和其他一些生物赖以生存和发展的物质基础,也是人类开发和利用的对象。环境是一个多层次、多结构的复杂系统,可按不同的方法分类。环境按空间范围可分为居室环境、厂房环境、村落环境、城市环境、区域环境、全球环境等。环境的空间范围随着人类认识能力和活动范围的开拓而扩展,现在甚至把影响人类的宇宙因素也包括在内,称为宇宙环境。环境按组成要素可分为大气环境、水环境、土壤环境、岩石环境等。地质学中把环境分为大气圈、水圈、土壤—岩石圈,而地球上凡有生物存在的地方又统称为生物圈,它包括从大气圈对流层顶部到地壳风化层和成岩层底部。环境还可以从生态学角度分为陆生环境、水生环境等。

(2) 环境的基本特性与环境物质

1) 特征:整体性,环境的各个组成部分和要素之间构成了一个有机整体。区域性,环境的不同层次或不同空间的地域,其结构形态、组织状况、能量与物质流动的规模和途径、稳定程度等具有相对的特殊性,从而显示出区域的特征。变动性,环境在自然和人类活动的共同作用下,其内部结构和外部状态始终处于不断变化的过程中,其中,人类的活动可以促进环境定向发展，也可能导致环境退化。修复性，一个环境系统在一定的条件下和一定的时间内，表现为平衡状态。当受到自然或人类活动的影响而打破平衡时，就会引起环境结构和状态的改变。只要这种改变不超过一定的限度，环境体系具有一种自动调节功能，可使这些变换逐渐消失，其结构和状态恢复原来的面貌，即当出现改变环境平衡的条件时，平衡会向削弱这种改变的方向移动，这就是环境的修复性。但是，当这种改变超过一定限度时，改变就成为不可逆转的了。

2）环境物质：环境中生存的具有一定环境活性，并对生命物质可能产生各种直接或间接影响的物质。例如，水体及其所含的各种化学物质，大气及其所含的各种组分等。环境物质可由自然因素或人类活动而释入环境，并在环境中发生迁移、转化和积聚，从而对人类健康、生态平衡或环境质量产生影响。

3）环境的污染与保护：环境污染是指有害物质进入环境，经过扩散、迁移、转化和积聚，引起环境系统和功能的改变，导致环境质量下降，对人类或其他生物的正常生存和发展产生不利影响，这种现象是环境污染。引起环境污染的物质或因子称为环境污染物或环境污染因子，它按形态有气、液、固及热、声、辐射等不同种类。向环境排放污染物或对环境产生有害影响的场所、设备和装置等，称为环境污染源。环境保护系指人类为解决现实的或潜在的环境问题，维持自身生存的发展而进行的各种具体实践活动的总称。自 20 世纪 50 年代以来，由于工农业的迅速发展和对自然资源的盲目开发，使环境遭到了严重污染和破坏，环境质量急剧下降，生态平衡严重失调，环境问题已成为危及人类健康，制约经济发展和文明进程的全球性问题。世界各国纷纷采取科技技术、行政管理、司法、经济、宣传、教育等各种环境保护措施，努力防治环境污染，合理利用自然环境，逐步重建人类与环境之间的依赖关系，促进社会与环境的协调发展。

2. 环境中的核辐射

（1）环境辐射源：地球上每一个人都受到各种天然辐射和人工辐射的照射。其中，来自天然辐射源的电离辐射称为天然辐射；来自人工辐射源的电离辐射称为人工辐射。对人类群体造成照射的各种天然及人工辐射源称为环境辐射源。

（2）天然辐射源：天然辐射源来源于宇宙辐射、陆地辐射、氡和矿物开采所致的辐射。太阳是人类接受到的最大天然辐射源。我们接受太阳辐射的能量主要是可见光、红外线、远红外，还有紫外线。由于太阳和地球的距离很远，因此强度也大大降低了。天空打雷、地震和火山爆发等也会产生较强的电磁辐射。一些宇宙天体也向地球发射X射线、γ射线。地球上部分矿物质，如花岗岩，也能放出 γ 射线。人体也是一个小小的辐射源，人体辐射的电磁波频率分布主要为红外与远红外。常见的射线类型有 α 射线、β 射线和 γ 射线等。

（3）人工辐射源：放射性物质间接地进入环境，对公众造成自然条件下原本不存在的辐射照射的这类辐射源称为人工辐射源。主要包括：核试验（大气层核试验和地下核试验）、核武器制造、核能生产（铀矿开采、水冶、铀-235 的浓缩、燃料元件制造、核反应堆发电、乏燃料贮存或后处理及放射性废物的贮存和处置、放射性物质在整个核燃料循环的各环节间循环）、放射性同位素的生产和应用、核事故等。

3. 民用核设施与环境

（1）核电的前景：自 1954 年苏联第一座试验性核设施建成以来，核电事业虽然几经反复和曲折,但始终在向前发展着。即使发生了 1986 年 4 月震惊世界的苏联切尔诺贝利核设施事故,世界核电生产仍呈现增长的势头。1979 年美国三哩岛核设施事故和 1986 年苏联切尔诺贝利核设施事故的发生,在全球范围内掀起了两次声势很大的反核浪潮,但核电并未被摧垮,这充分说明了其强大的生命力和科学的必然性。

核电是一种安全的能源,它发生事故的概率和危险性均比石油、煤、交通等行业小。核电是一种清洁的能源,它几乎不产生 CO_2、NO_x、SO_2 等有害气体,因而对改善当前日趋严重的环境问题具有重大意义。因化石燃料燃烧,全球每年排放 CO_2 约 50 亿吨(按碳计),而核电的发展已使 CO_2 的排放量减少了 10%。在法国,从 1980 年到 1987 年,核电增加 2 倍多,CO_2 排放量减少了 2/3,对改善法国的环境状况起了良好的作用,与污染严重的英国(燃煤发电占 70%)形成鲜明的对比。因此,核电还是一种经济的能源,成本可与煤电、油电相竞争。

2005 年,中国政府制订了“积极发展核电”的战略方针,作为应对解决日益增长的电力需求与环境保护之间矛盾的重要手段之一。截至 2009 年 7 月底,全国核电总装机容量约 900 万千瓦。到 2020 年,全国核电总装机容量已升至 4988 万千瓦;预计 2025 年,至少将升至 6500 万千瓦。

(2) 核电对环境的影响:目前,核电的发展还存在很大的阻力,核电的安全性及可能造成的放射性污染问题仍是公众怀疑和关注的焦点。毋庸讳言,核电生产和其他能源一样,也存在环境问题,除热污染、占用土地、普通污染物的排放等问题外,放射性流出物排放对环境可能造成的影响是公众最为关注的问题。具体来说,它包括核设施在正常运行和事故情况下放射性核素的排放以及放射性废物最终处置的潜在环境污染问题。

但是核工业与其他工业最大的不同点在于它从创建开始就十分重视核安全和环境问题。核设施从设计、建造到运行每一环节都制订了严格的控制标准,力求将危害降低至可合理达到的尽可能低的水平,并由各级核安全及辐射环境管理审管机构实行监督。尽管如此,绝对杜绝放射性物质向环境的排放是不可能的,也是不合理的。排入环境中的微量放射性物质在环境中的行为及其对生物圈的影响是一个十分复杂的课题,尚有待进一步深入研究。至于放射性废物的最终处置,目前已有深地层地质处置的方案,这些方案技术上已比较成熟,尚待实际验证;另一方面,废物在长期贮存过程中可能出现的放射性核素泄漏及其在环境中的迁移,也有待深入研究。所有这些问题都是核环境学研究的重要内容。

4. 环境保护法律法规

(1) 环境保护法律法规层次

1) 中华人民共和国宪法

规定了国家在环境与资源保护方面的基本权利、义务和方针,对其他环保法律法规的制定工作起着指导作用,由全国人民代表大会制定,其中涉及环境保护的条款有:

① 国家保护和改善生活环境和生态环境,防治污染和其他公害。

② 国家保障自然资源的合理利用,保护珍贵的动物和植物。禁止任何组织或个人用任何手段侵占或破坏自然资源等。

2) 中华人民共和国环境保护法

确立了经济建设、社会发展和环境保护协调发展的基本方针,规定了各级政府、一切单位和个人保护环境的权利和义务,由全国人大常委会于 2014 年修订。

① 环保专项法:针对特定的污染防治领域和特定的资源保护对象而制定的单项法律和规范性文件。单项法名目繁多、内容涉及广泛,由全国人大常委会批准颁布。

② 环保资源法:环保资源法是为了保证自然环境和自然资源免受破坏,保证人类的生命维持系统和生物资源的永续利用,保证物种遗传的多样性,合理开发、利用和保护自然资源而制定的法律。有森林、草原、矿产和水土等相关法律。

③ 环保相关法:环保相关法是指与环保工作密切相关的法律。如中华人民共和国城市规划法等。

④ 国际环保公约:国际环保公约是指中国政府为保护全球环境而签订的国际公约。如巴塞尔公约、维也纳公约等。

3) 环境保护行政法规

国务院级别的行政法规:国务院组织制定并批准公布的为实施环境保护法律或规范环境监督管理制度而颁布的“条例”和“实施细则”。如水污染防治法实施细则、大气污染防治法实施细则等。

地方级别的行政法规:由地方人大及常委会制定,旨在对国家环保法律法规进行补充和完善的地方环保法规,主要是针对本地区的环境问题。

4) 环境保护行政规章

国务院级别的行政规章:由国务院有关部门(各部委)为加强环保工作而颁布的规范性文件(包括一些红头文件)。

地方级别的行政规章:由地方人大及常委会所属的地方政府制定的环境保护规范性文件属于地方环保行政规章。

5) 环境标准

环境标准有三个级别:国家标准;行业标准;地方标准。根据规定内容不同可分为五个种类:

① 环境质量标准:例如《环境空气质量标准》(GB 3095—2012)、《地表水环境质量标准》(GB 3838—2002)、《城市区域环境噪声标准》(GB 3096—2008);

② 污染物排放标准:例如《锅炉大气污染物排放标准》(GB 13271—2014)、《合成氨工业水污染物排放标准》(GB 13458—2001)、《工业企业厂界环境噪声排放标准》GB 12348—2008);

③ 方法标准:例如《固体废物总汞的测定冷原子吸收分光光度法》(HJ 482—2009)、《环境空气二氧化硫的测定甲醛吸收-副玫瑰苯胺分光光度法》(HJ 482—2009);

④ 标准样品标准:例如《大气试验粉尘标准样品模拟大气尘》(GB 13270—1991)、《环境标准样品研复制技术规范》(HJ/T 173—2005);

⑤ 基础标准:例如《环境保护图形标志排放口(源)》(GB 15562.1—1995)、《制定地方大气污染物排放标准的技术方法》(GB/T 3840—1991)。

(2) 核设施常用的法律法规标准

1) 中华人民共和国环境保护法(2014.4.24);

2) 中华人民共和国大气污染防治法(2018.10.26);

3) 中华人民共和国清洁生产促进法(2012.2.29);

4) 中华人民共和国环境影响评价法(2018.12.29);

5) 中华人民共和国放射性污染防治法(2003.6.28);

6）中华人民共和国海洋环境保护法(2016.11.7)；

7）危险化学品安全管理条例(2013.12.7)；

8）中华人民共和国固体废物污染环境防治法(2020.4.29)；

9）核动力厂环境辐射防护规定(GB 6249—2011)；

10）污水综合排放标准(GB 8978—1996)；

11）海水水质标准(GB 3097—1997)。

5. 环境管理体系和标准

ISO14000系列环境标准是国际标准化组织(ISO)第207技术委员会组织制定的环境管理体系标准，其标准号从14 001到14 100，共100个标准号，统称为ISO14000系列标准。它是顺应国际环境保护的发展，依据国际经济与贸易发展的需要而制定的。

2006年7月3日，为了完善现代企业安全生产管理制度，促进安全生产长效机制的建立，中国核工业集团有限公司决定在成员单位开展环境管理体系认证的试点工作。

(1) ISO14001标准

ISO14001标准作为ISO14000系列标准的龙头标准，其产生于广泛的相关利益方的需求和公众对环境品质降低、自然资源不可持续利用的日益关注。它是关于环境管理方面的一个体系标准，是融合世界上许多发达国家在环境管理方面的经验于一身，而形成的一套完整的、操作性强的体系标准。

(2) 环境管理体系运行模式

企业在实施环境管理体系过程中，首先对自己的环境现状进行评价，确定重要环境因素，对企业的产品、活动、服务等各方面、各层次的问题进行策划，并且通过文件化的体系进行培训、运行控制、监控和改进，实现全过程控制和有效的管理。

(3) 总要求

依据GB/T 24001—2016《环境管理体系要求及使用指南》、国家法律法规、标准及其他有关要求，建立环境管理体系，并通过对公司生产经营活动全过程的管理，对环境管理体系进行不断的检查和定期评审，提高全体员工的环保意识，持续改进公司的环境管理水平。

(4) 环境方针

环境方针确定了实施与改进组织环境管理体系的方向，具有保持和改进环境绩效的作用。因此，环境方针应当反映最高管理者对遵守适用的环境法律法规和其他环境要求、进行污染预防和持续改进的承诺。环境方针是组织建立目标和指标的基础。环境方针的内容应当清晰明确，使内、外相关方能够理解。应当对方针进行定期评审与修订，以反映不断变化的条件和信息。方针的应用范围应当是可以明确界定的，并反映环境管理体系覆盖范围内活动、产品和服务的特有性质、规模和环境影响。

(5) 策划

即从组织环境管理现状出发，明确管理重点，识别并评价出重要环境因素，准确获取组织适用的法律与其他要求，根据组织所确定的重要环境因素和技术经济条件，确定组织的环境目标和指标要求，并提出明确的环境管理方案。具体包括体系标准中的环境因素，法律法规和其他要求，目标、指标和方案。

(6) 检查和纠正措施

1) 监测和测量:组织应确定程序,对可能具有重大环境影响的运行的关键特性进行例行监测和测量。并对环境绩效、运行控制、目标和指标的符合情况进行评审。所使用的监测和测量设备须经过校准或验证,并给予妥善维护,保存相关的记录。

2) 合规性评价:遵守适用的法律法规和其他要求是环境管理体系的一项核心承诺,为了履行这一承诺,组织应定期开展对法律法规和其他要求遵守情况的评价,并保存评价的记录。

法律法规要求是指与公司的环境因素有关的,由政府部门(包括国际、国家和地方)发布或授予的具有法律效力的各种要求或授权。如:法规,包括条理和规章,法令和指令等。

3) 不符合、纠正措施和预防措施:制定程序,用以对环境管理体系实际或潜在的不符合进行管理,不符合事实可以从环境管理体系内审、合规性评价、管理评审、外部审核和环境管理体系运行过程中产生,产生的不符合须做好跟踪评价,在得到完善解决后才能给予关闭。

4) 记录控制:为了证实对环境管理体系及标准要求的符合,应根据需要建立并保持必要的记录。记录应该字迹清楚,标识明确,并具有可追溯性。

5) 内部审核:内部审核应当按照计划的时间间隔对组织的环境管理体系进行内部审核,以确定体系是否符合计划的安排,是否给予适当的实施和保持,并为管理者提供信息。不是每次内部审核都必须覆盖整个体系,只要审核方案能确保组织的所有部门、职能、体系要素和整个环境管理体系都能得到定期审核。审核的结果以报告的形式提交,为管理评审提供输入。

(7) 管理评审

为了确保体系的持续适宜性、充分性和有效性,组织应按照计划的时间间隔对环境管理体系进行评审。公司管理评审由公司最高管理者主持,环境管理者代表协助。管理评审至少每年进行一次,范围覆盖整个环境管理体系,但不必在一次评审中对所有要素进行评审,评审过程可以持续一段时间。管理评审的输出包括为实现持续改进的承诺而做出的,与环境方针、目标、指标及其他环境管理体系要素有关的决策和行动。

环境管理体系的管理评审与质量保证部门的审查共同进行,由质量保证部门组织实施,审查一般分为 3 个阶段进行,第一阶段处室自查,由各处室对其负责实施的那部分质保大纲和环境手册的适用性和执行情况进行认真审查,提出审查报告报质保处;第二阶段质量保证和环境管理部门共同审查,质量保证部门汇总整理后与环境管理部门共同提出需要在公司级审查会上审查的环境方面的报告内容和议题;第三阶段公司审查,公司质量管理委员会如开全体会议,对质量保证部门提交的报告和议题以及委员会成员的建议进行公司级审查,决定公司管理部门审查报告。

二、三废排放管理制度

1. 核设施三废排放相关系统

核设施流出物排放相关的系统包括放射性废气排放系统、放射性废液排放系统、放射性固体废物处理系统、非放射性排放系统。

(1) 放射性废气排放系统：废气处理系统、厂房通风系统(反应堆厂房通风系统、核辅助厂房通风系统、燃料厂房通风系统)、二回路凝汽器抽气系统。

(2) 放射性废液系统：硼回收系统、废液处理系统、核岛废液排放系统、常规岛废液贮存与排放系统、蒸汽发生器排污系统。

(3) 放射性固体废物处理系统：固体废物处理系统包括浓缩液处理站、废树脂处理站、废过滤器芯子拆卸、固化装桶站、混凝土配料站和最终封盖站等。

(4) 其他非放射性物质的处理：电站污水处理系统、废油和非放射性水排放系统、冷却水循环系统、生活用水净化系统等，此外还包括非放射性固态废物的处理和处置。

2. *核设施流出物的影响和监测*

(1) 放射性气载流出物的辐射影响

核设施正常运行时，气载放射性流出物通过高架的烟囱排入大气，经大气扩散对公众造成辐射影响。其气载流出物释放到环境后对公众产生辐射影响。这些辐射影响包括烟云浸没外照射、地面沉积外照射、吸入空气内照射和食入农牧产品内照射。

(2) 放射性液态流出物的辐射影响

核设施在运行状态(包括正常运行和预计运行事件)下，液态放射性流出物排放到海域或水域中，在其稀释和扩散的过程中，对公众造成辐射影响。液态放射性流出物释放到环境后对公众的辐射影响见图 3-1。

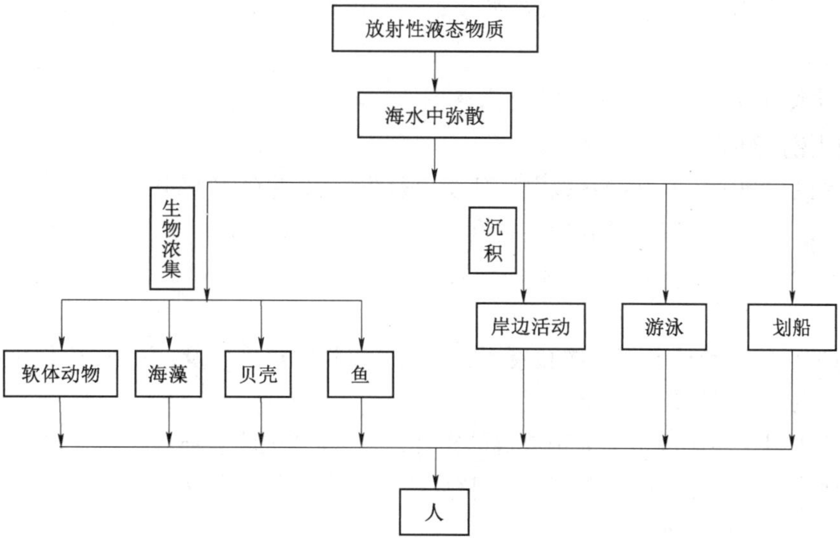

图 3-1　液态放射性流出物对公众的辐射影响

(3) 放射性流出物监测

放射性流出物监测分为液态放射性流出物监测和气态放射性流出物监测，其流出物监测的目的是验证核设施释放至环境的放射性流出物排放量是否符合国家规定的排放限值及核设施规定的运行目标管理值；评价核设施周围环境质量、估算公众所受的剂量提供源项数据和资料，从而使公众确信核设施的放射性释放确实受到严格控制，并评价核设施安全运行和排放管理状况；验证与评价核设施工艺系统、放射性废物处理系统和控制体系是否安全运行;给出报警和必要的执行行动以控制不合理排放,并提供相关应急响应信息。

(4) 非放射性环境监测

核设施非放射性环境监测的项目包括:废水、废气、工业及生活固体废物、厂界环境噪声、无线电干扰监测、磁场强度监测、工频电场强度监测等。

(5) 应急环境监测

《核设施环境辐射防护规定》(GB 6249—2011)中规定:

1) 核设施在试运行前,营运单位应制定环境应急监测计划,报省级环境保护部门备案。考虑到一些事故的突发性和特殊性,应急监测必须灵活、快速。

2) 环境应急监测是核设施事故应急计划的重要组成部分。一般包括:各类辐射事故的监测原则、监测方法和步骤、监测项目、监测网点、监测工作的领导、监测数据的报告、发布办法等。

3) 在环境应急监测计划中可事先规定一些导出的行动水平(例如空气、水和食物中对应于应急行动剂量水平的放射性核素的浓度),便于评价监测结果,及早决定是否需要采取相应的行动。

4) 环境监测必须实行质量保证制度,采用标准的(或统一的)方法和程序进行操作,不得擅自改变,如需要更改时,必须通过技术论证。

5) 省级环境保护部门应负责设置核设施环境辐射监测机构,按本标准的相应要求开展监测工作。

3. 核设施三废排放控制(以核电厂为例)

(1) 国家控制指标

中华人民共和国国家标准:《核电厂环境辐射防护规定》(GB 6249—2011)中规定了在正常运行工况下的剂量限值和排放量控制值:

1) 每座核电厂向环境释放的放射性物质对公众中任何个人(成人)造成的有效剂量当量,每年应小于 0.25 mSv;

2) 每座压水堆型核电厂气体和液体放射性流出物的年排放量,一般还应低于控制值。

(2) 核电厂控制管理目标值

为了落实国家环保部门批准排放值的实现,核设施必须建立环境保护管理目标,通过性能指标管理核设施环境保护工作,确保了核设施环境保护及三废减排工作的有效性。

(3) 流出物排放管理流程

核设施的营运单位,应针对核设施厂址的特定环境特征及三废处理工艺技术水平,遵循“可合理达到尽量低”的原则,提出符合规定的年排放量的设计排放量,报国家环境保护部门审批,获准后,即为核设施放射性流出物的管理目标值;气载流出物必须通过处理后经烟囱排入大气;核设施的营运单位必须对气载和液体放射性流出物进行监测,其年排放量应按季度控制;液体放射性流出物的排放口,应避开集中取水口、经济鱼类产卵场、洄游路线和水生生物养殖场;核电厂的营运单位应根据新技术的发展和核设施运行与监测中暴露出的薄弱环节,不断改进设备与工艺,并加强管理,尽量减少实际的年排放量。

第四节　消防安全

一、消防安全的基本知识

1. 燃烧

(1) 燃烧的定义

燃烧,俗称着火,系指可燃物与氧化剂作用发生的放热反应,通常伴有火焰、发光和发烟现象。是一种发光发热的剧烈的化学反应,是物体快速氧化,产生光和热的过程。

通常讲的燃烧一般是要有氧气参加的,但在一些特殊情况下的燃烧可以在无氧的条件下进行,如氢气在氯气中燃烧、镁条在二氧化碳中的燃烧等。

(2) 燃烧的种类

1) 闪燃是指易燃或可燃液体挥发出来的蒸气与空气混合后,遇火源在液体表面发生一闪即灭的燃烧现象。发生闪燃现象的最低温度点称为闪点。在消防管理分类上,把闪点小于28 ℃的液体划为甲类液体也叫一级易燃液体,闪点大于28 ℃小于60 ℃的称为乙类液体也叫二级易燃液体,闪点大于 60 ℃的称为丙类液体又称可燃液体。

2) 着火指可燃物质在空气中受到外界火源直接作用,开始起火持续燃烧的现象。这个物质开始起火持续燃烧的最低温度点称为燃点。

3) 自燃指可燃物质在空气中没有外来明火源的作用,靠热量的积聚达到一定的温度时而发生的燃烧现象。外部热能的逐步积累,多是物理性的。物质自身产生热量,多是化学性和生物性的。

4) 爆炸指物质在瞬间急剧氧化或分解反应产生大量的热和气体,并以巨大压力急剧向四周扩散和冲击而发生巨大响声的现象。可燃气体、蒸气或粉尘与空气组成的混合物遇火源能发生爆炸的浓度称爆炸极限,其最低浓度称为爆炸下限,最高浓度称为爆炸上限。低于下限的遇明火既不爆炸也不燃烧,高于上限的,虽不爆炸,但可燃烧。

(3) 燃烧形式

1) 扩散燃烧:可燃气体和空气分子互相扩散、混合,其混合浓度在爆炸范围以外,遇火源即能着火燃烧。

2) 蒸发燃烧:可燃性液体,如汽油、酒精等,蒸发产生了蒸气被点燃起火,它放出热量进一步加热液体表面,从而促使液体持续蒸发,使燃烧继续下去。

3) 分解燃烧:是指在燃烧过程中可燃物首先遇热分解,分解产物和氧反应产生燃烧,如木材、煤、纸等固体可燃物的燃烧。

4) 表面燃烧:燃烧在空气和固体表面接触部位进行。例如,木材燃烧,最后分解不出可燃气体,只剩下固体炭,燃烧在空气和固体炭表面接触部分进行,它能产生红热的表面,不产生火焰。

5) 混合燃烧:可燃气体与助燃气体在容器内或空间中充分扩散混合,其浓度在爆炸范围内,此时遇火源即会发生燃烧,这种燃烧在混合气所分布的空间中快速进行,所以称之为混合燃烧。

6）阴燃：一些固体可燃物在空气不流通，加热温度低或可燃物含水多等条件下发生的只冒烟无火焰的燃烧。

（4）燃烧的必要条件

物质燃烧过程的发生和发展，必须具备以下三个必要条件，即：可燃物、氧化剂和温度（引火源）。只有这三个条件同时具备，才可能发生燃烧现象，无论缺少哪一个条件，燃烧都不能发生。但是，并不是上述三个条件同时存在，就一定会发生燃烧现象，还必须这三个因素相互作用才能发生燃烧。

1）可燃物：凡是能与空气中的氧或其他氧化剂起燃烧化学反应的物质称为可燃物。可燃物按其物理状态分为气体可燃物、液体可燃物和固体可燃物三种类别。可燃烧物质大多是含碳和氢的化合物，某些金属如镁、铝、钙等在某些条件下也可以燃烧，还有许多物质如肼、臭氧等在高温下可以通过自己的分解而放出光和热。

2）氧化剂：帮助和支持可燃物燃烧的物质，即能与可燃物发生氧化反应的物质称为氧化剂。燃烧过程中氧化剂主要是空气中游离的氧，另外如氟、氯等也可以作为燃烧反应的氧化剂。

3）温度（引火源）：是指供给可燃物与氧或助燃剂发生燃烧反应的能量来源。常见的是热能，其他还有化学能、电能、机械能等转变的热能。

4）链式反应：有焰燃烧都存在链式反应。当某种可燃物受热，它不仅会汽化，而且该项可燃物的分子会发生热解作用从而产生自由基。自由基是一种高度活泼的化学形态，能与其他的自由基和分子反应，而使燃烧持续进行下去，这就是燃烧的链式反应。

2. 火灾的基本知识

火灾，是指在时间或空间上失去控制的燃烧所造成的灾害。在各种灾害中，火灾是最经常、最普遍地威胁公众安全和社会发展的主要灾害之一。人类能够对火进行利用和控制，是文明进步的一个重要标志。火，给人类带来文明进步、光明和温暖。但是，失去控制的火，就会给人类造成灾难。所以说人类使用火的历史与同火灾做斗争的历史是相伴相生的，人们在用火的同时，不断总结火灾发生的规律，尽可能地减少火灾及其对人类造成的危害。对于火灾，在我国古代，人们就总结出“防为上，救次之，戒为下”的经验。随着社会的不断发展，在社会财富日益增多的同时，导致发生火灾的危险性也在增多，火灾的危害性也越来越大。实践证明，随着社会和经济的发展，消防工作的重要性就越来越突出。“预防火灾和减少火灾的危害”是对消防立法意义的总体概括，包括了两层含义：一是做好预防火灾的各项工作，防止发生火灾；二是火灾绝对不发生是不可能的，而一旦发生火灾，就应当及时、有效地进行扑救，减少火灾的危害。

防火的主要措施就是：控制可燃物、隔绝助燃物、消除着火源。

3. 火灾分类

根据 2007 年 6 月 26 日，公安部下发的《关于调整火灾等级标准的通知》，新的火灾等级分为特别重大火灾、重大火灾、较大火灾和一般火灾四个等级。特别重大火灾，指造成 30 人以上死亡，或者 100 人以上重伤，或者 1 亿元以上直接财产损失的火灾；重大火灾，指造成 10 人以上 30 人以下死亡，或者 50 人以上 100 人以下重伤，或者 5 000 万元以上 1 亿元以下直接财产损失的火灾；较大火灾，指造成 3 人以上 10 人以下死亡，或者 10 人以上 50 人以下重伤，或者1 000万元以上5 000万元以下直接财产损失的火灾；一般火灾，指造成3人以下死亡，或者10人以下重伤，或者1 000万元以下直接财产损失的火灾。

二、有关的消防法规制度

消防安全工作涉及公民人身、公共财产和公民财产的安全，维护公共安全，国家制定了包括《中华人民共和国消防法》等在内的多部法律、法规和标准。

1.《中华人民共和国消防法》

1998年颁布并施行了《中华人民共和国消防法》，2019年修正案通过，明确了消防工作的方针，单位和个人的职责：

(1) 消防工作贯彻预防为主、防消结合的方针，坚持专门机关与群众相结合的原则，实行防火安全责任制。

(2) 任何单位、个人都有维护消防安全、保护消防设施、预防火灾、报告火警的义务。任何单位、成年公民都有参加有组织的灭火工作的义务。

(3) 机关、团体、企业、事业单位应当履行下列消防安全职责：

1) 制定消防安全制度、消防安全操作规程；

2) 实行防火安全责任制，确定本单位和所属各部门、岗位的消防安全责任人；

3) 针对本单位的特点对职工进行消防宣传教育；

4) 组织防火检查，及时消除火灾隐患；

5) 按照国家有关规定配置消防设施和器材、设置消防安全标志，并定期组织检测、维修，确保消防设施和器材完好、有效；

6) 保障疏散通道、安全出口畅通，并设置符合国家规定的消防安全疏散标志。

(4) 禁止在具有火灾、爆炸危险的场所使用明火；因特殊情况需要使用明火作业的，应当按照规定事先办理审批手续。作业人员应当遵守消防安全规定，并采取相应的消防安全措施。

(5) 进行电焊、气焊等具有火灾危险的作业的人员和自动消防系统的操作人员，必须持证上岗，并严格遵守消防安全操作规程。

(6) 任何单位、个人不得损坏或者擅自挪用、拆除、停用消防设施、器材，不得埋压、圈占消火栓，不得占用防火间距，不得堵塞消防通道。

(7) 任何人发现火灾时，都应当立即报警。任何单位、个人都应当无偿为报警提供便利，不得阻拦报警。严禁谎报火警。

2.《火灾分类》

《火灾分类》(GB/T 4968—2008)于2009年施行。火灾根据可燃物的类型和燃烧特性，分为A、B、C、D、E、F六类。

A类火灾：指固体物质火灾。这种物质通常具有有机物质性质，一般在燃烧时能产生灼热的余烬。如木材、煤、棉、毛、麻、纸张等火灾。

B类火灾：指液体或可熔化的固体物质火灾。如汽油、煤油、柴油、原油，甲醇、乙醇、沥青、石蜡等火灾。

C类火灾：指气体火灾。如煤气、天然气、甲烷、乙烷、丙烷、氢气等火灾。

D类火灾：指金属火灾。如钾、钠、镁、铝镁合金等火灾。

E类火灾:带电火灾。物体带电燃烧的火灾。

F类火灾:烹饪器具内的烹饪物(如动植物油脂)火灾。

三、火灾的危害

归纳起来,火灾的危害主要有以下几个方面。

1. 毁坏物质财富

在我国有这样一句广为流传的谚语:“贼偷三次不穷,火烧一把精光”,它形象、生动地刻画了火灾的残酷无情。一把火可使人们数十载辛勤劳动创造的物质财富顷刻之间化为灰烬,它也会刹那间就吞噬整个村寨、街道、工厂和城市。

2. 残害人类生命

在社会发展、时代进步的同时,火灾的因素增加了,火灾带来的后果更为严重,每一起火灾都直接或间接危害着人类的安全,给人们造成伤亡甚至夺去生命。

3. 破坏生态平衡

森林、草原、山川、江河湖海是大自然赋予人类的宝贵财富。它们不仅是人类进行生产、生活的自然资源,而且是人类进行水土保持、调节气候、净化空气、维持生态平衡等的忠诚卫士。人与自然只有和谐统一的发展,才能保证人类社会稳定,健康的发展。

4. 造成间接经济损失

现代社会的运转恰如一台大机器,各行业、各单位是组成它的零部件,它们是密切联系着的。发生火灾,特别是重、特大火灾,其影响之大往往是人们始料不及,远远超出了“四邻遭殃”或“殃及池鱼”的范围。其造成的间接经济损失则更为严重。火灾所造成的对环境的污染,生态平衡的严重破坏,在短期内都是难以消除的。

5. 造成不良的社会影响

火灾,尤其是恶性火灾,每次都使人们受到极大的心理震撼和精神刺激,轻者心有余悸,谈火色变,严重者造成精神上的损害。一些伤亡惨重、影响巨大的火灾,往往牵动着亿万人民群众的心,并引发一系列的社会问题。使群众人心惶惶,人们正常的生活、生产、工作秩序被打乱,引起人民不满,甚至发生骚乱,损害国家声誉。火的灾害是不分民族,没有国界的。1986年,苏联切尔诺贝利核设施发生火灾,由于放射性物质扩散造成的影响,不仅对本国,也对周边国家造成了深重的灾难,至今人们仍是闻之色变。

四、防火

核设施主要的火灾危害在于各厂房设施中,防火主要以厂房防火为主。

1. 厂房防火屏障

为了确保在发生火灾状态下,防止火势蔓延扩大的有效屏障和措施,凡是防火屏障必须保持完整有效,若检修或施工改造工作需要打开防火屏障的,必须办理防火屏障打开许可证。打开防火屏障包括(防火门、电缆贯穿口、穿墙管道、墙体孔洞、贯穿区(间)):在防火区墙上开孔、打开防火区楼板盖板、打开防火封堵、封套、打开防火贯穿间或持续打开防火门。

2. 厂房防火门管理

防火门必须保持关闭状态，防止人为损坏。工作负责人和现场作业人员在防火屏障打开期间，应负责防火区的安全，工作暂停或结束后应及时关闭防火门，

3. 消防设施管理

室内外的消火栓、水带、水枪，是扑救火灾的专用设备，未经消防主管部门同意，任何单位和个人不得擅自将其用于非消防之用；消防管网上的阀门不得随意关闭和开启，紧急情况下必须关闭或开启时，必须及时向运行部主控室及消防主管部门报告；消防雨淋阀水喷洒(喷雾)灭火系统，须按责任分工，专人管理。做定期试验时，要按照操作规程精心操作。非火灾情况下严禁向保护区内做水喷淋试验，任何人不准随意敲打雨淋阀的灭火喷淋按钮，防止发生误喷，造成水淹事件；气体固定灭火系统，要定期巡检，保护区内无火灾情况下，禁止启动灭火按钮，防止发生气体灭火药剂释放，造成损失；各种移动式灭火器，要定点定位，非火灾情况下，不准私自挪动位置和放空；泡沫固定灭火系统是重要的消防灭火设施，非火灾情况下严禁按动电磁阀的开关按钮，防止发生泡沫喷洒，造成事故；消防水只能用于消防的目的。

五、灭火

1. 灭火的基本方法

冷却灭火法，把燃烧周围环境温度降低至燃点以下，从而使燃烧停止。对于一般物质起火，都可以用水和二氧化碳灭火剂来冷却灭火。在火场上，除了运用冷却直接扑灭火灾外，还常常用降低可燃物的温度，防止其达到燃点起火或受热变形爆炸。

隔离灭火法，将燃烧物与附近可燃烧物隔离或者疏散开，从而使燃烧停止。适用于扑救各种固体、液体和气体等火灾。例如，将火源附近的易燃易爆物质转移至安全区；关闭阀门，阻止可燃气体或液体流入燃烧区；排除设备、容器内的可燃气体、液体；阻拦、疏散易燃可燃液体或扩散的可燃气体；拆除与火源相毗邻的易燃建筑结构，造成阻止火势蔓延的空间地带等。

窒息灭火法，根据可燃物质发生燃烧需要足够的助燃物(如空气或氧气)这个条件，采取恰当措施，防止空气进入燃烧区，或用惰性气体稀释空气中的含氧量，使燃烧物质缺乏或断绝氧气而熄灭。适用于扑救一些封闭的空间和生产设备装置内的火灾。可采用石棉布、湿抹布等不燃或难燃材料覆盖燃烧物。

抑制灭火法，将化学灭火剂喷入燃烧区，使之参与燃烧的化学反应，从而使燃烧反应停止。使用的灭火剂有干粉、1211 等卤代烷灭火剂。

2. 灭火的基本原则

(1) 先控制，后灭火：对于不能立即扑救的火灾，要首先控制火势的继续蔓延扩大，在具备了扑灭火灾的条件时，展开全面进攻，一举扑灭火焰。

(2) 救人重于灭火：指火场上如果有人受到火势威胁，消防人员的首要任务是要把被火围困的人员抢救出来。运用这一原则，要根据火势情况和人员受火势威胁程度决定。在灭火力量较强时，灭火和救人可以同时进行，但决不能因灭火而贻误救人时机。人未救出之前，灭火往往是为了打开救人通道或减弱火势对人员的威胁程度，从而更好地给救人脱险、

及时扑灭火灾创造条件。

(3) 先重点，后一般：对整个火场而言。重点和一般有一个相比确定问题。人和物相比；贵重物资和一般物资相比；火势蔓延猛烈方面和其他方面相比；有爆炸、毒害、倒塌危险的方面和没有这些危险的方面相比；火场上的下风方向与上风、侧风方向相比，下风方向是重点；易燃和可燃物集中区域和这类物品较小的区域相比；要害部位和其他部位相比。

3. 灭火器材的一般原理与使用方法

根据核设施的消防设计，专设了消防水系统、固定式灭火系统和移动式灭火器等灭火手段，为在灭火时有效使用这些手段，必须先掌握和熟悉有关系统和设备、器材的结构和操作要点。

固定灭火系统(喷淋(雾)灭火系统、1301 灭火系统、泡沫灭火系统)，是由固定安装的灭火剂供应源、管路、喷放器件和控制装置组成的灭火系统。

移动灭火器材，移动灭火器械主要是指各类消防枪及附属水带，水枪以及灭火器材。简便灭火器材主要包括各类灭火器和一些简易灭火工具，用于扑救初起火灾。

灭火器是指在其内部压力作用下，将所充装的灭火剂喷出以扑救初起火灾的灭火器具。因灭火器结构简单，操作轻便灵活，广泛应用于各行业和部门。

4. 灭火器使用的一般要求

灭火器喷射的时间很短，适用扑救初起火灾。平时要把灭火器放在使用方便的地方。使用时把灭火器拿到离着火点尽可能近的地方再启动，防止迟缓动作和过早启动，影响灭火效果。

扑救一般固体物质火灾时，要将灭火剂喷射到燃烧最强处。扑救液体火灾，要从一面顺风平推，平稳地将燃烧面盖住，将火扑灭，并要防止回火复燃。使用干粉等灭火器，要站在上风处，充分发挥灭火效能；使用二氧化碳灭火器要注意掌握好提拿姿势，防止冻伤。使用各种灭火器灭火均应注意不要使灭火器盖与筒底对着人的身体，以免发生意外冲爆伤人身事故。

5. 灭火剂

主要有水、泡沫、二氧化碳、干粉、卤代烷。以下主要介绍二氧化碳和干粉两种灭火剂。

(1) 二氧化碳是一种无色无味的气体。不燃烧，不助燃，比空气重。能够冷却燃烧物质和冲淡燃烧区空气中氧气的含量，使燃烧停止。

二氧化碳不导电，不含有水分，不污损仪器设备。适用于扑救电器设备、精密仪器图书和档案火灾，以及燃烧面积不大的油类、气体和一些不能用水扑救的物质的火灾。在使用时，应首先将灭火器提到起火地点，放下灭火器，拔出保险销，一只手握住喇叭筒根部的手柄，另一只手紧握启闭阀的压把。对没有喷射软管的二氧化碳灭火器，应把喇叭筒往上扳 70°～90°。使用时，不能直接用手抓住喇叭筒外壁或金属连接管，防止手被冻伤。在使用二氧化碳灭火器时，在室外使用的，应选择上风方向喷射；在室内窄小空间使用的，灭火后操作者应迅速离开，以防窒息。

二氧化碳不能扑救金属钾、钠、铝和金属氢化物等物质的火灾；也不能扑救某些能够在惰性介质中燃烧的物质火灾(如硝酸纤维)和某些物质(如棉花)内部的引燃。

(2) 干粉的种类很多,目前主要使用的是小苏打干粉和改性钠盐干粉。干粉可以用人工喷洒,也可以装入特制的灭火器内用惰性气体(如氧气)的压力来喷射。干粉颗粒微细,浓度密集,在燃烧区内能隔绝火焰的辐射热,析出惰性气体,冲淡空气中氧的含量。同时,干粉还具有化学灭火效能可以中断燃烧的连锁反应。

第五节　辐射防护

一、辐射防护基础知识

1. *原子、原子核和放射性*

(1) 原子、原子核:世界上任何物质都是由原子组成的。原子是进行化学反应的最小单位。原子是由质量相对较大、体积较小的位于原子中心的原子核和绕其高速运转的轨道电子组成。原子核由 A 个核子组成(A 是质量数),其中有 Z 个带有正电荷的质子(Z 是原子序数,即原子核中质子的数量)和 N 个($N=A-Z$)电中性的中子。

(2) 同位素:元素是由原子序数相同的原子组成的物质。至今共有 100 多种的元素被确定,其中 90 种存在于自然界中,剩下的元素是在核反应中或粒子加速器中人工合成的。每一种元素都用它的原子序数来描述。然而,一种元素可以具有质量不同的原子,即核内中子数不同的原子。我们把凡是原子序数相同而原子质量数不同的这一类原子称为同位素。

例如,天然的铀矿含有三种铀的同位素,铀-234,铀-235,铀-238。表 3-2 说明几乎所有的天然铀都是由铀-238 衰变而成的。

表 3-2　天然铀的同位素

同位素	质子数 Z	中子数 N	质量数 A	同位素富集度/%
铀-234	92	142	234	0.006
铀-235	92	143	235	0.720
铀-238	92	146	238	99.275

仅占天然铀 0.72%的铀-235,它的原子核性质对于核能的产生是非常有用的。因此在许多应用中,必须提高铀-235 的浓度(含量)。通过同位素分离厂来提炼铀-235,提炼后的产品称为浓缩铀,在浓缩铀中铀-235 的浓度是不同的,范围从 0.72%到 100%不等。某电厂采用的是低浓度的铀(浓缩度在 2%~4%)作为燃料。

(3) 放射性:原子核内具有特定数目的质子和中子并处于同一能态的一类原子称为核素。某种元素有多少种同位素就有多少种核素。核素有的稳定,有的不稳定。不稳定的原子核,总是自发地以释放出粒子(α、β、n)或光子的形式释放能量以逐步达到稳定状态,这个过程称为衰变。在衰变过程中放出粒子和光子的现象叫放射性。具有放射性的核素叫放射性核素。原子序数大于 84 的核素都有放射性。所有的由一个或多个放射性核素构成的物质叫放射源。

放射性活度:放射性核素的衰变率(即物质在单位时间内发生衰变的次数)。单位:贝可(Bq,即每秒一次衰变)。

放射性物质的衰变服从指数衰减规律：$N=N_0e^{-\lambda t}$

N_0：$t=0$ 时刻的核素的原子核数；

N：t 时刻核素的原子核数；

e：自然对数的底(e=2.718 28…)；

λ：衰变常数，它的物理意义是单位时间内单个原子核发生衰变的概率，量纲是时间的倒数，单位是 1/s。

半衰期是一个描述放射性核素衰变快慢的物理量，它的定义是放射性核素的原子核因衰变减少到它原来数目的一半所需的时间(图 3-2)。它与衰变常数 λ 的关系为：

$$T_{1/2} = \ln(2/\lambda) \approx 0.693/\lambda$$

各种核素的半衰期差别很大，例如：^{232}Th 的半衰期 $T_{1/2}$ 长达为 1.41×10^{10} 年，^{212}Po 的半衰期 $T_{1/2}$ 只有 3.0×10^{-7} s。

注意：7 个半衰期后，活度减为初始活度的约 1%，10 个半衰期后为 0.1%。

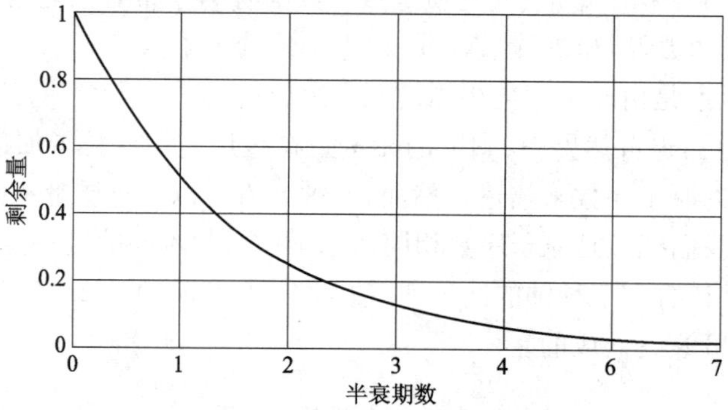

图 3-2 放射性物质的衰变曲线

2. 辐射的种类与特性

大多数放射性原子核是通过发射 α 和 β 粒子来蜕变的，发射中子的衰变是很少的，而发射质子甚至重离子的衰变事例很少，对辐射防护而言没有实际意义。大多数发射 β 粒子的原子核在发出 β 粒子后立即发出 γ 射线。如果用粒子(如 α 粒子或 γ 光子)轰击原子核，那么原子核中的中子可被击出从而产生中子射线。发射出的中子有较高的速度(每秒数千米)。所以，常见的放射性衰变方式有 α 衰变、β 衰变和 γ 衰变，对应地辐射就有α辐射、β辐射、γ 辐射和中子(n)辐射。有些不稳定核素向稳定核素过渡要连续经过若干次衰变过程，发射一连串具有不同能量的各种射线，通常称这种一连串的衰变过程为放射性衰变链。

(1) α 辐射：放射性核素自发地放射出 α 粒子(α 射线)而生成另一种核素的过程称为 α 衰变。α 粒子的能量约为 6 MeV。

(2) β 辐射：放射性核素自发地放射出高速电子(β 射线)而生成另一种核素的过程称为 β 衰变。β 粒子实际上是高速运动的电子。

(3) γ射线：放射性核素的原子核经α衰变、β衰变后，通常它还有些不稳定，很快它还会发射 γ光子以释放多余的能量。γ射线是一种波长极短的电磁波。γ射线的辐射一般是伴随着 β 和 α 粒子辐射之后进行。

(4) 中子：在核电厂，反应堆中的铀-235 原子核在热中子作用下分裂成两个中等质量的原子核,同时放出 2～3 中子和其他粒子及能量。

中子来自核燃料的裂变反应,裂变过程中或裂变后放出高速中子。在停堆时,反应堆内的中子通量很低,反应堆厂房没有中子辐射,在运行时中子辐射与反应堆的功率水平成正比。

3. 电离辐射的生物效应

自放射性被发现以来,大量的实践已证明核能既能造福人类,推动科学和技术的发展,同时也能危害人们的健康,在人类利用核能的过程中曾付出一定的代价。核电厂在一般情况下,厂内工作人员受到的辐射剂量是很小的,不足以对身体健康产生不良影响,这已被世界各国核电厂运行的实践所证明。只有在事故情况下才可能受到一定程度的辐射损伤。辐射损伤是指机体受辐射照射后产生的各种类型和不同程度的有害效应。辐射效应是辐射引起的各种变化的通用术语。

(1) 几种电离辐射的相对危害:电离辐射对人体的危害,主要在于辐射的能量导致构成人体组织的细胞受到损伤。电离辐射的类型不同,对人体的危害情况也不一样。相对而言,有的辐射产生外照射的危害大一些,而有的辐射产生内照射的危害性大一些。所谓外照射和内照射就是辐射源分别在人体外和人体内形成的照射。

(2) α 粒子的相对危害性:α 粒子质量大,电荷多,在物质中的射程很短。能量最大的 α 粒子在空气中的射程虽有几厘米,但难以穿透人体皮肤外表的角质层。因为角质层是一层无生命组织。由此可知,α 粒子几乎不存在外照射危害的问题。然而,α 粒子一旦进入人体,其射程短这一特点就显得非常重要了。此时,α 辐射源被人体活组织所包围,损伤几乎都集中在 α 粒子源点的附近。若 α 粒子沉积在人体内的某个器官,α 粒子的能量就会被该器官全部吸收,而不会分布到较大体积的组织中去。这样,该器官就会受到严重的伤害。因此,α 粒子的内照射危害是很值得重视的。

(3) β 粒子的相对危害性:与 α 粒子相比,β 粒子在空气中的射程较远。能量较高的 β 粒子才能穿透人体皮肤进入浅表组织几毫米。因此,β 粒子具有外照射的危害,不过,它只能造成人体皮肤和浅表组织的受照,是一个危害较小的外照射源。β 粒子同样也有内照射的危害,但与 α 粒子相比,其危害性要小些。因为 β 粒子在组织中射程较远,在组织的某个小体积内放出的能量较 α 粒子小,因此,这个小体积组织的损伤也较小。

(4) γ 射线(包括 X 射线)的相对危害性:X 射线和 γ 射线在空气和其他物质中射程很远,穿透力强,即使离辐射源很远,也可以对人体造成外照射危害。当人体处于 X 射线或 γ 射线辐射场中时,可能会使所有的器官和组织均受到照射。因此,就外照射而言,X、γ 射线与 α、β 粒子相比具有更大的危害性。由于 X、γ 射线在人体组织中的射程很远,甚至贯穿人体,因而交给组织中某一小体积内的能量较少,损伤也较少。可见,就内照射而言,X、γ 射线对人体的危害要比 α、β 小得多。

(5) 中子的相对危害性:中子不带电,无论在空气中还是在其他物质中,它均有很远的射程。因此,与 X 射线和 γ 射线一样,中子对人体的影响主要是潜在的外照射危害。中子对人体的危害情况与 X 射线和 γ 射线的差不多,只是中子产生损伤的有效性要比 X 射线和 γ 射线的大得多(近似值取 20 倍)。就这点而论,中子对人体的危害要比 X 射线或 γ 射线为大。中子不存在内照射危害的问题,因为不存在任何天然中子源,而人工中子源进入人体的机会是极为罕有的。

综上所述,核电厂常见的几种辐射,就其相对危害性而言,α 辐射和 β 辐射潜在危害主要在内照射,而 γ 辐射(包括 X 射线)和中子辐射的潜在危害主要在外照射,这些相对不同的危害性也是辐射防护关注的重点。

4. 辐射量和单位

随着辐射防护的发展及国际单位制(SI)的推行,辐射防护中使用的量和单位术语在过去几十年有了很多发展变化。在核物理和电离辐射领域中以前广泛使用的一些专用单位,如居里(Ci)、拉德(rad)、雷姆(rem)、伦琴(R)等,在 1985 年以后国际上已不再使用了。辐射防护常用的量和单位见表 3-3。

(1) 活度:放射性核素在单位时间内发生核衰变的数目(即衰变率),称为放射性活度,简称活度,量纲是衰变/秒。通常用 A 表示。$A = -\mathrm{d}N/\mathrm{d}t = \lambda N$

放射性活度的单位,国际单位制用贝可,代号为 Bq。过去习惯上用居里(Ci)表示。1 Bq=1 衰变/秒;1 Ci = 3.7×10^{10} Bq。

表 3-3 辐射防护常用的量和单位

量的名称	SI 导出单位		
	名称	符号	用其他 SI 单位
放射性活度	贝可	Bq	
吸收剂量	戈瑞	Gy	J/kg
剂量当量有效剂量	希沃特	Sv	J/kg

(2) 吸收剂量:这是受(致)电离辐射照射的物质吸收能量的度量。它不仅取决于辐射场的性质,还和受照物质的性质有关。

吸收剂量其定义是单位质量受照物质中所吸收的辐射能量,即吸收剂量 D 是 ΔE 除以 Δm 所得的商,$D=\Delta E/\Delta m$

吸收剂量的国际制单位是 J/kg,专用名称是戈瑞(Gy)。

1 Gy=1 J/kg。1 Gy=1 000 mGy=1 000 000 μGy。

吸收剂量的老单位是:“拉德”,符号为“rad”,它与“戈瑞”间的换算关系是:1 Gy=100 rad。

吸收剂量适合于任何电离辐射和受到照射的任何物质,并且是个与一无限小体积相联系的辐射量,即受照物质中每一点都有特定的吸收剂量数值。

吸收剂量率(D):单位时间内的吸收剂量称为吸收剂量率,即 dD 除以 dt 的商,$D(t) = \mathrm{d}D/\mathrm{d}t$。

$D(t)$为 t 时刻吸收剂量率,单位为 Gy/h,dD 是时间间隔 dt 内吸收剂量的增量。

(3) 剂量当量:相同的吸收剂量未必产生同等程度的生物效应,因为生物效应受辐射类型、剂量与剂量率大小、照射条件及个体差异等多种因素的影响。为了用同一尺度表示不同类型的辐射照射对人体造成的生物效应的严重程度或发生概率的大小,辐射防护上采用了剂量当量这个辐射量。

剂量当量 H 是组织内被考察的某点的吸收剂量 D、辐射权重因子(品质因子)Q 和 N 的乘积,即:$H = D \cdot Q \cdot N$。式中,D:该点处的吸收剂量;Q:辐射的品质因数;N:其他修正因数的乘积,取为 1。

剂量当量率:表征辐射场剂量大小的物理量。通常用每小时的剂量当量来表示,单位:mSv/h,μSv/h。

个人剂量当量:人体某一指定点下面适当深度 d 处的软组织内的剂量当量 Hp(d)。这一剂量既适用于强贯穿辐射,也适用于弱贯穿辐射。对强贯穿辐射,推荐深度 $d = 10$ mm;对弱贯穿辐射,推荐深度 $d = 0.07$ mm。

集体剂量:群体所受的总辐射剂量的一种表示,定义为受某一辐射源照射的群体的成员数与他们所受的平均辐射剂量的乘积。集体剂量用人–希[沃特](人·Sv)表示。

二、辐射防护的目的、要求和剂量限值

1. 辐射防护的目的

辐射防护关心的是:既要保护从事放射性工作者本人、公众和他们的后代的辐射安全,又要允许进行那些可能产生辐射照射的必要活动。所以,辐射防护的目的在于使人类受其照射的必要活动建立和维持适当的安全条件,避免发生确定性效应,并使随机效应的发生率减至实际可能的最低水平。

2. 辐射防护的基本要求

国家颁布实施的《电离辐射防护及辐射源安全基本标准》(GB 18871—2002)规定,核电厂在生产营运过程中涉及辐射防护问题,必须遵循以下要求:

(1) 实践的正当性:对于一项实践,只有在考虑了社会、经济和其他有关因素之后,其对受照个人或社会所带来的利益足以弥补其可能引起的辐射危害时,该实践才是正当的。需要注意的是,这里所说的利益是包括对于社会的总利益,不仅仅是某些团体或个人得到的好处。同样,代价也是指由于引进该项实践后的所有消极方面的总和,它不仅包括经济上的代价,而且还包括对人体健康及环境的任何损害,同时也还包括在社会心理上带来的一切消极因素。由于利益和代价在群体中的分布不相一致,付出代价的一方并不一定就是直接获得利益的一方。所以,这种广泛的利害权衡过程只有在保证每一个体所受的危害不超过可以接受的水平这一条件下才是合理的。在判断辐射实践正当化时,一般需要综合考虑政治、经济、社会等许多方面的因素,辐射防护仅是其中的一个方面。

(2) 剂量限制:应对个人受到的正常照射加以限制,以保证除特殊情况外由来自各项获准实践的综合照射所致的个人总有效剂量和有关器官或组织的总当量剂量不超过规定的剂量限值。剂量限值是不允许接受的剂量范围的下限,而不是允许接受的剂量范围的上限。这里所说的剂量是指内、外照射产生剂量的总和。作为限值,它不适用于医疗照射和天然本底照射。

(3) 防护与安全的最优化:对于来自一项实践中的任一特定源的照射,应使防护与安全最优化,使得在考虑了经济和社会因素之后,个人受照剂量的大小、受照射的人数以及受照射的可能性均保持在可合理达到的尽量低的水平(As Low As Reasonably Achievable, ALARA)。辐射防护的最优化实质上就是在辐射危害和防护代价之间寻求一种平衡,

使电厂付出的总代价最低。要做好辐射防护的最优化，离不开广大员工的理解、配合和支持。

3. 剂量限值体系

限值是在规定的活动或情况下所使用的某个量不得超过的值。剂量限值是受控实践使个人所受到的有效剂量或当量剂量不得超过的值。辐射防护剂量限值体系一般分为：基本限值、次级限值、导出限值、管理限值和参考水平五个级别。在我们实际工作中运用的较多是基本限值、管理限值和参考水平。

（1）基本限值：基本限值是辐射防护的基本标准。在国家标准《电离辐射防护和辐射源安全基本标准》（GB 18871—2002）中，对基本限值作了如下规定，某厂参照国家标准制定了相应的个人剂量限值见表3-4。

表3-4 辐射防护个人剂量基本限值

范围	国家标准（GB 18871—2002）	某核电厂管理限值
全身	5年时间内平均每年20 mSv，但任何一年剂量不能超过50 mSv	20 mSv/年
眼晶体	150 mSv/年	150 mSv/年
皮肤	500 mSv/年	500 mSv/年
手和脚	500 mSv/年	500 mSv/年

在应用剂量限值时，必须满足如下附加限制：

1）育龄妇女应保证为均匀受照，月剂量不得超过年剂量限值的1/12。

2）从事职业性辐射工作的孕妇、授乳妇，应在一年的照射不超过15 mSv的环境下工作，并保证为均匀受照。

3）年龄在16～18周岁的学生和学徒工，由于教学培训需要接受照射时，一年内受到的有效剂量当量不得超过15 mSv。年龄小于16周岁者按公众成员控制。

4）只有辐射工作人员可以接受事先计划的特殊照射。且一次不得超过100 mSv，一生不得超过250 mSv。

5）育龄妇女和未满18周岁者不得接受事先计划的特殊照射。

（2）管理限值：管理限值是由主管当局或单位管理部门制定的限值。管理限值只用于特定场合，例如放射性流出物排放的管理限值。制定管理限值可以应用最优化程序。

（3）参考水平：参考水平是决定采取某种行动的水平。对于辐射防护中测定的任何一种量，都可以建立参考水平，不管这些量是否确定了限值。参考水平不是一个限值，它的用途是当一个量的数值超过或预计超过制定的参考水平时，提示应采取某种行动。这些行动可以是单纯的数据记录；或调查原因与后果；甚至采取必要的干预行动等。最常用的参考水平有记录水平、调查水平和干预水平。

4. 辐射防护最优化

（1）辐射防护最优化的概念

剂量无论如何小，均会引起有害的辐射效应，且剂量与效应发生的概率成正比关系，即剂量与效应发生概率的线性无阈假设。因此，必须尽量降低工作人员接受的剂量水平，以减少健康损害代价。但剂量的降低,需要增加辐射防护的投入,即又会加大辐射防护代价。而且,当防护投入的代价达到一定值后,防护的再投入对降低剂量的作用变得不那么明显。也就是说,在考虑辐射防护时,并不是不惜一切代价使剂量当量越低越好,而是在考虑到经济的、社会的或政治的各种因素的条件下,使剂量水平低到可合理达到的程度。只要辐射防护代价和健康损害代价之和最小,即可认为辐射防护已经实现了最优化。辐射防护最优化在实际的辐射防护中占有重要的地位。在实施某项辐射实践的过程中,可能有几个方案可供选择,在对这几个方案进行选择时,应当运用最优化程序,也就是在考虑了经济和社会的因素之后,应当将一切辐射照射保持在可合理达到的尽可能低的水平(ALARA)。因此,辐射防护最优化原则也称为 ALARA 原则。

(2) 辐射防护最优化过程的实施

1) 辐射防护最优化过程概述

辐射防护最优化的实施一般分为三个阶段进行,工作前辐射防护最优化计划的制订和相应的准备、工作实施过程中的跟踪检查和工作结束后的总结报告,三个阶段与 ALARA(辐射防护最优化)关系如图 3-3 所示。

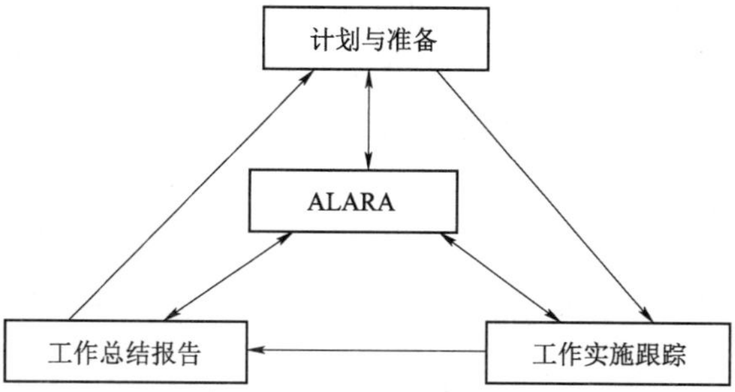

图 3-3　辐射防护最优化过程

2) 工作前最优化计划的制订和准备

工作前制订的最优化计划包括完成这一工作的集体剂量当量目标、选定的个人剂量、工作环境剂量率、空气及表面污染的参考水平等。辐射防护措施和防护技术一般需要在众多的可能方案中综合考虑。工作准备包括工作现场防护措施的准备和技术方面的准备。工作现场准备包括辐射源的屏蔽、现场去污、工作棚的搭设、防护用品和废物收集设备等;技术方面的准备包括技术程序的准备、工作所需材料的准备及工作人员的组织和培训。大量的经验表明,工作前周密的计划和充分的准备可有效地缩短工作时间,降低剂量水平,避免事故发生。

3) 工作实施过程的跟踪

在工作实施中,除利用实时剂量监测系统和辐射监测系统跟踪个人和集体剂量及工作条件外,还应跟踪 ALARA 计划和辐射防护规定的执行情况,以便及时发现问题,纠正不安全行为。要加强信息交流,倾听各方面特别是从事具体工作的工作人员的意见,使制定的 ALARA 计划更切实可行。

4) 工作结束后的总结报告

在总结报告阶段应将最优化的计划与实际结果进行比较,必要时纠正调查,应报告最优化计划和执行阶段发现的问题,提出改进意见并总结应吸取的教训,反馈积累的经验。

三、辐射危害及其防护

1. 外照射的概念及其来源

(1) 外照射的概念

外照射是指放射源在人体之外对人体产生的照射,包括体表放射性污染引起的照射。外照射可引起内部器官组织或皮肤的损伤。

(2) 外照射的来源

在核电厂,可能引起外照射的射线是γ、β和中子(n)。

γ 射线引起的外照射:在核电厂,γ 射线是主要的外照射形式,它主要来自核反应的裂变产物和被中子活化的活化产物。由于管道中活化腐蚀产物的出现(如钴-60),尤其是在停堆大修期间,γ 射线是外照射剂量的主要来源。γ 射线能穿透人体深处,对人体的所有器官和组织都能造成电离辐射损伤。

β射线引起的外照射:核电厂在正常情况下,放射性物质放出的β粒子完全被管道屏蔽,所以不存在 β 射线引起的外照射。当打开回路进行检修或回路泄漏造成工作场所的放射性污染时,β 放射性物质可能造成人体体表污染,β 射线有一定的穿透能力,在较浅的深度中释放全部能量,尽管它不会对内部器官和组织造成辐射损伤,但会产生皮肤剂量。

中子(n)产生的外照射:在核电厂,中子主要是裂变中子,一般仅存在于机组运行时的反应堆厂房内,反应堆停堆以后,中子辐射就可以忽略了。中子的穿透性很强,可以对人体的器官和组织产生辐射剂量。

(3) 外照射的防护

降低外照射的方法有:减少在放射源附近工作的时间;增大你自身和放射源之间的距离;在你和放射源之间添置屏蔽,以减少辐射;让放射源衰变到一定的程度后再接近它。

2. 内照射及其防护

(1) 内照射的概念及危害

1) 内照射的概念:进入体内的放射性核素作为辐射源对人体的照射称为内照射。内照射与外照射的区别在于:外照射只在放射性场所工作时发生,工作人员一旦离开,外照射即可避免,而放射性物质一旦进入体内,会时时刻刻对人体产生照射。

2) 内照射的危害:放射性物质对人体造成的内照射伤害往往比外照射更大。这是因为:a.照射是连续的,且几乎不能用人为的方法加以改变,一般只能按照其自身的固有规律在人体内进行代谢;b.某些放射性核素会有选择地沉积在它所亲和的某个或某些器官或组织中,例如,碘主要沉积在甲状腺中,锶主要沉积在骨中,等等;c.一些本来无法从体外照射人体器官或组织的 α 粒子和低能 β 粒子,一旦进入体内,就可将其全部能量损伤在受照器官或组织中;此外,还有一些放射性核素,除有放射性危害外,还有化学毒性危害。

3) 形成内照射的途径:放射性物质进入体内形成内照射的途径主要有:食入、吸入、从裸露伤口进入、通过皮肤渗入等。通过食入途径进入人体的方式,主要是食用受到被放射性物质污染的食物,而直接食入放射性物质则一般极少发生。通过吸入进入人体的放射性物质主要有放射性气体和气溶胶。放射性气体和气溶胶被吸入后,除一部分呼出外,其余则在呼吸系统的各段沉积下来，滞留在人体中。

人体皮肤是一个可以防止大部分放射性物质进入体内的有效天然屏障，但当皮肤有伤口时，放射性物质就可通过伤口直接进入人体。放射性物质长时间附着在皮肤上，也可渗入体内。进入人体的放射性物质，部分可以通过呼气、粪便、尿液和痰排出人体。

(2) 内照射的防护

内照射防护的关键在于切断造成内污染的各种途径。从防护的形式来讲分为集体防护和个人防护。

1) 防止放射性物质经由呼吸道进入体内：由于放射性粉尘或放射性气体逸入空间，可能造成工作场所的空气污染，空气污染是造成放射性物质经呼吸道进入体内的主要途径，其防护措施包括集体防护措施和个人防护措施。

集体防护措施主要有空气净化、稀释和防止放射性物质扩散。

个人防护措施：个人防护就是工作人员佩戴呼吸保护装置，防止放射性物质被吸入人体。呼吸装置分为开放式和密闭式两种：开放式的防护装置为高效的防护口罩，采用活性炭等物质吸附放射性物质；密闭式的防护装置本身提供可供人体呼吸的气源，因此可根本地避免放射性物质的吸入。

2) 防止放射性物质经口进入体内：防止放射性物质经口进入体内，主要从管理及工作习惯上解决。在控制区或放射性操作现场（如废物运输）不准吃、喝、抽烟等，平时养成良好的工作习惯，工作时不用手抚摸面部，工作结束后洗手等。

3) 防止放射性物质经皮肤和伤口进入体内：为了防止放射性物质经皮肤进入体内，工作时必须穿戴个人防护用品，尽量减少暴露的皮肤面积，而且不用有机溶剂洗手或涂敷皮肤，否则会增加放射性物质的渗透性。要小心工作，不要让沾有放射性物质的设备尖角、断口等割裂皮肤，若有了伤口，无论伤口在何处，则必须立即停止工作，及时通知辐射防护人员和职业卫生医生。如工作确有需要，可用不透水的敷料妥善包扎好后再工作，不准带裸露伤口进入控制区从事放射性工作，如果伤口较大，则必须停止工作。若发生较大的人员伤亡事故，立即通知主控制室。这些考虑都是为了防止放射性物质经伤口直接进入体内，因为裸露的伤口为污染物进入血液提供了直接的途径。

3. 表面污染的概念及其防护

(1) 表面污染的概念：放射性物质以粉尘、液膜或固态附着层的形式覆盖在物体的表面，称之为表面污染。度量表面污染强弱的单位是：单位面积上放射性核素的活度（Bq/cm^2）。表面污染主要来自空气中放射性微尘的沉降以及检修时开启带放射性的系统、运行中系统的泄漏，或来自对具有放射性物质的机械加工。

(2) 表面污染的分类：表面污染按照其去除的难易可分为固定污染和松散污染两种。

固定污染（难去除）：是指放射性物质固定在表面上，不能用一般的擦拭法去除，而必须用诸如机械加工或化学方法才能去除的表面污染。

松散污染（易去除）：松散污染的放射性物质与表面结合不紧密，可以用一般的擦拭法去除。

(3) 表面污染控制限值：放射性表面污染控制标准的制定，考虑了表面污染对人体造成的外照射和由产生表面污染的放射性物质的再悬浮而造成的人体内照射。制定表面污染控制限值的目的在于限制由于表面污染引起的放射性物质对人体的内外照射，控制可能发生的环境污染。

根据国家标准《电离辐射防护和辐射源安全基本标准》(GB 18871—2002)，工作人员的体表、内衣、工作区域内使用的工具及工作区域表面的放射性表面污染的控制限值分别规定如表 3-5 所示。

手、 皮肤、内衣、工作袜污染时，应及时清洗，尽可能清洗至本底水平，其他表面污染水平超过规定的数据时，应采取去污措施。

设备、墙壁、地面经采取适当的去污措施后，仍超过表 3-5 所列数值，可视为固定式污染，经辐射防护部门同意，可适当提高控制水平，但不得超过表中数值的 5 倍。氚和氚化水的表面污染可按表 3-5 数值的 10 倍控制。

表 3-5　放射性表面污染的控制限值

表面类型	α /(Bq/cm^2)	β /(Bq/cm^2)
手、皮肤、内衣、工作袜	0.04	0.4
手套、工作服、工作鞋	0.4	4
控制区地面、设备、墙壁地面	4	40

表中数据是固定污染和松散污染的总和。

(4) 表面污染防护：表面污染的防护分为集体防护和个人防护两种。

1) 集体防护措施：设备、墙壁、地面表面尽量光滑，易于去污，在控制区使用的材料、设备的表面要尽量光滑，避免缝隙，控制区地板应涂刷易去污的油漆等，这些措施可以减轻放射性物质在表面上的黏附，也易于去污。采取去污措施，对那些超过污染控制限值的设备、材料、地面表面等应进行适当的表面去污处理。对人员经常经过的廊道等，要做到定期检查、去污。防止设备的污染：避免设备阀门等泄漏现象，对有可能造成表面污染的检修作业，应在地面铺设吸水纸、塑料布等材料，以防放射性废液流出对地面造成污染。检修前应检查隔离是否合适，以防放射性液体喷射，对管道中剩余的放射性液体，要用小塑料桶收集，倒到放射性液体地坑中。控制区内设常用工具设备库，避免工具、设备的频繁进出造成放射性物质扩散，尽量避免工具与设备的重复污染。

2) 个人防护：个人防护是指工作人员采取一定的防护措施防止工作人员被污染。穿戴好个人防护衣具。控制区基本防护衣具包括安全帽、纸帽、连体工作服、手套、T 恤衫、袜子、工作鞋等。在有表面污染的区域工作时，还应穿戴附加连体工作服和塑料鞋套等，在有湿表面污染的区域工作时，应穿戴无纺布连体工作服、塑料鞋套、橡胶手套等。

四、辐射工作场所的管理

1. 厂区分区管理

根据《电离辐射防护和辐射源安全基本标准》(GB 18871—2002)，辐射工作场所的分区划是分为控制区和监督区。

(1) 监督区：监督区是指未被确定为控制区、通常不需要采取专门防护手段和安全措施但要不断检查其职业照射条件的区域。工作人员在其中工作一年接受的剂量一般不超过年限值的十分之三，但可能超过年限值的十分之一。

1）特点：一般没有放射性源项，包括放射性设备和系统，但可能由于某种特殊情况，例如：设备和废物的非正常移动或正常运输存在暂时性的源项。正常情况下不存在高于天然本底的放射性污染，但可能由于某种特殊情况例如：人员、设备和废物的非正常移动造成交叉污染。正常情况下没有潜在的辐射和放射性污染风险，人员活动原则上没有辐射防护限制。

2）区域范围：监督区包括核电厂的汽机厂房、主控楼、主蒸汽管廊、控制区出入口以及控制区外周边区域等。

（2）控制区：控制区是在辐射工作场所划分的一种区域，在区域内要求或可能要求采取专门的防护手段和安全措施，以便在正常工作条件下控制正常照射或防止污染扩展，防止潜在照射或限制其程度。工作人员在控制区内工作一年（以 2 000 小时计），其有效剂量当量可能超过年剂量限值十分之三。此区域还应考虑辐射和污染的潜在风险。

1）特点：包含核电厂所有的放射性设备，在此区域内从事工作时存在内外照射风险、放射性污染风险。在该区域的一切活动必须按有关辐射防护制度进行，必须接受辐射防护人员的监督。有实体边界保证对放射性进行有效控制。

2）区域范围：辐射控制区的包括反应堆厂房、核辅助厂房、燃料贮存厂房、换料水箱、热检修车间、中低放废物库、固化厂房及固化物贮存库。在辐射控制区以外进行放射性操作和放射性物质运输，必须建立临时控制区，执行辐射控制区的辐射防护规定。比如在汽轮机厂房进行射线检测试验时，检测区域划为临时控制区；在放射性物质运输过程中，若发生事故造成污染，应该在事故地点设临时控制区以避免污染扩散和人员无故受照。

3）辐射控制区的再分区：为合理地对控制区进行控制和管理，在辐射控制区内根据放射性状况划分子区域，并设置标识和适当的隔离。这样做的目的是为了针对各子区不同的辐射和污染水平，采取相应的防护措施。以国内某核电厂为例，辐射控制区按辐射剂量率、表面污染及空气放射性水平，又分为绿、黄、橙、红四区。各子区的边界利用现有的建筑物作实体隔离，不能模棱两可。辐射控制分区如表 3-6 所示，各子区的入口处应设置明显的相应颜色的标志。

表 3-6 辐射控制分区

区域	辐射剂量率/(μSv/h)	β 表面污染水平/(Bq/cm^2)	导出空气放射性浓度/(DAC)
绿	<25	<4	<0.1
黄	25～500	4～40	0.1～1
橙	500～5 000	40～400	1～10
红	≥5 000	≥400	≥10

2. 人员出入控制管理

（1）进入控制区的条件：进入控制区前，所有人员必须到辐射防护部门申请办理辐射控制区通行证（RP 证）。申办 RP 证，必须符合以下条件：

1）从事放射性工作的人员应身体健康，适合从事辐射工作。

2）所有从事辐射工作的人员，必须接受辐射防护培训，通过考核。

（2）辐射工作人员进入控制区，必须符合下列条件：

1）RP 证必须在有效期内。

2）必须办理辐射工作许可手续。

（3）个人防护用品：进入控制区的工作人员必须脱掉家用服（男士保留短裤，女士保留短裤、文胸），穿戴下列基本防护用品：连体防护工作服、防护内衣或T恤衫、纸帽、袜子、细纱手套等。

（4）辐射控制区出入口进出程序：核电厂都设置了辐射控制区出入口，并制定了出入口进出程序，在辐射区内工作的人员应该严格按照规定的程序进出辐射控制区出入口。

3. 辐射控制区物品进出管理

（1）物品的带入：需要带入辐射控制区的物项必须符合辐射区控制管理规定。尽量减少带入辐射控制区的物品数量，原则上使用多少带入多少。带入辐射控制区的物品尽量去除外包装物。控制区内专用工具间已有的工具，尽量不要带入。

（2）物品的带出：所有带出控制区的物品必须经过污染检查：如污染水平超过控制标准，则去污至合格；不能去除，有固定污染则需按要求严格包装，否则不得带出辐射控制区。带出物品表面污染（包装外）控制在：$\alpha \leqslant 0.04\ Bq/cm^2$，$\beta \leqslant 0.4\ Bq/cm^2$。小件物品或工具带出辐射控制区时用小物品污染检查仪进行表面污染测量。大件物品或工具需从其他通道撤离控制区前，事先必须通知辐射防护部门，经由辐射防护人员检测后，符合控制标准方可带出辐射控制区。

五、放射性废物与放射源的管理

1. 放射性废物管理目标的要求和原则

放射性废物是指来自实践或干预的、预期不会再利用的废弃物（不管其物理形态如何），它含有放射性物质或被放射性物质污染，其活度或活度浓度大于程序规定的清洁控制释放水平，并且它所引起的照射未被清除。

核电厂的放射性废物是指来源于核电厂运行、检修过程中不再加以利用的废物，对这些放射性废物的产生、储存过程应进行有效管理，以便使其产生量达到尽量少和对电厂的工作人员与公众造成的辐射照射尽量小。

放射性废物的管理主要包括废物的收集、转移、减容、贮存等活动。

（1）放射性废物管理的目标：采取一切可行的措施管理放射性废物，确保公众健康及环境不论现在或将来都得到足够的保护，且不给后代增加不适当的负担。

（2）放射性废物管理的要求：采取有效的控制措施，确保放射性废物及其管理活动所应引起的对工作人员和公众的辐射照射不超过国家有关法规和标准的规定，并保持在合理可行尽量低的水平。

2. 放射源的管理

核电厂的放射源是指用于测量、仪表标定等人工制造的具有放射性的物质。它的来源不是反应堆自身，而是外部带入或购买的。对放射源的订购、入库、保管、使用、报废等全过程必须进行严格的管理，避免发生意外照射和放射源丢失事故。核电厂的各种放射源，它们的分类如下：

按射线性质分类有：α源、β源、γ源和中子源。

按物理状态分类有：固体源、液体源和气体源。其中固体源按几何形状又可分为点源、线源、面源和圆柱源等。

按工作性质分类有:仪器工作源和检查源,校准仪器用的标准放射源等。

六、压水堆核电厂的辐射来源及危险

除了用于仪器、仪表、设备等的放射源,核电厂的人工放射性的产生的根本原因是堆芯核燃料的裂变。

不同的放射性核素产生的途径,在核岛厂房主辅系统中的运动规律以及在厂房和环境中的存在方式不同,辐射风险的程度和预防措施也不同。

1. 放射性核素产生的物理原因

(1) 裂变产物

一个未经初始临界(或次临界实验)的反应堆是十分“干净”的。作为核燃料的铀元素放射性极低,此时主系统冷却剂没有放射性,辅助系统设备、管道、阀门等也没有放射性。随着反应堆初始启动,燃料元件中的铀-235 开始裂变,铀原子核分裂的 2 块(少数是 3 块)碎片,这些裂变碎片(原子核)绝大部分都是不稳定的,将通过放射性衰变的形式转变为另外一种核素。衰变时将释放出 β 射线及伴随着 γ 射线,对某些原子序数大于 82 的核素,可能释放出 α 射线。如果衰变后的原子核(即子核)还是不稳定的,子核将继续衰变,形成一个放射性衰变链,直到某一稳定核素为止。

每次裂变中还将伴随 2~3 个中子的释放,这些中子的存在,一方面维持了裂变反应的继续不中断地进行下去,另一方面这些中子本身也是一种危害极大的电离辐射,而且是它的存在会引起了系统中的活化产物的产生。

(2) 活化产物和腐蚀产物

准确地说,这里所说的腐蚀产物该是特指腐蚀活化产物。

裂变反应产生的中子,其能量上限可以达到 18 MeV,平均能量为 2 MeV 左右。作为微观粒子,中子可以轻易地穿出元件芯块及包壳,进入反应堆主冷却剂(慢化剂)中,快中子和反应堆的结构材料、堆芯冷却剂(慢化剂)、控制反应性的物质(硼酸、可燃毒物、控制棒等)、一回路主设备、管道压力边界腐蚀脱落的腐蚀产物及其他化学添加剂等产生核反应形成放射性物质。

这些原来没有放射性的物质和中子反应后形成的放射性物质称为活化产物,而原本不在堆芯,因腐蚀和水力冲刷进入堆芯,受到堆芯中子照射而活化的物质,称为腐蚀产物。实际上腐蚀产物也是活化产物的一类。

中子具有很强的贯穿能力,可以穿透屏蔽层,进入反应堆厂房的自由空间,并在整个厂房中扩散。中子还可以使空气中的氩-40 活化,形成放射性核素氩-41。

2. 主系统中放射性物质的迁移

(1) 裂变产物进入主冷却剂

裂变产物绝大部分被阻止在芯块内部,但惰性气体等进入芯块和包壳之间的空间中。即使元件包壳完好,铀的三元裂变产生的氚仍可以渗透出包壳;当元件包壳的完整性受到破坏时首先是惰性气体进入到主冷却剂中,而后卤素及其他元素也会进入到冷却剂中。元件外表面残留的铀元素及元件的早期破损,可能使冷却剂中检测到少量的裂变产物。此外,控制棒组件、次级中子源组件等的破损,也导致放射性物质(非裂变产物)也可进入冷却剂。

放射性物质被主冷却剂带到堆芯，经过主管道、蒸汽发生器、主冷却剂泵及稳压器等设备，由于热工参数发生变化，放射性物质特别是腐蚀产物停留在设备及管道的内壁，使整个主系统压力边界附着或沉积有放射性。

(2) 放射性物质从主系统向辅助系统转移的途径

化学和容积控制、余热导出(停冷)、取样、疏排等系统与主系统之间通过常开或常闭的阀门相通。主系统中的放射性物质以水作为载体，通过这些系统的几个必经之路进入辅助系统及辅助厂房。

(3) 辅助系统中放射性物质的转移

反应堆正常运行期间主回路水通过化容下泄、过剩下泄、取样系统管线进入辅助厂房；余热导出(停冷)系统投入时通过余热导出(停冷)系统进入辅助厂房。

正常运行期间安全壳内有关阀门、设备的密封引漏；卸压时安全阀动作，停堆检修期间主设备、主管道疏水、充排水等进入疏排系统。疏排系统水被送到辅助厂房废液系统。

3. 放射性物质对作业场所人员的照射途径

主辅系统设备、阀门管道内的水分及腐蚀活化产物的沉积，当解体或外漏时，还可能造成污染，这些设备主要有：

1) 主系统、主设备、主管道：在反应堆运行期间有极高的氮-16 放射性(反应堆厂房功率运行时还有很强的中子辐射，停堆后腐蚀产物、裂变产物沉积)。

2) 化学和容积控制系统：下泄热交换器、床前床后过滤器、净化床、除锂、除硼床、容控箱水及气空间以及轴封回流过滤器、轴封回流热交换器。

3) 硼回系统：混床过滤器、混床、蒸发器。

4) 主冷却剂泵轴封系统：高压冷凝器、高压过滤器。

5) 取样系统：高压取样冷却器、中压取样冷却器。

6) 废燃料净化系统：混床前过滤器、混床后过滤器、废燃料池混床。

7) 余热导出(停冷)系统：停堆冷却泵、停冷热交换器。

8) 废气处理系统：废气衰变箱。

9) 疏排水系统：疏排水箱、疏排水箱、堆腔坑、堆腔坑泵、污水泵等。

10) 废液系统：T1 接收槽、T1 输送泵、T1 供料泵、T2 水池、T3 水池、T2 供料泵、T3 排放泵、污水泵、蒸发器、预热器、排放泵、净化床。

4. 辐射水平较高的作业

(1) 反应堆厂房主要的高剂量率作业

换料大修期间，大部分高剂量区域工作是在反应堆厂房内(如表 3-7 所示)。

表 3-7 反应堆厂房主要高剂量作业项目举例

序号	作业内容	典型工时/人·h	典型集体剂量/人·mSv	可能接触到的高剂量率/(mSv/h)	污染风险
1	一回路管道设备在役检查	3 000~6 000	50~80	<5	中
2	一回路阀门解体检修	3 000	50	<5	高

续表

序号	作业内容	典型工时/人·h	典型集体剂量/人·mSv	可能接触到的高剂量率/mSv/h	污染风险
3	脚手架搭拆作业	2 500	40	<2	低
4	厂房去污、废物收集其中， 01#换料水池低跨去污	6 000 60	30 3	约 5 热点>10	高 极高
5	保温层作业	1 000	30	<3	高
6	SG 二次侧冲洗	800	20～40	<3	中
7	SG 一次侧拆/装堵板	20	10～40	20～40	高
8	装料准备工作	1 000	10	>10	高
9	稳压器作业	300	5～10	5～10	中

(2) 反应堆辅助厂房主要的高剂量率作业

换料大修期间，反应堆辅助厂房内作业远没有反应堆厂房内多，主要是那些在反应堆运行期间由于设备必须投入运行或不允许停役的设备。当这些设备作定期预防性解体检修时，人员可能受到一部分照射剂量(如表 3-8 所示)。

表 3-8　辅助厂房主要高剂量作业项目举例

序号	项目名称	工时/man·hr	典型集体剂量/man·mSv	典型剂量率/mSv/h
1	余热导出(停冷)泵解体检修(1 台)	200	10	<2
2	余热导出(停冷)热交换器解体检修(1 台)	300	15	<1.5
3	下泄热交换器解体检修(1 台)	50～10	5	<1.5
4	一回路系统过滤器芯更换(1 个)	10	<1	1～1 000

(3) 地面及体表污染风险较高的作业

核电厂核岛厂房内地面及体表污染风险较高的典型作业如表 3-9 所示。

表 3-9　地面及体表污染风险较高的典型作业

序号	作业类型或地点	原因
1	换料水池去污	飞沫、接触、爬竖梯
2	蒸汽发生器拆/装堵板	接触、蒸发
3	阀门解体	接触、疏排残液
4	容器水池类作业(包括 T2、T3 水池、换料水箱等)	接触、蒸发
5	部件去污、废物收集	接触
6	阀门(芯)研磨	粉尘

(4) 空气污染及内照射风险较高的作业

核电厂核岛厂房内空气污染及内照射风险较高的典型作业如表 3-10 所示。

表 3-10 空气污染及内照射风险较高的典型作业

序号	作业类型或地点	原因
1	换料水池去污	飞沫
2	蒸汽发生器拆/装堵板	蒸发
3	容器水池类作业	蒸发
4	阀门(芯)研磨	粉尘

5. 造成人员受照剂量及污染、废物量升高的原因

有许多因素会导致检修作业人员的受照剂量升高，或放射性污染以及放射性废物的产生量及向环境释放量升高。

(1) 一回路设备管道总体辐射水平

换料大修期间一回路设备、管道的辐射水平对大修集体剂量影响是很大的。有些作业的集体剂量直接和辐射水平成正比。这些作业中，作业人员大部分时间都在设备旁边进行操作。部分工作可以通过使用远程工具或转移部件等方法减少照射剂量，或者采用局部屏蔽的方法提高防护效果。

一回路管道设备的辐射水平与腐蚀产物、裂变产物的量相关，因而也与一回路水质及净化效果有关。氧化运行的效果最终影响了一回路的辐射水平。一回路腐蚀产物造成的放射性与主设备、管道所用的材料也是有关的，部分核素在堆芯会被活化。

(2) 检修计划、时间安排与工作组之间的协调

一次大修持续时间一般要持续 1 个月。对某些剂量较大的作业，如低水位阀门检修，可以将时间适当推后进行以延长核素衰变时间，而先进行剂量较低的作业。

不同的作业班组可能被安排在同一地点或同一设备进行不同内容的作业，良好的工作协调有利于提高防护效果的有效性。

(3) 对风险的估计不足

真正风险的是那些不知道的风险，对于那些已经预计到的风险，通过采取预防措施来有效规避，比如隔离、冲排、屏蔽、引漏管或容器、吸水棉、无纺布防护服以及剂量限制时间控制等。

对风险的预计和对系统、设备的特性的了解以及检修、防护经验有关，也和检修人员的失误有关。某些与容器、水池等相连且无法隔离的阀门解体时，要防止虹吸现象的产生，一旦产生虹吸现象，会往房间流出大量的液体，可能造成地面及人体的严重污染；对热交换器等设备，内壁积水及大气封闭的水柱可能使残余积水比预期的多；对于容器，在疏排过程中，应该确认水已经全部排干；特别是大的容器，由于支承的跨度比较大，原本平坦的底部可能在重力、热应力或外力作用下出现凹坑或者疏排口没有处于最低位置，都可能造成容器底部疏排不畅而存在积水，人员进入作业时可能被沾污。

现场条件的变化也可能使低剂量区域或低剂量的工作变得比原来高。比如水位降低过程中，不仅使屏蔽减弱，还可能使某些热点、残渣等露出水面，使辐射剂量率在短时间内升高。

七、高辐射风险作业

以下以压水堆核电厂部分典型工作为例，对高辐射条件下作业辐射防护工作进行介绍。

1. 功率运行工况下进入反应堆厂房作业

(1) 概述

反应堆厂房内的压力容器、蒸汽发生器、主冷却剂泵和稳压器等相关设备是核电厂的核心设备，所有设备的状态都关系到电站的稳定运行。因此，在功率运行工况下有必要进入反应堆厂房进行作业，包括定期与不定期的巡检、部分小缺陷的处理等。

(2) 辐射风险分析

1) 外照射的风险：核反应堆是电站辐射场的源头，在功率运行工况下主要有中子和 γ 辐射。在厂房设计、建造中，根据辐射场的强度不同，将压力容器利用一次生物屏蔽墙进行屏蔽，蒸汽发生器、主冷却剂泵和稳压器等相关设备利用二次生物屏蔽墙进行屏蔽。因此，将反应堆厂房按辐射场强度的高低分为以下 3 个区域，分别为压力容器底部区等一次屏蔽墙内、主设备间等二次屏蔽墙内、大厅及各层环廊。对中子和 γ 外照射的辐射防护是重点。

2) 污染的风险：反应堆厂房在运行期间是全封闭的，由于空气被电离和系统的微量泄漏，整个厂房内的空气是有放射性的，空气污染的防护也是重点。运行时一般不会有放射性的水漏出，表面污染的防护不需要特别考虑。

(3) 外照射的防护

1) 选择低功率工况或降低功率：反应堆厂房的中子和高能 γ 的辐射水平与堆功率成正比。进入反应堆厂房作业，如果条件允许，尽可能选择低功率工况，如在电站主气门试验时安排进入反应堆厂房巡检。对主设备间内的设备进行检修，考虑超剂量限值的因素，应降低功率甚至停堆。

2) 缩短时间：尽可能缩短在反应堆厂房内的作业时间，尤其是减少在反应堆厂房换料大厅的停留时间，这是降低剂量的有效措施。

一般情况下，严禁进入主设备间进行作业。根据工作需要，必须在功率运行工况下进入主设备间作业，辐射防护人员全程监督执行事先确定的时间限值，如主冷却剂泵房间的油位检查和加油等。

(4) 内照射的防护

正常的巡检作业：反应堆厂房一般不进行扫气排风，工作人员佩戴自背式呼吸器。

检修作业：反应堆厂房一般需要进行扫气排风，工作人员佩戴活性炭过滤面罩。

2. 蒸汽发生器水室一次侧作业

(1) 概述

蒸汽发生器(简称 SG)是核电厂一回路最重要的设备之一。作为压水堆核电厂一、二回路的热交换设备，对于保持反应堆的正常运行状态，以及事故工况下保证反应堆安全起着重要的作用。蒸汽发生器传热管还作为主系统压力边界的一部分，有“安全屏障”的功能，为了保持核电厂的安全运行，在换料大修期间，一般都要安排传热管一次侧涡流检测。SG 进出口接管焊缝射线检测，SG 水室内表面电视检查，而这些检查和检测的设备都要通过蒸汽发生器人孔进入水室,因此每次换料大修都要进行蒸汽发生器人孔的开合以及一次侧堵板的拆装工作。

(2) 辐射风险分析

SG 一次侧水室在运行时流动着一回路的高温、高压、高比放的冷却剂,通过热应力、化学作用和中子活化,水室的内表面被活化,形成一个高辐射、高污染放射源。

在 SG 人孔的开/合过程中,辐射的主要来源于 SG 筒体本身、一回路主管道及人孔周围相关的阀门管道的贡献,一般在 0.15～0.60 mSv/h。在其周围的部分阀门管道可能存在较高的"热点",如 SG 底部的输水管、测温旁路管及余热导出(停冷)管道阀门,可采用临时的铅屏蔽降低剂量。人孔盖板打开后,盖板表面存在较高的表面污染,需要特别注意转移过程中人员的污染防护。

SG 人孔拆开后,人孔处环境剂量率在 10～20 mSv/h,SG 传热管的涡流检测,SG 进出口接管焊缝的射线检测,SG 水室内表面电视检查都需在人孔处安装涡流检测和电视检查的机械臂,射线检测的源定位装置。降低剂量的最有效途径为减少在人孔处的停留时间,SG 水室中接触剂量率在 20～45 mSv/h,尤其是上管板为最高。降低剂量的最有效途径为减少在水室中的停留时间,一次侧堵板的拆装工作,熟练程度和工器具的好坏直接影响作业时间。特别需要注意,废物收集袋往往会成为一个高放的热点,工作中需及时转移,降低环境剂量率。

工作人员在作业过程中直接接触人孔密封面和水室内表面,不但要防止外照射,还要防止表面污染和内照射。水室内部温度、湿度很高,空气放射性浓度很高,工作中容易出汗、吸入而形成内照射;涡流检测,电视检查机械臂装拆人员和射线源定位装置装拆人员在人孔处装拆设备也存在极大的污染风险;堵板辅助人员在协助堵板人员出入 SG 人孔和搬运堵板时也存在极大的污染风险。

(3) 辐射防护措施

1) 外照射的防护

人孔附近的管道(如 SG 底部输水管)根据辐射状况进行屏蔽。确认主系统水位和压力符合开人孔条件。

所有拟参加堵板作业人员进行模拟演练,以检测工作程序,挑选合适的人员,提高作业人员的熟练程度,缩短工作时间。工作中的相互讨论及等待应在"低剂量等待区"进行。

2) 污染的防护

① 人孔周围地面网格铺设塑料布。搭设 SAS(副压工作间)。

② 开人孔前、后佩戴活性炭过滤面罩。

③ 出入隔离区由辐射防护人员专人管理,并负责填写 RP 跟踪单。

④ 辅助工作人员作业时加穿无纺布工作服,防止体表污染。

⑤ 堵板人员:无纺布工作服、外供气头罩、鞋套;头部、脚部、手部各增加一个剂量计。

⑥ 堵板时,辐射防护人员在周围监护,并进行时间控制。

⑦ 堵板作业人员的外层防护服由隔离区的管理人员在隔离区域除去。

⑧ 堵板拆除后,就地用塑料布包装后转移。

⑨ 涡流检测和电视检查机械臂装拆人员和射线源定位装置装拆人员:除穿戴基本防护服外还需附加以下防护用品:纸衣、外供气头罩、塑料鞋套和手套。

3. 反应堆压力容器进出口接管焊缝射线和液体渗透检测

（1）概述:反应堆压力容器(简称RPV)是反应堆冷却剂压力边界的重要部位,它用来包容和固定压水堆的堆芯和堆内构件,为了保证冷却剂在高温时不沸腾,它能承受 15.5 MPa 左右的工作压力,且经得起强中子和射线的辐照。RPV是核电厂一回路最重要的设备之一,是防止放射性物质外逸的第二道屏障之一。

（2）为了保持核电厂的安全运行,一般在每十年一次的完整大修期间,都要进行一次RPV进出口接管安全端焊缝射线检测和液体渗透检测。

4. 放射性去污

（1）概述

放射性去污的目的是去除物体表面的放射性物质,这并不能将放射性物质“消灭”,只能起到转移的作用。放射性去污可分为两大类:

干法,一般包括清扫、吹脱和真空吸脱法、喷砂抛光法、可剥离膜法等三种。

湿法,又可分为喷射水和蒸汽去污、水或溶液加刷子去污、超声波去污等。去污介质根据设备的形式和材料选定。

（2）辐射风险分析

放射性去污属于开放源作业,各种环境比较复杂,因此,作业场所可能存在很高的外照射和污染的风险,如换料水池的去污等。

（3）辐射防护措施

1）外照射防护

工作中的等待在低剂量等待区。合理安排作业人数,避免人多、效率低的情况。工作人员按照现场辐射防护人员的要求,尽量避开剂量较高地点。

2）内照射防护和污染控制

对水池、容器的去污,尽可能投入空气净化小车和排风扇。下水池用水枪冲洗时,工作人员必须穿无纺布外衣,必须佩戴供气面罩或过滤面罩。清洗作业时,水管可能被污染,工作结束后,应对水管去污。脱无纺布工作服时,防止交叉污染,应有专人协助。工作人员在工作前后必须接受内照射检查。

第六节　现场急救

随着急救医学发展,现场急救已从过去单纯的现场抢救转变为院前急救。院前急救包括现场急救和转送途中救护,它是整个急救中最早期、最重要的一个环节,直接关系到院内急救的成败。大型企业多远离市区综合性医院,一味依靠这些综合性医院完成院前急救,是不现实的。企业本身必须具备一定的院前急救能力,培训自己的救护员,满足院前急救的需要。

一、概述

1. 急救系统

核电厂在半径 20～30 km 范围内,没有大型综合性医院,救护车平均转送重伤员时间超过 25 分钟,对电站的院前急救工作十分不利。建立电站急救系统的基本主导思想是依托社会“120”急救系统,充分有效利用电站急救设备、设施,由现场救护员和现场医务人员共同完成院前急救任务。具体操作上就是主控室指挥协调,现场急救员在第一时间实施现场抢救,随后电站医务人员实施救护及早期治疗,并在现场急救员配合下,安全迅速地转送伤员。

2. 急救原则

电站急救的主要目的是减少伤员死亡率,降低伤员致残率。此外也要减轻伤员痛苦,保护伤员不受二次损伤,保护救护者自身不受损伤。救护伤员基本的原则是:

(1) 消除致伤因素

事故现场首先是抢救伤员,救护员要真正了解“抢救”二字的含义。抢救伤员最基本的原则是“先抢后救”。所谓“抢”就是指消除那些威胁生命的致伤因素,包括将伤员暂时转移到现场安全的区域。如将伤员撤出火场,设法使伤员从电源上脱离下来等。救护员接触到伤员后,就了解和判断伤员的受伤原因,如果还存在其他致伤原因也应迅速消除,但要注意,凡异物插入伤员体内,切不可贸然将异物拨出,以免造成难以控制的大出血或内脏器官膨出。消除致伤因素应包括保护伤员不要遭受二次伤害,以及救护员自身不受伤害。例如要警惕切断电源后,二次电源供电或系统反送电,造成的二次触电。高辐射区急救,要防止因过量照射而产生辐射损伤等。

(2) 维持基本的生命体征

人体“死亡”的基本特征就是呼吸心跳停止,而工业事故造成的许多伤员,在入院前呼吸心跳是停止的。院前急救最根本的目的是尽一切可能保证伤员是“存活”状态,应避免将“死亡”伤员未经任何急救,“抬起伤员就走”,直接送往医院。因此将伤员转移到安全区域急救时,要首先观察伤员的呼吸心跳是否存在,如无呼吸心跳则应立即开始心肺复苏,用人工的方法维持伤员的基本生命体征。只有这样才能真正为院内急救赢得宝贵的时间。

(3) 先重后轻处理伤员

工业伤亡事故往往是突然快速发生,现场的急救条件和能力有限,但是无论发生何种类型的伤亡事故,要使有限的救护资源达到最好的急救效果,就应当遵循先重后轻的急救原则。先重后轻的原则具体体现在:先复苏后固定;先止血后包扎;先重伤后轻伤;先抢救后转送等方面。群伤时首先将伤员分类,复合伤、多发伤时首先处理威胁生命的伤情。一般而言,伤员呼吸心跳停止是最紧急的情况,属最先处理的伤情;大出血、内脏器官脱出等开放性损伤短时间内即可威胁伤员生命,应紧急处理;骨盆骨折、四肢骨骨折、脊柱损伤、大面积烧伤等也是严重损伤,应列入优先急救的范围。按受伤部位来分,头、胸、腹部损伤的严重性大于四肢损伤的严重性。在实际操作上通常是维持伤员心跳,保证呼吸道通畅,控制大出血,保护固定膨出的内脏器官,堵住胸部有开放的伤口(即将开放性气胸变为闭合性气胸),骨折固定等。

(4) 迅速有效地处理伤情

院前急救是一种临时的医学应急措施而不是系统的医学救治,因此院前急救处理伤情强调迅速、有效。救护员救治伤员前,一般都有一个简单的询问、检查、判断过程,清醒的伤员通过询问大致就可了解伤情,昏迷的伤员可按从头到脚的顺序进行检查,根据不同伤情和现场条件,因地制宜采取不同的急救措施。常用的急救措施有:心肺复苏、包扎、止血、固定、搬运等。

(5) 及时安全转送

院前急救与院内急救的目的不完全一样,院前急救是使伤员能安全的转送到医院,院内急救才能最终使伤员完全康复。资料显示,伤员转送平均时间越短,伤员死亡率越低。转送伤员一方面强调要快,不要无谓地在现场耽误抢救时间;另一方面也强调要安全,转送过程伤情必须平稳。过去那种"抬起来就跑"的急救方法在国际上已基本被"暂等并稳定伤情"这样一种思想所代替。这一思想已经表明,可以有效地降低战争与和平时期急救中的死亡率和致残率。在"暂等并稳定伤情"时,并不是把伤病员搁置不管,而是救护员在紧张地为马上转送伤病员做应做的开放气道、心肺脑复苏、控制大出血、骨折固定等。转送应有必要的救护手段和转送工具,救护员应该把握好转送时机。比较理想的转送时机是:伤情得到了控制,伤员基本生命体征大致稳定,在整个转送过程中伤情不会迅速恶化。现有的急救条件和急救能力如果不可能控制伤情,那么迅速就近转送将是唯一的选择。

3. 电站救护员急救技能要求

电站普通救护员应熟悉电站急救系统和急救程序,能独立完成心肺复苏术和电击除颤,能正确地为伤员进行止血、包扎、固定、搬运,能快速消除触电、溺水等伤员的致伤因素。如果救护员本身也是一名工作负责人的话,要求他还能根据生命体征(体温、脉搏、呼吸、血压)和受伤原因初步判断伤员的伤势、伤情,具有各种灾害下特别是火灾时逃生的技能,对交通意外伤、高空坠落伤有一定认识,对头、胸、腹的外伤有较强的急救知识,具有良好的辐射防护知识,能自行进行体表去污,能对伤员进行一定的心理支持等。

二、心肺复苏

心肺复苏的国际技术规范最近一次修改时间是 2020 年。心肺复苏是针对呼吸心跳停止所采取的抢救措施,以人工呼吸代替伤员的自主呼吸,以胸外按压形成暂时的人工心跳并诱发伤员恢复自主呼吸和心跳,是阻止伤员从"临床死亡"到"生物学死亡"的有效手段,是现场挽救伤员生命最为实用的方法,对电站的院前急救有十分重要的意义。

1. 概述

脑组织不仅需要氧供应量很大,而且对缺氧耐受性很差,心跳停止 10 秒钟脑内可利用的氧已将耗尽,会出现神志不清,随之呼吸停止,2～4 分钟后,低能的无氧代谢也会停止。4～5 分钟内供应脑能量的三磷酸腺苷(ATP)也将耗竭,所有反应均停止,导致脑细胞缺氧、肿胀、损伤,引起水肿,出血、坏死,最终引起脑死亡。实践也证明,在心跳停止后 4 分钟内开始复苏,复苏成功率最高(见表 3-11),所以我们把心跳停止 4 分钟内的时间称其为心肺复苏的"黄金时限"。心肺复苏能否成功,关键是看复苏开始的时间。电厂作业有许多风险,其中触电、缺氧窒息、吸入烟雾、溺水、严重创伤等将直接导致伤员的呼吸心跳停止。伤员一旦发生呼吸心跳停止,我们就必须立即行心肺复苏术,坚决杜绝那种不做任何抢救,抬起伤员就走的错误做法,在这方面我们已经有血的教训。

表 3-11 复苏成功率与时间关系

复苏开始时间/min	复苏成功率/%
＜1	60
1～2	45
2～4	27
4～8	20
8～12	0

新的《国际心肺复苏与心血管急救指南 2020》与过去的相比，在实践和研究的基础上改进和简化了操作，更新了观念。例如无须判断有无大动脉搏来决定是否需要行心肺复苏；胸外按压与人工呼吸的比统一为 15:2；人工呼吸前无须盲目地寻找和清除呼吸道的异物；强调现场抢救人员早期使用自动体外除颤仪(AEDs)等。

2. 心肺复苏操作步骤

(1) 快速判断

快速判断伤员有无呼吸心跳是心肺复苏的第一步。如果伤员意识丧失，感觉不到伤员存在呼吸运动后就应当为伤员行心肺复苏。需要注意的是在开始心肺复苏前一定要呼救报告，寻求救援支持。

判断意识的方法：轻拍轻摇伤员的肩背部，大声呼叫伤员(如"你怎么了？""睁开眼"等)观察其有无反应，如果伤员无任何反应就可认为伤员的意识丧失。同时还可配合强刺激伤员的人中、合谷等疼痛敏感区协助判断。

判断呼吸的方法：判断伤员是否存在呼吸，主要是根据救护员的感觉来综合判断。首先救护员要看伤员的脑腹部有无呼吸运动的起伏，再用面部贴近伤员的口鼻部，感觉伤员有无呼吸的气流，同时侧耳细听伤员有无呼吸的气流声。在实际操作中，判断呼吸的同时也完成了开放气道的动作。判断呼吸时须注意，反射性的喘息可以发生在心脏停搏的早期，不要误认为是正常的呼吸。

判断心跳的方法：现场判断心跳必须触摸大动脉搏动，通常触摸的大动脉是颈动脉和股动脉。颈动脉在颈部胸锁乳头肌内侧，气管外侧的深部，股动脉在大腿根部内侧深部。我们在判断心跳时，需要食指和中指并拢，且不可用大拇指和食指同时触摸双侧的颈动脉。其他佐证伤员心跳停止的表现有：心音消失，新鲜的伤口不出血，瞳孔散大等。

新的复苏指南推荐，快速判断只需要查看呼吸、对刺激的反应和其他循环体征，要求在 10 秒钟之内完成。由于心跳停止 3 秒就会出现头昏，心跳停止 10～20 秒就会发生晕厥，听觉、痛觉都会丧失，心跳停止 30～40 秒就会出现抽搐、瞳孔放大，心跳停止 60 秒后呼吸也会停止。所以在判断意识过程中伤员有任何语言和动作上的反应，都不是心跳停止的表现。

(2) 摆正体位

心肺复苏时的正确体位是平卧位。摆正体位包括两个内容，一是要求将伤员放置在平坦的地面或是没有弹性的床上，地面不得有金属屑、铁钉等坚硬异物，或者在伤员的背后垫上木板。需要为伤员除颤时，还应避免伤员肢体通过金属物体与外相连；二是要松开伤员的衣扣、领带、裤带、紧身衣等，以免影响呼吸通畅，当伤员有义齿时，应设法取出。当伤员处于俯卧位时，应将伤员的一侧上肢上举，使头、颈、肩和躯干同时转动而不发生扭转，然后顺势将伤员整体搬动成仰卧位。

(3) 开放气道

开放气道是心肺复苏第一个关键步骤。人体死亡后全身肌肉松弛,由于下颌肌群的松弛使得舌根后缩,堵住了气管的开口,加之气管本身塌陷,都影响了呼吸道的通畅。伤员无意识后,舌根后坠是最常见的梗阻原因。将伤员头部放置成适当的过伸过仰位,即将下颌向上向前推动,使舌体抬高离开喉头和咽部,就能开放气道。开放气道有三种方法(如图 3-4)。

图 3-4 开放气道的三种方法

仰头抬颏法。救护员在伤员头部的一侧,用一只手的小鱼际部放在伤员的前额,向下、向后推,同时用另一只手食指、中指放置到伤员的颏部,向上、向前搬,使伤员的头部向后向上仰起,下颏和耳垂连线与水平面垂直,手指不要压迫软组织。这种方法简单易行,是我们推荐开放气道的方法。

仰头抬颈法。救护员在伤员头部的一侧,用一只手的小鱼际部放在伤员的前额,向下、向后推,同时另一只手掌心向上,放于伤员颈后向上、向前抬,使伤员的头部向后、向上仰起。这种方法操作空间较大,也是一种常用的开放气道的方法。

托颌法。救护员在伤员头部的上方,二肘关节支撑在伤员仰卧的平面上,双手食、中、环指分别放置在伤员的左右下颌骨处,用力将下颌角拖起,这种方法比较适用于头颈部受伤的伤员,但操作起来较前两种方法略复杂些。

(4) 人工呼吸

人工呼吸是心肺复苏的第二个关键步骤。过去一直强调人工呼吸前一定要先清除呼吸道内的异物,新的心肺复苏指南则要求不必盲目清除呼吸道异物,只是在发现呼吸道不通畅有异物时,才加以清除。正常情况下一般都采用口对口的人工呼吸法,只有伤员口部外伤等不适宜行口对口的人工呼吸时,才采用口对鼻人工呼吸法。由于人体死亡后双肺可能发生萎陷,所以首次开始人工呼吸时要求救护员用拇指和食指捏住伤员鼻子,深吸一口气,用嘴唇封住伤员的口,对准伤员口部吹气,气量可稍大一些,连续 2 次,以每 5 秒吹气一次的频率进行。以后的人工呼吸,每次吹入两口气,按 12 次/分的频率进行呼吸支持。每次吹气完毕应将口移开并作深吸气,伤员凭其胸肺的弹性被动地完成呼吸。观察到伤员有胸廓起伏,伤员呼气时听到和感觉到气体流动等是人工呼吸有效指标。有效的人工呼吸可以使伤员的血氧分压达 10 kPa(75 mmHg),血氧饱和度大于 90%。为了达到这一标准,要求吹气时不能漏气,救护员必须捏住伤员的鼻孔并在吹气时自己的嘴要完全将伤员的嘴包裹住;吹气前一定要深吸气,吹气量一定要足够,每次吹气量在 800~1 200 mL,并注意观察伤员胸部的起伏;每次吹气的时间为 2 秒以上。人工呼吸的操作者极易疲劳,必要时可换人操作。吹气量过大和过快,可能使咽喉产生的压力提高,食道开放,气体进入胃内,导致胀气,明显的胃胀气可能增加胃返流。吹气困难的常见原因是由于气道开放不好,开放气道后如果还有吹气困难,应注意清除气道异物。

(5) 胸外按压

胸外按压心脏是心肺复苏的第三个关键步骤。胸外按压之所以能使心脏排血,是由于心脏在胸骨和脊柱之间直接受压,以及胸外按压时胸腔内的压力变化传递到胸腔内的心脏和大血管所致。这两种机制我们称为“心泵机制”和“胸泵机制”。近来研究认为:胸泵机制是使心脏排血的主要机制,心泵机制是次要的。但无论其机制如何,只要是正确的操作,都可以建立起有效的人工循环,使动脉压达到 8～11 kPa(60～80 mmHg),从而基本保证了脏器特别是大脑的血供,避免了脑细胞的死亡。

胸外按压首先就是要确定按压点(见图 3-5)。人体上腹部两侧,可触及肋弓,沿双肋弓向上的交点处可触及剑突,剑突上 4～5 cm 处就是按压点。此点也相当于人体胸部正中胸骨的上 2/3 与下 1/3 的交界处。救护员应紧靠患者一侧,并根据患者位置高低,分别采取跪、站、踩脚凳等姿势,以保证按压力垂直并有效地作用于患者胸骨。正确的按压姿势是:救护员位于伤员的一侧,将一手的根部置于按压点,另一手掌根覆于前者之上,手指向上翘起展开或交叉相扣,双两臂与伤员胸部垂直且伸直,以髋关节为支点,凭自身重力通过双肩和双掌,向胸骨加压,使胸骨下陷 4～5 cm,然后立即放松,但双手不要离开按压点,使胸廓自行恢复原位,如此反复操作。胸外按压须注意的是:按压的频率为 100 次/min,按压与放松的比例为 1:1,每按压 15 次后须进行人工呼吸 2 次(即按压吹气比为 15:2)

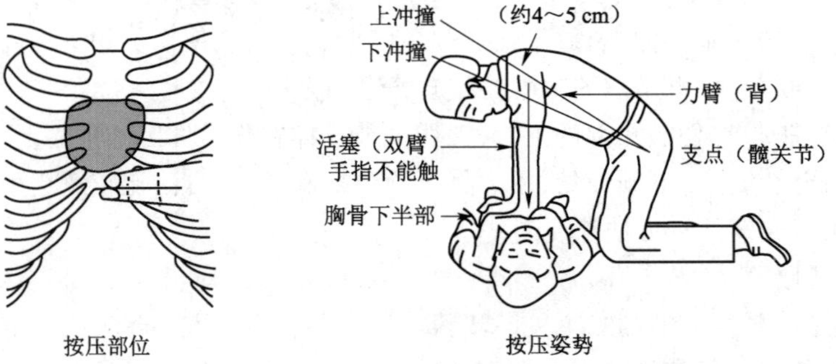

图 3-5 胸外按压

3. 电击除颤

电击除颤也是心肺复苏的关键步骤。研究发现,大多数伤员心跳停止前心肌都会发生细微的颤动。电击除颤是消除心肌颤动的最有效方法,如果用电击除颤的方法消除心肌的颤动,伤员是可能恢复自主心跳的。实践证明,一个心跳突然停止的伤员,每提前除颤 1 分钟伤员的成活率就增加 7%～10%,在心跳停止后 4～10 分钟除颤,不仅能提高复苏成功率,而且还减少了神经系统的并发症。过去并不强调现场心肺复苏必须要行电击除颤,除颤是专业急救员的工作。新的心肺复苏指南对此做了重大改进,不仅强调现场心肺复苏中除颤重要性,而且还将这项工作交给现场救护员完成(如警察、消防员、飞机乘务员、保安等)。按国际上的要求,现场急救时应在 5 分钟内进行除颤。当然现场急救的实际情况往往是,首先进行人工呼吸和胸外按压,待除颤仪到场后再进行除颤。为了保证除颤安全,目前广泛使用的是自动体外除颤仪,它使用起来安全可靠,能报告伤员是否有心肌颤动和是否需要除颤,具有良好敏感性和特异性。

4. 复苏后判断及终止

将一组吹气和一组胸外按压算作一个循环,首次 4 个循环后应检查伤员的生命体征恢复情况。除非伤员恢复有效的自主呼吸和心跳,否则心肺复苏就不能停止。在心肺复苏的过程中,伤员的脑部能随救护员的吹气动作而起伏,胸外按压时能触及到大动脉的搏动,表示操作有效。伤员出现面色红润,瞳孔缩小,角膜反射,手指微动,挣扎,肌张力增强,呼吸运动等都是复苏有效的标志。国内外已有大量经过长时间心肺复苏,成功抢救成活伤员的报道。现场救护员不得自行中止心肺复苏,伤员在搬动转送过程中也不能停止,即使是在上下救护车或上下楼时,中断心肺复苏的时间也不宜过长。只有在医务人员到场后,由医务人员确定是否终止心肺复苏。

5. 气道异物处理

某些情况下伤员可能在呼吸心跳停止的同时也存在呼吸道的阻塞,如口腔分泌物、呕吐物、水草、泥土等,有时呼吸道梗阻其本身就是呼吸心跳停止的原因。为了保证心肺复苏的有效性,必须保持呼吸道通畅,清除异物。

处理口腔异物要求伤员面朝上,救护员用拇指和其他手指握住舌和下颌骨(舌–颚抬举法),可以牵引舌避开咽喉部,而异物就在该处,可能在一定程度上减轻梗阻;再伸入另一手食指沿面颊、咽喉深至舌根部,手指以钩状清除异物或把异物移到口腔内再清除,切不可将异物推向咽喉部。

如果开放气道后吹气困难,应怀疑伤员呼吸道梗阻。处理呼吸道梗阻可采用卧位海氏法(Haim-lich 法)也叫腹部冲击法。救护员骑跨在伤员的大腿上或站在伤员一侧,手掌对准伤员上腹部正中,另一只手放在掌上,快速向上用力向腹部冲击,通过腹压作用于胸腔使气道内异物排除。

6. 心前区叩击

心前区叩击法用于消除心室肌颤动,心搏骤停常发生心室肌颤动,所以发生心跳停止也可试用。一般认为,心前区叩击 1 次大约产生 1~10 J 的能量,心室肌颤动超过 1 分钟,需要复律的能量较大,此时叩击,成功的可能性不大。心前区叩击方法是:使伤员仰卧于坚硬的木板或水泥地面上,绝不可在柔软有弹性的床上进行心前区叩击。去除其过厚的衣物,救护员右手握拳,拳心向下,快速从 20~30 cm 的高度猛击伤员心前区胸骨体下 1/3 处,连接叩击 2~3 次,心前区叩击的压力,可刺激心脏再次搏动,但用力不要过大。若病人颈动脉出现搏动,说明叩击有效。若无效,即立即进行胸外心脏按压。

三、创伤急救基本技术

1. 创伤基本知识

各种致伤因子作用于人体可发生不同的损伤,例如:高温可造成烧伤,核辐射可造成放射性损伤,电流可引起电击伤等。由机械性致伤因子所造成的损伤统称为创伤,它多为动力作用使组织的连续性破坏和功能障碍,往往需要及时救治(主要是外科处理)才能康复。

轻度创伤主要引起局部的炎症反应,其表现为受伤局部的“红”“肿”“热”“痛”,如果没有感染或异物残留,局部炎症将在 3~5 天后消退。严重创伤还会产生一系列的全身反应,如果不能有效的控制这些反应,将会造成严重后果。创伤后常发生感染和休克等并发症,现场急救时早期包扎创面,及时止血,减轻伤员疼痛是减少创伤后并发症的有效手段。创伤的康复,有赖于组织细胞的修复功能。感染、异物残留、血液循环障碍、局部制动不够、营养不良或自身疾病等都会影响修复功能。在急救早期就应当注意这些影响修复功能的因素,采取相应的急救措施。救护员在救护创伤伤员时的基本过程是询问受伤史,检查伤情,处理伤情和及时转送。

2. 包扎

包扎是针对皮肤、皮下组织、肌腱、韧带等损伤而采取的一种急救措施,其目的是止痛、止血和预防感染,有时包扎也是为了固定。医学上将有皮肤裂开的损伤称为"开放性损伤",无皮肤裂开的损伤称为"闭合性损伤"。包扎最常用于开放性损伤,但闭合性损伤时为了止痛和固定也用包扎的方法进行现场救护。包扎常用的材料有纱布、绷带、三角巾、四头带或衣服、被单、毛巾、丝袜等。

现场常用绷带和三角巾包扎。绷带包扎法主要有环形法、螺旋法、螺旋反折法、"8"字法、回反法等。三角巾包扎是现场急救最实用的包扎技术,可用于全身各部位的包扎。包扎技术只有反复练习,才能很好地掌握。

3. 止血

血液经破溃的血管壁流到血管外的过程称之为出血。血液流到皮肤外称为外出血,流到皮肤内称为内出血。根据破溃血管不同,可把出血分为动脉性出血、静脉出血、毛细血管性出血、混合性出血。现场急救时往往是混合型出血,一般的损伤多为静脉和毛细血管出血,严重的损伤特别是异物插入体内的损伤可伴有动脉的破裂。

针对出血的伤员首先是控制外出血,然后了解是否可能存在内出血,判断出血的危险程度,做到心中有数。内出血现场急救的手段十分有限,必须尽快转送到医院。救护员应消除伤员的紧张感,使伤员平卧在担架上,抬高下肢,盖上毛毯保暖立即转送。转送过程要注意观察伤员的脉搏、面色、是否有口渴、出冷汗、烦躁不安等出血性休克症状。

常用外出血的止血方法有加压包扎止血法、指压止血法、止血带止血法。加压包扎止血法主要用于小静脉、毛细血管性出血,缺点是清创去除敷料和填充物时又可发生较大的出血。指压止血法是用手指与骨骼对压,阻断骨骼表面的动脉远端的血流,通常用于四肢和头颈部的动脉性大出血,缺点是止血者容易疲劳,不易持久。要点是熟悉人体主要动脉的走向,触及到动脉的搏动。止血带止血法用于四肢大血管破裂出血,但用得不当,也可出现严重的并发症,如肢体缺血坏死、急性肾功能衰竭等。因此,必须注意:

1) 止血带不能直接缠在皮肤上,必须用三角巾、毛巾、衣服等做成平整的垫子垫上。

2) 上臂避免绑扎在中1/3处,此处易伤及神经而引起肢体麻痹,应扎在上1/3处。下肢应扎在大腿中部。

3) 为防止远端肢体缺血坏死,在常温下,使用止血带的总时间不超过5小时,每隔30分钟到 40 分钟松解一次,以暂时恢复血液循环,松开止血带之前应用手指压迫止血,将止血带松开 1 分钟后,再在另一稍高平面绑扎。松解时,仍有大出血者,在运送途中不再松放止血带,以免加重休克。

4) 如肢体伤重已不能保留,应在伤口上方(近心端)绑止血带,不必放松,直到手术截肢。

5）上好止血带后，在伤者明显部位加上标记，注明上止血带的时间，尽快送医院处理。严禁用电线、铁丝、绳索代替止血带。

4. 固定

固定是针对骨折而采取的急救措施。骨折是指骨质的连续性发生了中断，是损伤的一种常见类型。主要表现为：局部疼痛、畸形、肢体功能障碍，检查时还可发现骨摩擦感（音）、骨质明显压痛和叩击痛、出现假关节、伤口内发现骨折端或骨片。骨折后常因出血和剧烈疼痛引起休克，还可能发生神经损伤导致肢体瘫痪。因此为骨折伤员实施固定可以减轻伤员疼痛，减少休克的发生，避免骨折端损伤血管、神经，减少开放性骨折的感染机会。固定分为外固定和内固定，现场骨折固定使用的是外固定方法，与医院的治疗性固定目的不一样，现场骨折固定，主要是为了转送的需要，医院治疗骨折有外固定或内固定等多种方法，其固定是康复的需要。由于固定的目的不同，现场固定只着重强调迅速和可靠，而不必为骨折端复位。现场判断不清伤员有无骨折时，仍按骨折处理。固定选用的材料最好是专用夹板，如前臂固定夹板、腕关节固定夹板、上臂固定夹板、指关节固定夹板、小腿固定夹板、大腿固定长夹板，还可用充气夹板、抽气塑型夹板等。但是现场急救时不一定有专用固定夹板，应该因地制宜地选用固定材料，如木板、硬纸板、树枝、木杆等都可作为固定材料。现场骨折固定主要是对四肢骨折的固定，固定时应注意以下问题：首先将骨折肢体牵引到功能位置，不要求给骨折端复位；开放性骨折在包扎止血后可直接将夹板固定到伤员的衣裤外；夹板固定的范围应超过骨折部位上、下各一个关节；夹板经过的骨关节突出部位可垫以棉花、布块等避免夹板压迫造成的损伤；捆绑夹板时松紧适当，以能伸进二指为宜，且不能捆绑在骨折部位；固定完成后应暴露出肢体的末端，以便通过了解伤肢的温度、颜色、感觉等判断伤肢血管、神经受压或受损情况。

5. 搬运

搬运是转送伤员的基本手段。不正确的搬运可以加重伤员的损伤，增加伤员的痛苦。搬运伤员一定要根据伤员的伤情和当时的人力、物力条件来决定采用何种搬运方式。搬运一般分徒手搬运和工具搬运两大类，徒手搬运有单人搬运、双人搬运、多人搬运。工具搬运最常用的是担架搬运，其他还可用毛毯、门板、竹床等。由于急救条件的改善，长距离的转运任务都是由救护车完成。在转运过程中救护员应密切观察伤员的呼吸、脉搏、神志变化，尽可能控制伤情，对有严重损伤的伤员应妥善处理后再转送，注意保持伤员的特定体位，保证伤员呼吸道通畅，严重胸、腹、脑损伤的伤员应禁食禁水，一般伤员可适量饮水。

昏迷伤员没有自我保护意识，一旦发生恶心、呕吐就会引起呛咳或误吸，造成呼吸道堵塞，甚者发生窒息死亡。因此搬运昏迷的伤员时要将伤员头部偏向一侧，还可将伤员侧卧或俯卧。休克伤员由于内脏供血不足，皮肤肌肉的血管收缩，以保证血液首先供应内脏，特别是大脑。伤员往往感觉寒冷，随着大脑供应的减少，神志慢慢开始淡漠。搬运时应将伤员处于头低（平）脚高位，将伤员下肢抬高 30～50 cm，同时给伤员盖上毛毯保暖，有条件者还应给伤员穿上抗休克裤，转送过程中要为伤员输液、给氧。胸部受伤有呼吸困难的伤员，转送时可将伤员置于半靠位，有条件时最好用坐式担架，以便伤员呼吸并同时给氧。腹部受伤的伤员搬运时取仰卧位，下肢屈曲。颈椎受伤的伤员搬运时一定要三人以上才能搬运。一名救护员搬抬时要始终将伤员头部固定,向上轻度牵引并保持与身体的整体转动。搬抬伤员时一定要作整体搬动,伤员颈部放一颈垫,头部最好用颈托固定,条件缺乏时可在头部两侧堆置书籍或衣物后将头部与担架固定,同时伤员的胸、腹、大腿、小腿也需与担架固定。胸、腰椎损伤的伤员搬运时需两人以上才许搬动。搬动时必须作整体搬动,担架必须是硬板担架。上担架后应在伤员腰部放一腰垫,胸、腹、大腿、小腿与担架固定,双手相互捆绑固定。胸、腰椎损伤的伤员严禁使用徒手搬运,当现场缺乏硬板担架时可将伤员俯卧在担架上。

四、常见创伤急救

1. 浅部软组织损伤

浅部软组织损伤是指皮肤与浅肌层之间的创伤,不包括较大血管、神经、骨骼和内脏的损伤。这类损伤不严重,一般不威胁到生命,但它是平时处理最多的一类创伤。处理的方法:早期局部抬高、冷敷和压迫包扎,以减少组织肿胀和疼痛,12 小时后可用局部热敷或其他物理治疗。小刺伤处理的方法是:局部压迫 3～5 分钟止血后,用 75%酒精消毒,设法拔除异物,用无菌纱布包扎,保持局部干燥 24～48 小时即可。发生切割伤后,首先局部压迫止血,后用 75%酒精或 1%碘伏消毒,伤口浅,皮下组织未暴露时仅作包扎即可;伤口较深,长度较短(小于 1 cm),可将伤口对齐,用蝶形胶布固定,每日用 1%碘伏消毒,7～10 日去除胶布;伤口较深、较长时,应到医院缝合。开放性的软组织创伤,都应该预防破伤风的发生,当致伤物带有泥土、铁锈或不卫生和伤口较深时,都应注射破伤风抗毒素或使用抗菌素。

2. 头部损伤

头部创伤的常见类型有:头皮损伤、颅骨损伤、脑损伤。三种可单独发生,也可混合发生。头皮损伤最常见于头皮血肿和头皮裂伤。头皮下血肿体积较小,有时周围肿胀,中央凹陷,易误认为凹陷性骨折。头皮血肿一般无重大危险,较大血肿、怀疑颅骨或脑损伤时,须送医院处理。现场处理时,压迫血肿部位数分钟,不要揉按血肿部位,避免血肿加大。由于头皮组织结构特殊,血管丰富,一旦裂开,血管不易收缩,出血量较多,伤员容易产生恐慌。所以头部外伤后,伤员最好首先自救,用布块或用自己的手迅速压住受伤部位,转移到安全区,由其他救护员检查头部受伤情况,不要等血流出后再去止血,造成伤员心慌情绪。对头皮裂伤的伤员应压迫止血,送到医院作清创缝合。颅骨分为颅底骨和颅盖骨,头部受伤后,出现鼻出血、淡红色的液体(伤后的脑脊液)从鼻腔、耳道流出,双眼眶及周围广泛淤血斑(常称“熊猫眼”),听觉、嗅觉或视觉受损等都是颅骨骨折的表现。颅骨骨折的伤员一定要送往医院进一步检查治疗。现场急救需要注意的是,当发现有脑脊液耳漏或鼻漏时,一定不要用棉球、纱布、布块等堵住耳道或鼻道,以免细菌逆行入大脑,造成颅内感染,可局部消毒,用纱布吸附流出的液体。脑损伤可分为脑震荡、脑挫裂伤、颅内血肿等多种类型。脑损伤后常出现头昏、头痛、恶心、呕吐、血压升高、心率变慢、瞳孔改变,严重时有抽搐、偏瘫、昏迷等。脑震荡的伤员,昏迷在数秒或数分钟,多不超过半小时。清醒后大多不能回忆当时乃至伤前一段时间的情况,医学上将这种现象称“逆行性健忘”。伤员出现剧烈头痛和喷射样呕吐,双侧瞳孔一大一小,昏迷后清醒再昏迷等都是伤情严重和恶化的表现。脑外伤的伤员应立即送往医院,转送过程中要注意:使伤员安静,避免大声咳嗽;清理耳、鼻、口腔的异物,保持伤员呼吸道通畅;严密观察伤员呼吸、脉搏、血压、瞳孔,意识变化、对疼痛或呼唤等刺激的反应;耳鼻出血时不堵、不冲洗、不点药,只用干净布类覆盖,防止感染;采用适当的转送体位,多以侧卧位为宜,并抬高头部和保暖;伤员要固定可靠,防止躁动后二次受伤;有条件时要为伤员给氧。

3. 胸部损伤

胸部损伤常因暴力挤压、冲撞、钝器碰击、锐器刺入和高压气浪所致。根据胸膜与外界相通与否,分为开放性和闭合性损伤两类。按受伤的部位程度不同,分为胸壁损伤、肋骨损伤、胸腔内血管和脏器损伤。胸部损伤后其表现是:胸痛、局部压痛、呼吸困难、休克等。胸壁软组织的损伤,疼痛明显,常导致活动受阻。肋骨骨折除有胸壁损伤的表现外,还根据肋骨骨折的数量和程度出现相应的表现。肋骨骨折容易发生在 4～7 肋,单根、单处或多根、多处的骨折,主要是剧烈疼痛和呼吸运动或胸廓活动受限,现场急救主要是制动、止痛为主。多根、多处的肋骨骨折,使骨折局部的胸壁失去支撑,可以造成胸壁软化,出现胸壁的反常呼吸,即吸气时骨折处胸壁不外鼓反而内陷,呼气时骨折处胸壁不内陷反而外鼓。反常呼吸严重影响呼吸循环功能,必须迅速控制。现场急救处理是采用包扎固定法:用厚的敷料、衣服或沙袋盖于胸壁软化区,用胶布粘贴固定或用三角巾包扎胸廓,再送往医院处理。锐器刺破胸壁使胸腔与外界相通,以至空气随呼吸自由出入胸腔,形成开放性气胸。伤员立刻出现气促、呼吸困难和休克,救护员发现伤员胸部伤口有气流出入的声音。开放性气胸破坏了胸腔的负压状态,能产生严重的循环功能障碍,也必须在现场迅速控制。控制开放性气胸的原则非常简单,就是把开放性气胸变为闭合性气胸。方法是:用敷料迅速堵住伤口,再用胶布或三角巾包扎固定,送往医院。肋骨刺破胸膜和胸腔内脏器或胸部的严重创伤都可引起血气胸,伤员短时间内就有生命危险,必须马上转送。插入胸腔的锐器不能拔出,留待医院处理。转送胸部损伤伤员应注意呼吸道通畅,伤员半靠位,利于呼吸,给氧,严重时要抗休克治疗。

4. 腹部损伤

腹部外伤多见于火器伤,刀刺伤,意外灾害如地震、车祸等。根据腹膜与外界相通与否,分为开放性和闭合性损伤两种。闭合性损伤常由坠落、碰撞、冲击、拳打脚踢等钝性暴力所致,开放性损伤主要是锐器刺入引起。腹部损伤的危险是腹腔内的脏器损伤,内脏实质器官如脾、肾、肝的损伤主要是以出血性休克为主,表现为伤员面色苍白、烦躁不安、脉搏加快、细弱,腹痛呈持续性,一般不严重。内脏空腔器官如胃、肠的损伤主要是以腹膜炎为主,表现为腹部剧烈疼痛、有明显压痛和反跳痛。如果实质器官和空腔器官都损伤,上述两种表现都会出现。现场实际判断有无腹腔脏器损伤是比较困难的,因此只要伤员有明确的腹部受伤史,出现了相应的受伤表现,都应按腹部损伤的伤情处理。开放性腹部损伤有肠道膨出者,不要设法还纳,用生理盐水清除污物,用无菌或干净白布、手巾覆盖,以免加重感染,或用饭碗、盆扣住外露肠管,再用布带或三角巾与腹部固定,进行保护性包扎。再如腹壁伤口过大,大部肠管脱出,压迫肠系膜血管时,可清除污物后将肠送入腹腔,覆盖伤口包扎。插入到腹腔内的异物,不能拔除,留待医院处理。腹腔脏器损伤往往需要外科手术治疗,现场急救的手段十分有限,应尽快将伤员送往医院。转送过程应保持气道通畅,使呼吸正常,注意观察伤员有无休克表现,一旦发生休克,应采取相应措施,途中不能给伤员进食、进水。有时实质器官的损伤,出血在器官的包膜下,速度缓慢,一旦包膜破裂,出血速度突然加快,伤员马上休克。所以腹部受伤后,原则上都要到医院做进一步检查,避免漏诊和误诊。

5. 四肢损伤

四肢损伤是常见损伤,可表现为软组织损伤、大的血管神经损伤、骨折、断指(趾)、断肢的外伤等。四肢的一般性损伤,用止血、包扎、固定的方法多可达到现场急救目的。对断指、断肢的伤员要特别小心,手是最重要的劳动器官,损伤后致残的可能性很高,会严重影响伤员今后的生活质量。其现场救护要点是:止血,特别是有大出血时,首选止血带止血。无止血带时可用布条、棉腰带、毛手巾等代用。如动脉出血不止时,用止血钳夹住血管残端止血,夹时尽量少夹,以利血管吻合。伤面要用生理盐水冲洗干净,用无菌或干净纱布覆盖包扎。有条件时注射抗生素、破伤风抗素以预防感染和破伤风。对断指、断肢的紧急处理是:对未完全断离的肢体,应用净水冲洗伤口,用无菌或干净的白布等覆盖包扎,防止扭曲和牵拉,用木板固定伤肢;完全断离的肢体,应用清水冲洗已断下来的肢体,并用无菌纱布或干净布类包扎,将断指(趾)、断肢包裹在塑料袋中,周围用冰块围起(不能将断肢泡在水中),连同伤员立即送医院抢救。

五、烧伤

由热力所引起的组织损伤统称为烧伤,如火焰、热液、热蒸汽、热金属等。电、化学物质引起的组织损伤也属烧伤范围,但由于其损伤有某些特殊性,故称为电烧伤、化学烧伤。习惯上我们将热液、热气等非火焰引起的烧伤称为烫伤。烧伤不仅造成皮肤的毁损,而且会引起严重的全身性反应,尤其是大面积烧伤,全身反应甚为剧烈,可出现各系统、器官代谢紊乱,功能失调,谓之“烧伤病”。对于烧伤伤员,不仅仅是挽救生命,还要尽可能减轻或避免畸形,恢复功能和劳动能力。因此烧伤早期的急救,就应考虑到晚期外形容貌和功能恢复问题,以满足病人生理、心理、社会的需要。

1. 烧伤的现场急救

烧伤现场急救需要自救和互救。自救的关键是运用火灾逃生技术迅速离开火灾现场。火灾逃生要求人员熟悉作业环境,暗记出口和通道,遇到火情要沉着,不要深入火场,应迅速撤离。伤员在火灾现场死亡的原因主要是窒息和中毒,在短短数分钟内,伤员就可昏迷。为防止呼吸道烧伤,撤离时不要大声呼叫,可用毛巾或多层布块捂住口鼻,也可用水浇身,沿墙边弯腰或匍匐前进,贴近地面逃离是避免烟气吸入的最佳方法。千万不要盲目跳楼,可利用疏散楼梯、水管、身边的绳索等逃生自救。大火袭来,如用手摸到门体已感发烫,不要开门,可采取关紧门窗,用湿毛巾、湿布塞堵门缝,等待救援人员到来。身体着火后,首先要扑灭衣服上的火焰。可就地卧倒,慢慢滚动,或利用周围的物品压灭火焰,切忌奔跑或用双手打灭火焰。尽快脱去燃烧或热液浸泡的衣服,必要时可撕破或剪破衣裤,不要强行脱去衣裤,避免脱去衣裤时将皮肤撕脱。对烧伤伤员的救护是消除热源、脱离现场、保护创面。肢体Ⅱ度烧伤现场最好的办法是立即用“创面冷却疗法”。10 ℃左右的冷水冷敷或浸泡创面 30～60 分钟,以取出后不痛或稍痛为止。这样可以减轻损伤或减少疼痛,同时还可服用止痛剂。小面积的皮肤烫伤,可涂抹专用的烫火膏、烧伤膏,不能使用有颜色的外用药品。一般Ⅱ度和

Ⅲ度烧伤可用烧伤膏，如美宝湿润烧伤膏。烧伤创面应妥善包扎好，防止不必要的污染，这样有利于创面的愈合。怀疑伤员有吸入性损伤时，要尽快通知医生，必要时在现场行气管切开术，保证伤员转送途中的安全。伤员口渴时可补充淡盐开水或服用烧伤饮料（食盐 0.3%，小苏打 0.15%，苯巴比妥 0.005%，糖适量）。大面积烧伤伤员一定要尽快送往医院，最好在伤后 4 小时内送达目的地，伤情严重的应就地就近转送，条件许可时，应转送到设备条件好的烧伤专科医院。

2. 化学烧伤的现场急救

化学烧伤是指化学腐蚀品作用于人体后，产生的皮肤、皮下组织损害，它们引起损伤的程度取决于剂量、深度和接触时间。有些化学品不仅能引起烧伤，还能被机体吸收产生的全身中毒表现。

（1）酸烧伤。常见的如硫酸、盐酸、硝酸等。损伤机制是酸使组织蛋白凝固而坏死，一般多为Ⅱ度烧伤。损伤后特点是使组织脱水，不形成水泡，皮革样成痂，一般不向纵深侵蚀，但脱痂时间延缓。盐酸烧伤形成黄色焦痂；硝酸烧伤形成褐色焦痂；硫酸烧伤形成炭黑色焦痂。氢氟酸烧伤是酸烧伤中较特殊和严重的一种，初有红斑，迅速变白，继之显淡青灰色，由于氟化物可使局部凝血障碍，所以皮肤形成果酱色水泡，组织损伤可深达骨骼，同时损伤有“口小肚大”的特征。

（2）碱烧伤。常见的如氢氧化钠、氢氧化钾、生石灰等。损伤机制是碱性物质与组织蛋白形成复合物后，再与脂肪组织起皂化反应，皂化过程产生的热能继续损伤深部组织，碱离子也继续向深部穿透。损伤后特点是长时间剧烈疼痛，创面较深、较湿、可扩大，愈合慢，常可形成Ⅲ度烧伤。

化学烧伤后不必立即区分酸烧伤，还是碱烧伤，更不要马上分清是何种化学品引起的烧伤。当化学物质还未接触皮肤时，应迅速脱去被化学物质浸渍的衣物。现场唯一有效的急救方法就是立刻用大量清水连续冲洗 30 分钟。之后再来确定化学品的名称、深度和损伤持续的时间，并根据条件使用中和剂。已明确有毒的化学品，还要使用解毒剂或对抗剂。如石炭酸有肾毒性，可用70%酒精冲洗；氢氟酸可用5%～10%的葡萄糖酸钙中和；一般酸烧伤可用 3%～5%碳酸氢钠中和；碱烧伤可用 1%醋酸或 3%～5%硼酸中和。使用中和剂后一定再用清水将中和剂冲洗干净。眼睛的化学烧伤要认真冲洗，但不要使用中和剂，避免刺激角膜。冲洗时不要直接冲洗角膜，应沿眼角，翻开上下眼睑冲洗。消化道的化学烧伤可用鸡蛋清或牛奶吸附。生石灰或电石的烧伤，冲洗前必须先去除颗粒或粉末，以免遇水产热，损伤组织。化学烧伤的伤员，冲洗完成后都应包扎保护创面送往医院进一步诊治。

六、电损伤

电流通过人体所造成的损伤称为电损伤。其中造成的全身性损伤称电击伤（俗称“触电”），造成的局部性损伤称电烧伤。

1. 损伤机制、后果及表现

电流作用人体后主要通过热作用损伤机体，还可通过影响神经、肌肉细胞的电位和组织细胞的电解来损伤机体。电流能量不同，损伤的后果也不一样，低电压的电流主要影响中枢神经、植物神经和心肌的传导系统，低压电（常指 220～380 V）损伤时，电流作用于心肌及心肌的传导系统后，造成心室肌颤动，心跳停止。高电压的电流可击破或击穿皮肤、脏器甚至骨骼，高压电(常指＞1 000 V)损伤时，不仅造成心室肌颤动，还能引起严重电烧伤，或呼吸中枢麻痹，呼吸肌强直性收缩，造成呼吸停止。此外电击伤时肌肉强烈收缩，可造成肢体骨折、关节脱位、韧带撕裂等。轻度触电的伤员常表现出精神紧张、恐惧、表情呆滞、面色苍白、紫绀、自觉头晕、心慌、四肢软弱无力等，少数伤员可出现暂时性昏厥。重度触电的伤员常常是意识丧失、呼吸和心跳停止。电压较低的电烧伤，有一个“进口”和一个“出口”的烧伤口，烧伤口部位较小，边缘规整，圆形或椭圆形，多不伤击内脏；电压较高的电烧伤，常有一个“进口”和多个“出口”的烧伤口，如果电流通过了肘、腋、膝、股部，还可在其屈面出现“跳跃式”伤口。烧伤口部位有“口小底大，外浅内深”的特点，多伤击内脏，深部组织呈夹心样坏死，可出现迟发性出血。

2. 现场判断及现场急救

现场判断伤员触电主要根据“触电史”，对不知“触电史”的伤员，要根据周围有无带电环境迅速做出判断。当发现未知原因昏迷的伤员，其周围有带电环境时，应想到伤员触电可能。未知原因昏迷的伤员身体局部或多处有烧伤时，也应想到伤员触电可能，特别是有正常运行的电器设备停运或出现短路报警时，更应引起警惕，不可贸然接触伤员。

触电是电力行业常见的损伤，最易发生在违规作业的时候。预防触电的最好方法是遵守规定，按章作业，带电作业一定要穿戴好绝缘手套、绝缘鞋和绝缘服。一旦发现触电伤员，应迅速使伤员脱离电源，就地进行现场急救。伤员脱离电源的常用方法有三种：第一，使用绝缘物使伤员与带电导体分离，这种方法对系统设备的影响最小；第二，就近切断电源，通常是拉闸或者剪断火线，这种方法对系统设备有一定影响；第三，利用金属导体或金属线造成线路短路，这种方法对系统设备影响较大，迫不得已时才使用。不管使用何种方法，救护员都必须注意保护自己，小心系统设备有多路供电或反送电使抢救者触电。

轻度触电的伤员，应该让伤员就地平卧、保暖、用担架或救护车送往医院观察，切不可让伤员自行回家休息。呼吸心跳停止的触电伤员，应就地行心肺复苏，复苏前可用心前区叩击法，有条件者应使用体外自动除颤仪。复苏同时应通知医务人员和救护车尽快赶到现场，将伤员送往医院。救护车应牢牢记住，触电伤员的最大危险不是现场缺少急救条件而是救护员不会及时实施心肺复苏。电击伤伴有电烧伤的伤员，应首先处理电击伤，对于电烧伤的伤口应包扎止血后送往医院。

七、其他常见损伤及急救

1. 窒息

窒息通常是空气中的氧含量下降，造成人体氧摄入量不足，由于人体不能摄入足够的氧气，导致机体缺氧而引起的全身性损害。空气中氧含量正常时为 21%，当氧含量小于 16%时就有窒息风险，造成空气中氧含量下降的原因，多数是其他气体成分增加，如氮气、二氧化碳气体等。电站有许多坑道、封闭的厂房，由于长期不通风，氧含量逐渐下降，窒息常发生在这些区域。另外，电站中一些需要用氮气或二氧化碳的作业也有窒息风险。

判断窒息首先是要识别作业环境是否有氧含量下降。氧表报警，人员出现呼吸、心跳加快，胸闷是窒息的早期表现，随后伤员可出现躁动、惊厥、昏迷，最后因缺氧而死亡。发现窒息伤员，首先是救护员要保证自身的安全，如加强通风、佩戴呼吸器，必要时救护员可系上安全带并将安全带尾部留在安全区由其他救护员固定。安全区的救护员要防止连锁性窒息事故的发生，严禁救护员在没有任何防护措施的情况下，进入缺氧区救人。将伤员转移到通风处后，立即检查呼吸心跳，呼吸心跳停止的伤员应就地心肺复苏，单纯晕厥的伤员应送往医院，有条件时，转送途中应给氧。

2. 中暑

中暑是由高温环境引起的体温调节中枢功能障碍，汗腺功能衰竭，水、电解质大量丢失使人体内环境紊乱而导致的疾病。工作人员在温度高于 30 ℃和湿度较高的环境下作业时，如无足够的防暑降温措施，就可能发生中暑。另外身体状态不良、营养状况不好、睡眠不足、饥饿、肥胖、某些药物等都是中暑的诱发因素。根据我国《职业性中暑诊断标准》(GB 11508—1989)，将中暑分为三级：

(1) 先兆中暑。在高温环境下劳动一定时间后，出现头昏、头痛、口渴、多汗、全身疲乏、心悸、注意力不集中、动作不协调等症状，体温正常或略有升高。

(2) 轻症中暑。除有先兆中暑症状外，出现面色潮红、大量出汗、脉搏加速、体温升高。

(3) 重症中暑。出现热射病、热痉挛和热衰竭等。表现为高热、无汗、肌肉痉挛和疼痛、嗜睡、谵妄、昏迷、面色苍白、脉搏变缓、血压下降等。

高温作业允许持续接触热时间限值如表 3-12 所示。

表 3-12 高温作业允许持续接触热时间限值 min

工作地点温度/℃	轻劳动	中等劳动	重劳动
30～32	80	70	60
＞32～34	70	60	50
＞34～36	60	50	40
＞36～38	50	40	30
＞38～40	40	30	20
＞40～42	30	20	15
＞42～44	20	10	10

一旦发现先兆中暑表现，应马上将伤员转移到通风阴凉的地方，最好是空调室。用电扇加强对流，口服清凉饮料或3%的含盐凉开水，还可服用人丹、十滴水，太阳穴外擦风油精、清凉油等，体温升高者可用 30%～50%的酒精四肢擦浴，还可用冰袋在头部、腋下、腹股沟区降温、还可到职业医院中心用冷水浴盆浸泡。轻度中暑的伤员现场处理完成后应送往医院观察。

3. 毒蛇咬伤和蜂螫伤

蛇咬伤后，要迅速采取自救措施，不要心慌，更不能拔腿就往医院跑。最好先看清蛇的特征，如头形、颜色、花纹等。观察伤口处有无两颗明显的牙印，毒蛇口的前部有两颗毒牙，一旦咬伤人后，伤口上往往留下这两颗牙印。分辨不清的蛇咬伤，按毒蛇咬伤处理。毒蛇咬伤后现场急救以防止毒素吸收、扩散，和去除毒素为目的。具体做法是：迅速用鞋带或布带等在伤肢的近心端两处绑扎住肢体，如足部咬伤，应在踝部和小腿部位做绑扎，绑扎的松紧程度以阻止静脉和淋巴回流为度，绑扎前应将手表、手链等去掉。可将伤肢浸入凉水中，逆行推挤部分毒液排除，也可用口吮吸伤口（吸者口腔无病变），随吸随漱口。伤肢肿胀时，可作"一"字或"十"字切开，有条件地还可口服和外敷蛇药。处理完伤口后，将伤员送往医院，转送途中，仍用凉水湿敷伤口，绑扎带要每 20 分钟松开 2～3 分钟。

最常见的蜂螫伤是蜜蜂和黄蜂，蜜蜂蜇伤后仅局部红肿疼痛，有时蜜蜂的尾刺留在伤口处，此时用弱碱性液体如 5%碳酸氢钠液洗敷，并用镊子将尾刺拔出即可。蜜蜂群螫伤可引起严重的过敏反应，应送往医院处理。黄蜂毒的作用较剧烈，螫伤处红肿疼痛较重，有时可引起全身过敏反应，一般尾刺不留在伤口内。处理的方法是用食醋（弱酸溶液）沙条敷贴，或蛇药（如南通蛇药）外敷和口服，出现全身反应时，应送往医院。

4．溺水

人体淹没水中，呼吸道和肺泡充满水分引起的窒息称溺水。溺水者主要表现有皮肤黏膜苍白、发绀、四肢厥冷、昏迷、呼吸心跳停止等。有时口中充满污泥、杂草或分泌物，大量水分使腹部隆起。溺水的急救分为水上救援和陆地急救。发生溺水后首先设法自救，采取仰面位，口鼻向上，呼气宜短，吸气宜长，浮出水面，待人救护。不可将手上举或挣扎，应保持头脑清醒。救援者应尽可能使用救生器材，徒手救援时应迅速游到溺水者附近，观察溺水者，切不可让溺水者抱住。对清醒的溺水者，要争取其配合，一般从背后接近，一手将头部抬出水面，另一手抓住手臂游向岸边。陆地急救主要过程是打开气道，清除异物，心肺复苏和保温转送。必要时可将伤员头部朝下，按压腹部进行倒水处理。倒水处理的时间不必太长，有许多溺水者，发生溺水时喉头痉挛和用力屏气，液体进不了呼吸道，根本倒不出水，过分强调倒水只能耽误复苏的时间。溺水伤员在进行心肺复苏时会发生呕吐，此时应将伤员头部偏向一侧，防止误吸。少数溺水者发生溺水并不是本人不会游水，而是某种疾病在水中突然发作，如心脏病、抽筋等，这些在救护时要加以注意。

5．辐射损伤

根据我国辐射事故统计资料来看，在以往的受照事故中，以 0.5 Gy 较小剂量受照占大多数。这种小剂量照射，不会引起急性放射病，不会对身体有明显的损害，只是可能对血液系统产生暂时性的影响。根据对放射工作人员的健康分析报告来看，从事辐射工作的员工，未发现因辐射工作对健康造成任何影响。对于急性放射病，主要是预防为主，企业要执行国家和行业的有关法律，建立完善的辐射防护制度或规定，辐射工作人员也应严格遵守辐射防护的制度或规定。急性放射病的现场急救不同于创伤的现场急救，现场急救的要点是明确是否受到大剂量照射和初步估算剂量大小，必要时才采取医学干预措施，所以受照人员要配合辐射防护人员和职业医疗人员做好调查和取样工作。受照人员应该注意有无头昏、乏力、食欲减退、恶心、呕吐、腹泻等症状的发生，一段时间（主要是受照后一周）内，有无不明原因的皮肤红斑、眼结膜充血等表现，发现时应及时向职业医疗医生报告。大剂量受照后，受到的剂量越高，出现上述症状和表现出的时间就越短，但是急性放射病的确诊需要省市级的专门职业病鉴定小组确定。

放射性核素内污染容易发生在核事故时，大修或检修时也可发生，例如一回路阀门检修，由于隔离工作做得不好，造成放射性液体污染面部，发生内污染。内污染主要通过消化道发生，其次是呼吸道，还可通过伤口和皮肤发生。发生内污染后，应立即报告防护人员和职业医疗人员，首先进行全身计数器检查，分析体内各种核素，进行受照剂量估算，必要时还须请化学分析人员取污染样品，分析核素，了解体内核素和完成剂量估算后应进行医学处理。

八、皮肤放射性物质沾染及去污

放射性作业都有皮肤放射性沾染的风险，核电厂的沾染事件主要集中在大修期间，尤其是低低水位时。放射性皮肤沾染有引起放射性皮肤损伤、造成内污染和污染扩散的危险。其皮肤操作取决于沾染的量和作用的时间，还与沾染的皮肤面积、不同部位的皮肤、年龄、性别、机体状况、有无皮肤病等有关。皮肤发生放射性物质沾染后，一定要及时去污，一旦沾污物与皮肤的角化层牢固结合后去污将会很困难。

1. 皮肤放射性沾染的损伤机制及剂量

放射性皮肤损伤主要是由放射性物质中的β粒子引起的。能量为 0.1 MeV 的β粒子，在组织中的半减弱厚度为 0.08 mm，可引起表皮损伤。能量为 0.6 MeV 的β粒子，在组织中的半减弱厚度为 0.8 mm，可引起真皮损伤，此时可损伤毛囊、汗腺、皮脂腺等皮肤附属器官。短时间内皮肤的吸收剂量到 6 Gy 时，即可引起皮肤的β损伤，俗称“β 烧伤”，此剂量相当于 24 小时的皮肤沾染量为 81.4 kBq/cm^2。

2. 去污规定

电站的去污分成现场去污和去污中心去污，局部小面积放射性核素沾染在现场去污间去污。当发现有皮肤放射性沾污，应立即报告辐射防护人员，根据辐射防护人员的检查决定在核电厂房间去污或去污中心去污。

现场去污的基本程序是：先由辐射防护人员或职业医疗人员测量定位，然后在辐射防护人员或职业医疗人员监督、指导、协助下自行洗消。首次去污后再做第二次测量，去污不尽时，一般可反复三次。去污完成后，被沾污人员须配合做好事件调查，完成去污和调查纪录后，被沾污人员方能离开重返工作岗位。

当需要到去污中心去污时，由辐射防护人员通知职业医疗人员，用专车将被沾污人员送往去污中心，由职业医疗人员去污。

下列情况需要在去污中心进行去污：

① 头面部沾污；

② 伤口沾污；

③ 去污不彻底或沾污面积大于 20%相对体表面积；

④ 沾污伴有受伤的情况；

⑤ AC、AL 热实验室，QS、QB 车间发生的任何体表沾污。

体表去污原则：

① 发现沾污后要及时去污；

② 先去除低污染区沾污，后去除高污染区沾污；

③ 先去除双手及头面部污染，后去除躯体和下肢污染；

④ 防止污染扩散及防止污染通过伤口和人体的孔洞进入体内；

⑤ 保护皮肤,去污不可造成皮肤损伤;

⑥ 头面部、伤口、皮肤破损处的污染以及全身严重的污染,去污后必须进行计数器检查。

测量仪表及限值标准:

① 监测人体体表污染的仪表是辐射防护科提供的专用仪表(如 MIP10+SMZB7311 或 MIP21+SBS-2 D);

② 所有监测扣除本底记数后为实际计数;

③ 监测实现实际计数大于 5 s^{-1} 视为体表污染。

第七节 核应急知识

任何工业活动在给人类带来财富和各种便利的同时也会给人类带来一定的灾难。核电厂同其他常规工业一样,也存在着各种各样的危险,如火灾、电击、坠落等。但它又有区别于其他常规工业的一些特点:如在事故工况下,会伴随有电离辐射和放射性物质的释放,而这种辐射只能通过特定的仪器才能检测到,因而给人们带来极大的心理恐慌。

应急计划和准备是核电厂安全纵深防御的组成部分,目的就是加强核电厂的应急响应能力,以便在一旦发生事故时能快速有效地控制事故,并减轻其后果。当事故导致或可能导致向厂区边界外大量释放放射性物质时,能保证核电营运单位在厂区内的应急响应井然有序并且有效地与厂外其他应急力量协调配合。

一、核电厂潜在风险及安全措施

1. 核电厂潜在风险

核电厂特点主要有以下几点:① 生产过程中,有可能在极短时间内产生比设计功率高出很多的功率,因此在电站运行期间必须保证有足够的手段控制反应堆功率;② 原子核裂变过程中,除产生所需的核能外,还伴随较强的电离辐射,如α射线、β射线、γ射线、中子射线等,即使在反应堆停闭后电离辐射还会存在很长一段时间,因此必须在电站设置足够的屏蔽措施;③ 裂变反应停止后,反应堆还会产生大量的衰变余热,必须保证反应堆停闭后的长期冷却;④ 核电厂还会产生大量的带有放射性的废物,特别是使用后的乏燃料,对这些废物必须妥当处置,严防泄漏。以上特点决定了核电厂具有不同常规电厂的潜在安全风险问题——核安全,即一旦上述控制措施失效,就有可能导致放射性核素向周围环境的失控释放,造成放射性污染。

反应堆放射性的来源最初来自原子核裂变产生的裂变碎片的衰变,但随电站运行时间的增加,活化放射性物质逐渐产生和增加。在堆芯裂变产物中,既有易挥发的裂变核素,也有固态的裂变核素。在电站发生严重事故情况下,如果堆芯不发生爆炸的事故,固态的裂变核素基本上可以滞留在堆芯里面,而向环境释放的主要是易挥发的裂变核素,图 3-6 表示了核电厂事故情况下放射性物质的释放途径。

核电厂一旦发生严重事故,对环境和人类造成的破坏和伤害是非常严重的,并且其后果会延续很长的一段时间。因此在电站设计、建造、运行、退役等整个电站寿期内电站营运者应采取足够的安全措施以保障电站的安全,同时核电厂工作人员和公众也必须对核电厂的风险有清晰、正确的认识和理解。

图 3-6　放射性物质在大气中的扩散过程

2. 核电厂的安全措施

虽然核电厂有上述的潜在风险,但核电厂从设计、建造、运行、退役等整个电站寿期内设置了一系列的安全措施来保证电站的安全运行,只要严格遵守相关的运行管理规定,核电厂的运行安全是可以得到保障的。

二、核电厂场内应急计划

根据国家有关法规条例以及核电厂发生事故的特殊性,国务院下发的《核电厂核事故应急管理条例》中规定了我国成立国家、核电厂所在地地方政府、核电厂三级的应急体系并制定了"常备不懈、积极兼容、统一指挥、大力协同、保护公众、保护环境"的应急管理方针。国家级应急组织由国家有关职能部门和军队相关部门组成,负责全国的核电厂核事故应急工作,并在需要情况下,调动国家力量控制事故,减轻事故后果;地方级应急组织由核电厂所在地地方政府的各职能部门组成,负责省内公众的安全以及向相邻省市提供事故情况信息;核电厂应急组织由电站相应部门组成,负责电站内人员的安全。

根据国家环保总局关于群堆厂址应落实"四统一"(即统一行政管理、统一申请排放量限值、统一进行流出物和环境监督、统一制定并实施应急响应计划和准备)的要求,我们各核电营运公司实行群堆管理的工作原则,统一的应急计划与准备,要求在应急计划管理工作中遵循"统一领导、大力协同、及时响应、正确行动、保护电厂、保护公众"的方针,并为电站员工和工地各单位人员所知晓。

1. 工地应急组织及其职责

为保证核电厂应急准备和维持得以顺利实施,我们各核电营运公司根据现行组织管理状况,设置了执行应急计划的组织机构。该组织机构由应急决策层和应急执行层组成,如图 3-7 所示。决策层为工地应急指挥部;应急执行层由相应的应急专业组组成,包括:运行控制组、安全防护组、技术支持组、维修服务组、工地保卫组、公众信息与后勤支持组。每个小组由组长、组长助理、组员等若干人组成。组织机构成员在电站正常情况下,从事其正常工作;而在应急状态下,则执行其肩负的应急任务。

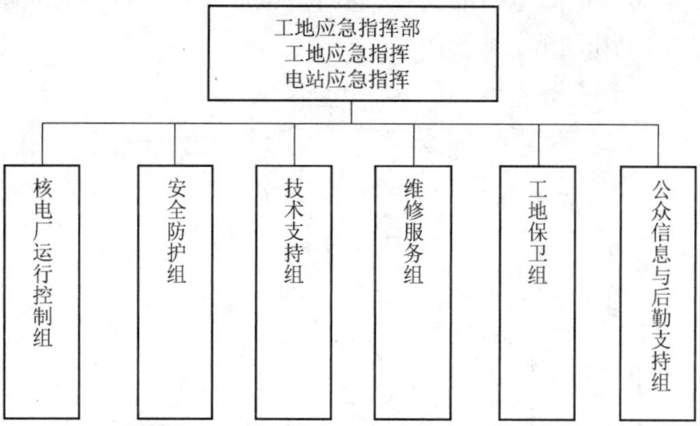

图 3-7 核电工地应急组织

（1）应急指挥部

应急指挥部是电站应急状态下的指挥中心，全面负责和指挥应急状态下的应急响应行动，以及与国家、地方及主管部门的应急组织的联系和协调。只有应急指挥部或经其授权的应急响应组方可宣布进入或终止应急状态，决定采取重大的防护行动，向公众发布信息和请求外部支援。

应急总指挥由核电运营公司级经理等领导担任，其主要职责为协调核电厂内外的应急响应；批准进入和终止场区应急；按规定批准有关信息的发布和传送；请求国家、地方及主管部门应急组织和中国人民解放军提供援助；向相关部门和领导报告应急响应情况等。

（2）运行控制组

核电运营公司在应急时将分为事故电站的运行控制组和非事故电站的运行控制组，事故电站的运行控制组的主要责任是执行事故规程，尽可能防止事故恶化，降低事故的后果和影响，发布应急通知和报警信号，并向电站应急指挥提供应急状态分级的建议以及向其他应急组织提供有关事故性质、规模的资料等。在紧急情况下事故电站的运行控制组可代行应急指挥部的职能。非事故电站的运行控制组的主要责任是以正常运行程序维持机组的安全状态。运行控制组由电站当班运行人员组成。

（3）安全防护组

安全防护组由电站的工业安全、辐射防护和职业医疗人员组成，负责电站内的应急防护行动的组织和实施；厂区内辐射监测、取样分析和辐射安全水平的评价；对应急行动进行应急照射控制等。

（4）技术支持组

技术支持组由事故电站、维修部和技术部的相关技术人员和电站技术专家组成，其主要职责是诊断和预测机组设备状态、评估电站纵深防御功能的完整性、分析评价堆芯损坏情况和潜在释放源项、向相关应急组提供技术建议及获取外部的技术支持等。

（5）维修服务组

维修服务组由维修部各相关职能部门人员组成，组内人员分为指挥协调层和现场执行层。该组主要负责某些安全系统设备的紧急检查和抢修；场区内失踪人员的搜寻和救援等。

(6) 工地保卫组

工地保卫组主要由电站营运公司所在地的公安分局、驻厂武警部队和电站保卫部门的人员组成,其主要职责是核电厂的保卫及出入口控制、维持电站场内交通秩序以及参加抢险救灾行动。

(7) 公众信息与后勤支持组

公众信息与后勤支持组主要由公司秘书部的公关、通信及公司与电站的行政后勤人员组成,其主要职责是发布有关事故信息;对公众舆论、误传或谣言进行解释说明;组织人员集合清点、撤离、服用碘片等。

2. 应急状态分级

当电站发生事故时,为便于判定应急规模和组织应急行动,避免不必要的浪费和损失,根据国家有关法规规定并参考国际应急状态分组标准以及核电厂可能发生的核事故的性质、特征、后果(或可能后果)的严重程度,将应急状态分成应急待命、厂房应急、场区应急和场外应急四个级别。在事故状态下,根据应急状态分级初始条件由相应的授权人批准进入各级应急状态。

(1) 应急待命

应急待命的特征是一些影响电站安全的事件正在进展或已经发生,核电厂安全水平可能下降,但还有时间采取预防性措施以防止向更高级别的应急状态演变。在这类事件中,预期不会出现需要采取场外响应行动(如进行辐射监测)的放射性物质释放。

确定应急待命的目的是使核电厂应急人员及时启动并处于戒备状态,保证初始的应急响应行动得以顺利实施,使事故处理、信息发送和决策过程等纳入有条不紊地应急组织体系中去。非应急人员应继续工作,适当关注事态发展,不必采取过早的响应行动。

(2) 厂房应急

厂房应急的特征是一些影响电站安全的事件正在进展或已经发生,核电厂安全水平实际上或可能发生大的下降。如果有放射性物质释放的话,事故的辐射后果或可能的辐射后果仅限于某些厂房内部或核电厂局部区域。

确定厂房应急的目的是保证场内应急响应人员能够迅速有效地做出响应;向场外应急组织提供有关事故的信息资料。

(3) 场区应急

场区应急的特征是事故正在进展或已经发生,核电厂一些安全设施的功能已经丧失或可能丧失。在这种应急状态下,可能出现堆芯损坏的情况,可能从电站中释放出一些放射性物质。除在场区边界附近之外,预计场外其他区域的辐射水平不会超过隐蔽干预水平的下限。

确定场区应急的目的是保证及时派出环境监测人员进行环境监测;保证场外应急组织及时启动;保证及时与场外应急组织协调应急行动;通过场外应急组织向公众提供信息,并要求非应急人员采取必要的防护行动,如到集合点集合、隐蔽、服用碘片等。

(4) 场外应急

场外应急的特征是事故正在进展或已经发生,堆芯即将或已经极大损坏,甚至熔化,同时安全壳完整性丧失。在这种应急状态下,极可能从电站释放出大量的放射性物质,事故的辐射后果或可能的辐射后果可能使场区边界之外的照射水平超过隐蔽干预水平的下限。

确定场外应急的目的是启用为保护公众所预先确定的防护行动;持续评价核电厂的事故状态和环境监测数据;按实际的或可能的放射性释放量,补充或修改应急防护行动;及时与场外应急组织协调应急行动;通过场外应急组织向公众提供所需信息,组织公众采取相应的防护措施。

3. 应急计划区

所谓应急计划区,是指在该地区,根据事故分析及厂址特征(地形、人员分布、气候等),预先制定在应急期间实施辐射防护措施的计划区域。其目的在于在事故状态下,能够迅速有效地实施保护公众的应急防护措施,避免或减少公众在事故情况下可能受到的辐射照射。

根据核电厂在严重事故情况下向环境释放的源项,以及相关的法律法规要求,同时考虑政治、经济、社会及公众心理承受能力等各种因素影响,权衡在核电厂周围实施防护措施的可能性和它们的风险、困难和代价,各营运公司在其周围建立统一的应急计划区。

根据事故照射的途径,核电厂厂内应急计划明确在其周围建立两个应急计划区,即烟羽应急计划区和食入应急计划区。计划区的大小和划分由核电厂提出建议,经核电厂营运公司所在省民用核设施事故预防和应急管理委员会批准实施。

(1) 烟羽应急计划区

这是针对事故早期释放的放射性烟云引起的照射(包括烟羽浸没外照射、吸入内照射和地面沉积外照射)所建议的应急计划区。烟羽应急计划区的大小是根据超设计基准事故 S3 源项(即假定堆芯严重烧毁,事故开始一天后,放射性物质从安全壳经沙堆过滤器向环境释放)估算出不同距离处的事故剂量与国家规定的干预水平值比较,并充分考虑放射性烟羽迁移扩散受到地形、气象等各种因素影响后确定的。核电营运公司工地烟羽应急计划区确定以核电厂核岛为中心半径 10 km 范围内。

烟羽计划区又分内区和外区,内区为半径 5 km 范围内,外区为其余 5～10 km 半径范围内。内区制定有隐蔽、服用碘片、撤离等措施,外区一般不考虑撤离措施。事故期间实际的干预行动,应根据事故的发展、监测和辐射后果评价的结论,在烟羽计划区的不同距离,不同方位,采取不同防护措施。届时,应急指挥部会根据安全防护组的建议作出决策,组织实施。

(2) 食入应急计划区

这是针对事故中后期释放出的一些半衰期较长的核素导致蔬菜、牛奶、水产品、水源或其他食物被放射性污染后,通过食物链为人们所食用而引起的内照射,其剂量可能超过相应干预水平(或导出干预水平),应采取相应控制措施。核电厂事故期间食入应急计划区以核电厂核岛为中心半径 50 km 范围内,在这区域内应进行仪器控制与检测。

4. 应急准备与维持

作为保障电站工作人员和场外公众的安全措施,核电厂营运单位必须保证应急计划的可执行性,并能达到预期目标,因此核电厂的应急准备以及应急能力水平的维持和提高是核电厂应急管理工作的重点内容。核电厂应急准备与维持工作由专职的应急准备科负责实施。主要包括对应急设施、设备的定期试验和维护；应急计划和相应执行程序等技术文件的编写及更新；新技术的应用；应急培训；应急演习等。

(1) 应急演习

应急演习的目的就是对应急计划的可执行性、应急响应人员的应急能力和实际技能、应急设施设备的可用性、非应急人员对应急计划的了解程度等进行验证和评估，对发现和暴露出的问题和缺陷采取措施加以改进。应急演习是维持和提高电站应急能力的最重要的手段之一。

(2) 应急培训

应急培训的目的在于提高在应急响应中负有责任和承担任务的应急人员能正确有效地完成其应急响应任务的能力；非应急人员能正确理解应急计划的规定，有效地配合应急人员执行应急防护行动。

核电厂应急知识培训在培训内容上分基础知识培训、启动和应急响应培训、专项技术培训。基础培训是对核电营运公司非应急响应人员以及核电承包商人员进行核安全法规、应急通知与警报、应急防护行动要求等有关应急基础知识的培训。起动与应急响应培训是对核电营运公司在应急响应中负有责任和承担任务的应急响应组成员进行的指挥、协调和响应程序的培训。专项技术培训是对应急组织中某些特殊技术岗位人员在特定操作方法和技能方面的培训。

(3) 待召制度

为保证在核电厂发生突发事件时，应急组织能及时有效地启动，核电营运公司建立了应急值班制度。应急响应组织的每一个岗位，均有数名接受过同一内容的应急培训并被授予资格的人员担任，这些人员轮流值班，每周交接一次。

5. 对承包商的要求

在事故情况下，为保障承包商员工及其家属的安全和健康，在核电营运工地工作的各常驻承包商应按规定编写本单位的《应急撤离计划》，并经核电营运应急准备科审查。其《应急撤离计划》内容应包括单位的应急组织、集合点及清点方法、撤离方法和路线等。各承包商经理负责对其员工进行必要的培训，演练和演习，保证其员工清楚本单位《应急撤离计划》。

各承包商也必须安排好每周的应急值班人员，并将人员名单，联系方式(办公室/宿舍电话号码等)送到保健物理处应急准备科。

因此，在核电厂工作的承包商员工不但要了解核电厂的应急计划，还须了解本单位的应急撤离计划。承包商单位在组织员工培训时，应注意到这一问题。

三、应急响应

1. 应急报警信号与集合点

根据核电营运公司应急计划，应急状态分为应急待命、厂房应急、场区应急与场外应急四个级别。为便于在电站发生事故情况下能够迅速和有效地通知厂房区工作人员和周围公众，使之采取必要的防护行动，核电营运公司根据不同的应急状态设置了不同的报警形式。各应急状态的报警、广播通知及其响应要求见表 3-13。

表 3-13 应急报警信号

状态	通知、报警方法	响应要求
应急待命	1) BP 机报警 2) 广播通知	1) 当班运行人员启动 2) 应急人员按待命程序执行 3) 非应急人员照常工作 4) 如间接得知,应不要远离岗位
厂房应急	1) BP 机报警 2) 广播通知 3) 音响报警,响笛 15 秒,间歇 5 秒,共响笛 3 次	1) 应急人员立即到位,执行启动程序 2) 在厂房内非应急人员按通知撤离,按程序进行集合,清点 3) 各单位接待者负责通知参观人员离开厂房 4) 生活区非应急人员、承包商单位人员继续工作,但要关注事态发展
场区应急	1) BP 机报警 2) 广播通知 3) 警车流动呼叫 4) 音响报警,响笛 1 分钟,间歇 10 秒,共响笛 2 次	1) 应急人员执行应急响应程序 2) 厂区非应急人员到就近集合点清点,按指定线路撤离,出入口进行控制 3) 厂区非应急人员集合前关好水电、门窗等 4) 生活区、商业一条街的所有人员到就近集合点集合、清点,并等待进一步的行动
场外应急	(同场区应急)	1) 非应急人员到就近集合点集合、清点,按指定路线撤离,注意撤离安全 2) 撤离前关好门窗、水电,佩戴必要的防护用品,按通知要求做好自我保护工作 3) 非应急人员中的待召人员撤到指定地点待命
应急终止	广播通知	

注：只有电站配发的 BP 机才能接收到电站发出的报警信息。

当核电厂处于场区应急及以上应急状态时,要求厂区和生活区范围内的非应急人员到集合点参加集合清点。其目的:① 便于更有效地实施撤离计划或采取其他应急响应行动;② 避免非应急人员停留在控制区,接受不必要照射。根据厂区的布局和人员分布状况,应急计划在整个厂址区域确定多个应急集合点,所有集合点设置了明确标志。

2. 非应急人员的响应要求

非应急响应人员是指当电站处于各级应急状态时,除按规定执行应急任务的人员外,其余的所有场内人员。为保证电站事故情况下应急响应行动的顺利实施,非应急人员必须保持良好的心理状态,积极、正确、有效地配合应急人员的行动,采取防护措施,为降低事故后果做出贡献。因此在电站应急期间,对非应急人员有如下一些要求:

1) 识别报警,听清通知内容与要求,按通知要求紧张有序采取行动,不要慌乱;

2) 在应急待命和厂房应急状态下,适当关注事故状态,照常工作;在场区应急和场外应急状态下,迅速到集合点集合,在离开办公室或工作地点时,将所用设备、电源等置于安全状态,并关闭门窗;

3) 必要时,按应急指挥部召唤,在力所能及的情况下积极参加抢险救灾,保护国家财产,并严格注意自身的辐射安全;

4) 作为接待人负责临时到核电工地出差办事的外来人员以及亲戚朋友的安全;

5) 非应急人员不准进入事故影响地区和各应急设施;

6）自觉执行辐射防护的各种行动(如集合清点、撤离、个人防护用品使用、隐蔽等)；

7）在撤离中发扬团结互助精神，注意撤离、安置中的安全；

8）撤离安置人员处于待命状态期间，不得擅自远离队伍；

9）不对外传播有关事故信息，注意保密，自觉维护社会秩序的稳定。

3. 应急人员的响应

应急待召体系的设立是为了在人力上保证应急准备工作的常备不懈，确保应急状态下作出响应的最起码的技术力量，其岗位和职责分工是非常明确的。除了核电厂配备必要的应急待召人员外，各承包商也必须指定一定的应急待召人员。应急待召人员的起动报警是由应急指挥部根据应急状态的初始条件确认并决定进入应急状态等级后，在主控室或应急中心通过音响报警和有线广播通知。

应急待召人员在值班期间应留在办公室或自己的住房内待命，做好随时赶赴应急岗位的各项准备工作。应急待召人员在接到应急启动的警报后，必须赶赴应急岗位报到，接通传真机等通信工具，取出执行程序、指令等，执行应急指挥的指令和其职责范围内的各项任务。各组组长向应急指挥部报告各应急组织的启动和成员到岗情况。

四、应急防护

1. 应急人员的防护措施

各核电厂场内应急计划中规定对应急照射的控制应遵循正当性原则、避免严重的确定性效应和对不同类型的应急活动采用不同类型的剂量控制水平的原则。一般情况下，应采取措施使应急人员的受照剂量尽可能控制在年剂量限值范围内。对于可能超过年剂量限值的应急照射，应向接受照射的人员说明情况、相关的危险和可能的后果，坚持自愿原则。

接受应急照射的人员首先必须具备合格的健康条件、基本的辐射防护知识和防护操作技能，同时，应首先选择那些熟悉现场情况、接受过超剂量照射危险知识和应急对策方面培训的工作人员。

营运公司应急计划中规定了下述对应急人员接受应急照射的控制措施：

(1) 事先评价

对应急人员活动的所有区域辐射状况都必须事先进行评价，了解应急工作的辐射风险，主要包括：

1）对各个应急中心，通过设置的辐射监测仪表其辐射水平，定期评价其可居留性。

2）对于应急人员经常出入的区域，如应急中心及其出入口、控制区进出口和厂区出入通道等，辐射防护人员将按照一定的时间间隔重复测量其辐射水平，调查污染状况，提供基础辐射信息。

3）对于剂量水平较高的特定区域，在时间允许时尽可能仔细调查应急行动涉及的辐射剂量率水平、射线种类和照射情况，估算应急活动的总剂量；即使在时间紧迫的情况下，也应进行粗略的剂量估算。

控制区内外的辐射评价和防护监督均由安全防护组负责，整个评价活动由安全防护组组长指挥和协调。

(2) 辐射防护措施

在事先评价的基础上,根据应急响应行动制定相应的防护措施,将应急响应人员的受照剂量控制在"应急照射剂量控制水平"以下。主要防护措施如下:

1) 个人剂量监测;

2) 佩戴防护用具:在各个应急中心、主控室和警卫室应配备有呼吸防护用具和其他防护衣具,供应急响应人员执行任务时使用;

3) 碘片分发:根据对辐射状况的评价结果,必要时由职业医疗医生负责向应急人员发放碘片并在医生的指导下服用;

4) 污染控制:基于辐射监测结果划分污染区,设立污染标志,对必须使用的区域、设施和设备进行去污;在应急中心入口设有去污设备,以控制污染的扩散;

5) 食物和饮水控制:应急状态下将严格控制应急响应人员摄入的食物和水。

(3) 应急照射的审批

为了控制应急照射剂量,将遵循严格的审批制度,对于第4类照射,由应急人员所在的应急小组组长和安全防护组组长审批;第1类及第2类照射,必要时电站应急指挥会同安全防护组组长、职业医疗助理就相关的应急行动进行讨论,特别是对行动的目的、必要性和可行性以及估计个人剂量所依据的基础资料的可靠性和防护措施的适当性进行审查,职业医疗助理应根据受照人员的健康状况和受照历史对其接受应急照射的适宜性进行评价。

在特别紧急的情况下,如果来不及经过上述批准手续而采取应急行动,安全防护组应加强现场监督,采取充分的补救措施减少受照剂量,并追记受照人员的有关活动和受照情况的资料。

(4) 人员培训

一般来讲,从事应急活动的电站应急人员都经过了辐射防护知识和防护技能的培训,但对于一些特殊的操作,还须由辐射防护人员进行必要的现场支持,并监督控制实施过程。对于那些没有经过培训的外援人员,应对他们简要说明相应的防护知识,给予简单的技能培训并给他们必要的指令。

2. 公众的应急防护措施

当事故电站释放或潜在释放的放射性物质威胁到场内员工和场外公众时,电站应急组织需要采取干预行动,保护场内外人员的安全和健康。场内人员和场外公众的主要应急防护行动分为两类:紧急防护行动,如隐蔽、撤离、服用碘片、污染食物和水的控制及中长期防护行动,如食品和饮水控制、避迁和永久搬迁等。应急组织根据对机组状态、释放源项的评价以及对环境的检测结果决定具体采取哪种或几种措施。表3-14列出在任何情况下必须采取防护行动的剂量水平。下面就主要的几种措施加以简要介绍。

表3-14 在任何情况下均必须干预的剂量水平

器官或组织	器官或组织在2天内所受的预期吸收剂量/Gy
全身(骨髓)	1
肺	6
皮肤	3
甲状腺	5
晶状体	2
生殖腺	3
胎儿	0.1

(1) 隐蔽

当放射性烟羽经过时,让人们进入室内,关闭门窗、空调或通风系统并采取一些简易个人防护措施,这可以有效地减少来自放射性烟云以及地面沉积的外照射,对减少吸入烟羽中的放射性碘和其他气溶胶产生的内照射也有一定效果。

对烟羽放射性引起的吸入内照射的防护性能,主要决定于建筑物换气速率(次/h)。人员进入室内除关闭门窗和通风系统外,也可用纸或布条堵好缝隙,增加室内的密封,减少换气速率。但一旦放射性烟羽过去,要适当打开门窗,尽快将残留在室内的污浊空气排出。

(2) 简易个人防护用品

戴口罩或用其他过滤材料(如毛巾、浴巾、衬衫、卫生纸等)滤去空气中的放射性气溶胶。穿戴衣帽鞋袜,尽可能减少皮肤的裸露,防止放射性物质直接接触皮肤。通过污染区后脱去被污染衣物,收集在临时指定地点。

(3) 服用稳定碘片

为防止堆芯裂变产物中的放射性碘在人的甲状腺中累积而造成较长时间的内照射,核电厂制订了服用含有稳定碘的碘化钾片的防护措施以阻断人体甲状腺对放射性碘的吸收。碘化钾服用指南如表 3-15 所示。

表 3-15 碘化钾服用指南

碘化钾(KI)服用指南

> 碘化钾可以帮助你在核电厂事故中防护事故释放的放射性碘对甲状腺的照射。
> 只有在接到厂内应急组织服用碘化钾片的通知后才服用。
> 一旦接到通知，请立即服用 1 片，以后每隔 24 小时再服用 1 片。
> 碘化钾片不可多用，以免药量过大产生副作用。
> 对碘过敏或有禁忌症的人不要服用。

含量

每片含碘化钾 130 mg,相当于碘含量 100 mg

用药量

成人每天一片,连续服用三天以上,但不超过十天,总量控制在 1 g 以下。

注意事项

- 对碘过敏或其他禁忌的人员请勿服用。
- 儿童和婴儿用药量及连服用时间,可适当减少,可碾碎服用。
- 可能出现副作用有皮疹,唾液腺肿大,口腔和咽喉灼烧感,刺激性味觉牙痛,有时会出现胃部不适、腹泻,应停止服用。
- 过敏反应,可能出现发烧、关节疼痛、面部或身体部分肿大,有时还会出现严重气急。须立即治疗,并停止服用。

碘片的贮存与更新由职业医疗中心按每人 3 天的剂量负责准备和管理。在进入场区应急状态下,核电运营公司应急指挥部根据事故的发展情况和职业医疗助理的建议决定采取服用碘片的时间。

(4) 撤离

撤离是用于事故早期的一种防护措施,也是困难较大、代价和风险最大的防护措施之一,它是为避免或减少来自放射性烟云外照射、地面沉积外照射和吸入内照射或事故现场污染源和核设施的直接外照射及再悬浮放射性物质的吸入导致内照射,将人员有组织地紧急撤离受影响地区,待烟云过后或受影响地区经监测符合要求后再返回。

撤离涉及交通条件、通信能力、撤离人员的安全、撤离前集合清点、组织动员、特殊人群组(老弱病残)的照顾、撤离地区社会治安等因素,需要事先有周密的计划和准备。因此,撤离的决策必须慎之又慎,要充分考虑上述因素和当时预计的烟羽到达时间、撤离所需时间、撤离过程预期可能接受到的照射剂量大小,并全面进行代价与利益分析之后才能实施。撤离措施对厂内职工较为方便,对公众的撤离困难较大,更须慎重决策。

一旦应急指挥部决定实施人员撤离,后勤组根据各应急集合点的人数统一调度车辆分配到各个应急集合点载运人员,各应急集合点负责人组织已集合人员就近上车撤离。

(5) 避迁

避迁是用于事故中后期的防护措施。事故释放虽已得到控制或已结束,但来自沉积在地面和建筑物的放射性物质的辐射危险仍然较大,估计全年累计剂量大于干预水平,为避免公众受到长期积累的高剂量的影响,采取避迁措施可收到良好的效果。避迁是类似于撤离的一种防护措施,但与撤离又有区别:避迁是逐步迁移,家庭或单位易址到安全地带定居,目的是减少长时间的慢性照射;撤离是人群的紧急迁移,不许带家畜家禽和家具等随迁,从撤离后到返回家园的时间较短,目的是避免一次性的大剂量照射。在有些情况下,撤离有可能演变成避迁。

(6) 饮水和食物控制

对污染的水和食物施加控制,这主要是针对食入照射途径采取的防护措施。

控制食物的方法包括食物的封存,加工和转换,减少放射性物质吸入量,限制生产和消费;通过加工、清洗、去皮或去内脏等方法,消除蔬菜、水果、粮食及肉食等的部分污染;将被碘-131 污染的牛奶制成奶制品,延期使用;禁用与销毁受污染食品;禁止在污染的牧场放牧或早期暂停放牧,使用贮存饲料喂养;禁止使用污染水源灌溉农作物等,可避免通过生物链转移进入人体的放射性。

控制饮水措施包括通过适当的水处理以降低水中的放射性物质含量、禁止使用污染的水源、提供不受污染的饮水等。

第八节 工业安全

一、安全管理的法规和标准

“安全第一,预防为主”是我国安全工作的指导方针。其中心思想是安全是生产活动的基础。对核设施来说,《中华人民共和国民用核设施安全监督管理条例》(HAF0500)第三条规定:民用核设施的选址、设计、建造和退役必须贯彻安全第一的方针;就电力部门而言,《电业安全工作规程》第二条指出,必须“坚决贯彻电力生产安全第一的方针”。

在贯彻“安全第一”方针的时候，应该以人为中心，即把人的安全放在第一位，把人的行为管理放在第一位。这是因为：

（1）人的健康、人的生命是最宝贵的。人是生产力的第一要素，一切物质财富都是通过人创造的。

（2）人是安全管理中最活跃、最难控制、最关键的因素。如果保证了人的行为的安全，基本上也就保证了财产的安全。换句话说，安全管理的成功表现为对人的不安全行为成功地控制。在实际工作中，那些只管抢进度、抓效益而忽视人身安全的行为都是错误的，是和“安全第一”的方针背道而驰的。

1. 国家制定的法律、法规

安全生产是我国的一项重要政策，也是企业管理的一项基本原则。我国历来对安全生产和安全管理十分重视，并把安全管理纳入法制的轨道。

安全管理纳入法制轨道，即我们有安全生产的法律、法规。法是调整社会关系的，安全生产法规所调整的是社会生产中人-机-环境系统的相互关系。

安全生产法规包括两类法律关系：一类是公民和单位之间关于保护公民人身安全和生产安全的法律关系；二类是有关国家或社会团体与公民或单位之间因监督、检查安全生产法规执行情况而发生的法律关系。

2. 国家制定的技术法规和技术标准

安全生产立法除制定法律和行政法规、条例外，还必须制定与这些法律、法规、条例相适应的技术法规和标准。安全生产的国家法律、行政法规是技术法规和技术标准的依据，技术法规和标准是实现国家法律和行政法规的具体保证。

劳动安全卫生标准，是为保护劳动者在生产劳动中安全与健康，避免事故、伤亡和设备材料损坏，防止作业场所的职业危害、保证经济建设顺利进行而制定的技术准则。

我国劳动安全卫生标准分为国家标准，行业标准，地方标准和企业标准四级。

根据《中华人民共和国标准法规定》，国家标准，行业标准分为强制性标准和推荐性标准。保障人体健康，人身、财产安全的标准和法律、行政法规规定强制执行地标准是强制性标准，其他标准是推荐标准。劳动安全卫生标准是属于强制执行的标准，其具有政策性强、综合性强、涉及面广等特点。

这里要注意的是：遵守安全生产的法律、法规、标准是所有企业和任何个人的义务和责任，是安全管理的最低要求。好的安全管理决不能停留在不违反法律、法规、标准的水平上，而是以法律、法规为指导，通过科学的管理，保护、发展生产力，保护劳动者的安全、健康，保护设备和财产的安全。每位职工知法、懂法、守法是实现安全生产的根本保证。

二、工业安全知识

1. 电气安全

电是由燃料、水力、风力、核能等第一能源转变成的第二能源。电是最便利、最广泛、最便于输送、最有使用价值的能源。但是，由于技术、设备、管理和安全知识等方面的原因，电也会给人们造成灾害事故。我们要重视电气安全问题，学习电气安全知识，保证用电安全。

(1) 电流对人体的作用

电流通过人体,会引起针刺感、压迫感、打击感、痉挛、疼痛乃至血压升高、昏迷、心律不齐、心室颤动等症状,乃至导致死亡。

1) 伤害程度与电流大小的关系:一般情况,电流越大,人体的生理反应越明显,危害性也越大。小于 0.5 mA,不会被感知,是无反应的;0.5～40 mA,是感知电流区;40 mA 以上,生理反应明显,甚至十分严重。

2) 伤害程度与通电时间的关系:通电时间越长,越容易引起心室颤动,危险越大;时间越长,危害越严重。时间小于 75 ms (人心脏周期),一般不会有生命危险。

3) 伤害程度与电流通过途径的关系:电流通过心脏使心室颤动、停止跳动、血液循环中断,导致死亡。电流通过中枢神经使中枢神经系统失调,导致死亡。电流通过头部使人昏迷、脑损伤。电流通过脊髓使人截瘫。

这几种伤害,以通过心脏的伤害最为严重。在通电途径中,以胸-左手通路最危险,脑神经次之,四肢危险性较小。

4) 伤害程度与电流种类的关系:25～300 Hz 的电流对人体伤害最严重。直流电流、高频电流、冲击电流和静电电荷对人体都有伤害作用,其伤害程度一般较工频电流(50～60 Hz)轻。

(2) 电气事故

触电一般是指人体触及带电体。由于人体触及带电体,电流对人体造成伤害。电流对人体有两种类型的伤害,即电击和电伤。

1) 电击是指电流通过人体内部,破坏人的心脏、肺部以及神经系统的正常工作,直至危及人的生命。电击致死的主要原因是心室颤动或窒息。绝大部分触电死亡事故都是电击造成的。

2) 电伤是指由电流的热效应,化学效应或机械效应对人体外部造成的局部伤害。有电弧烧伤和电烙印。

(3) 安全用电基本要素

确保电气绝缘;保证安全距离;明确安全载流量;设置明显、统一的安全标志。

(4) 检修作业安全距离

工作人员正常活动范围与带电设备的安全距离应大于表 3-16 规定的数值。

表 3-16 工作人员正常活动范围与带电设备的安全距离

设备电压/kV	距离/m	设备电压/kV	距离/m
6 以下	0.35	154	2.00
10～35	0.60	220	3.00
44	0.90	330	4.00
60～110	1.50		

(5) 操作安全距离

用绝缘杆进行电气操作时,人身与带电导体间的安全距离应大于表 3-17 规定的数值。

表 3-17　用绝缘杆进行电气操作时，人身与带电导体间的安全距离

电压等级/kV	距离/m	电压等级/kV	距离/m
10 以下	0.40	154	1.40
35(20～44)	0.60	220	1.80
60	0.70	330	2.60
110	1.00		

(6) 用电安全措施

要达到安全用电，必须从设计、安装、运行、维护各方面采取预防性安全措施，防止事故，或限制事故后果。

在用电中，加强电气作业安全管理的同时，采取的安全措施，一般是：保护接地，防止高压窜入低压保护，保护接零，重复接地保护；装设熔断器，脱扣器，漏电保护装置；采用安全低电压等。

2. 使用危险品

危险品：在使用、搬运、贮存时能对人体产生直接危害或间接造成事故的所有固态、液态和气态的物质。

国家标准将危险品分为九大类：爆炸品；压缩气体和液化气体；易燃液体；易燃固体、自燃物和遇湿时释放易燃气体的物质；氧化剂、有机过氧化物；毒害品和感染性物品；放射性物品；腐蚀性物品；其他危险品。

使用危险品的风险：使人中毒；对皮肤、黏膜的侵蚀；使人缺氧、窒息；爆炸，火灾。

3. 核设施的安全风险

核设施主要系统的风险是由系统或设备的压力、温度、放射性、流体、用电、系统内的危险品产生的危害。

(1) 核设施常用的危险品

1) 爆炸性气体：核设施中存在的爆炸性气体，主要有氢气和乙炔气。

2) 易燃液体：核设施存在的易燃液体主要有油漆类、汽油、乙醇、丙酮等。

3) 压缩气瓶：核设施主要用到以下的压缩气：氢气、乙炔、氧气、氮气、二氧化碳、氩气、六氟化硫、氟利昂。

对于压缩气瓶的安全使用，应注意如下内容：

气瓶的识别懂得与掌握识别气瓶的常识是安全使用气瓶的前提。

充装不同介质的气瓶在外表面漆的色泽与字样不同，以示区别(如表 3-18 所示)。

表 3-18　气瓶的识别

气瓶盛装的介质	外表颜色	字样	字样颜色
氢	深绿	氢	红
氧	天蓝	氧	黑

续表

气瓶盛装的介质	外表颜色	字样	字样颜色
氨	黄	液氨	黑
氯	草绿	液氯	白
氮	黑	氮	黄
乙炔	白	乙炔	红

(2) 核设施常见的作业安全

1) 金属焊接和切割

焊接作业是一项特种作业,作业人员必须专门进行安全技术培训,经考试合格后持证方可上岗作业。

电焊作业对人体的危害:电击事故;电焊弧光和电热伤害;机械性外伤:高处坠落、眼外伤和砸伤;有害气体和烟尘的伤害:氧化物、含锰尘烟。

电焊作业的安全措施:电焊机构和安全装置良好:绝缘、保护性接地或接零;焊接外露带电部分的良好隔离装置:空载电压高于规定值时采用空载自动断电装置:雨天禁止露天电焊作业:穿戴规定的防护用品:绝缘手套、绝缘工作鞋或加垫绝缘物。

2) 高处作业

凡在距基准面 2 m 以上(含 2 m)有可能坠落的高处进行的作业,均为高处作业。

高处作业人员身体要求:患有精神病、癫痫病、高血压、心脏病、精神不振及经医生鉴定患有其他不能从事高处作业的疾病的人员不得从事高处作业。

在核设施有坠落危险的典型场所有:高大设备顶部;安全壳、存贮罐、变压器、立式马达、悬空管道或泵、高空支架等;梯子上的作业;坑边、水池边作业;竖井、孔洞有关的作业;高架线杆、线塔上的作业。

高处作业人员防护用品要求和安全要求如下。

防护用品的要求:必须佩戴好安全带、安全帽并符合规范;穿软底鞋;扎紧袖口、裤脚和鞋带;所有登高工具、高处作业工具必须合格。

高处作业的安全要求:作业前采取可靠的安全措施;尽量减少手脚攀登,采用升降平台,降低高处作业人员风险;用梯子登高时,梯子必须符合标准,并有人保护;为防止工具从高处落下发生意外,用工具袋携带,必要时将工具用绳拴在腕部或固定在高处;高处作业点设置工作平台和围栏,保证作业人员的安全;在作业点下方设置符合标准的安全网等。

3) 转动设备和机械的操作安全

汽轮机、发电机、电动机、泵、风机、机床等旋转机械的链条,运输带传动部件运转、开停时可能发生撞击、辗压、切断、铰挤、擦伤、冲击、烧伤、飞射击伤等风险。

转动机械、设备导致伤害事故的途径。安全操作规程不健全、管理不当,人员缺少基本训练,违章等导致的伤害事故:未夹紧工件造成工件飞出伤人;违章用手清除切屑被刺破、划开;戴手套操作被旋转设备勾住而扎伤手臂;穿不合体工作服被转动设备拉卷而伤害;女工不戴安全帽,头发被绞造成伤害;加工部件不装尾架固定而击伤附近人员;设备在非最佳状态下运转而导致事故;无防护罩导致扎伤;冲压、木工机械无防护装置导致伤害;工作场所环境差而导致意外伤害。

4）厂房管理

厂房管理不善带来的不安全问题：

地面：孔洞，竖井坠落，地面滑倒，阻塞，绊倒；室内：狭窄碰撞，凸物撞头，坠物打击；通道：阻塞，绊倒，杂物狼藉，擦伤；地坑：掀开盖板不及时回放，竖井不加围栏，造成坠落；照明：厂房照明不够，增加风险。

厂房管理的方法措施：任何人员进入厂房，必须佩戴安全帽；作业完毕，必须清理现场；脚手架按规定搭建，挂牌，用后拆除；固定梯子、楼梯有缺陷，及时修复，便携式梯子用后收回；竖井加围栏，地坑盖板及时复位；不得随意堆放物件，消防设施前不得堆放物件。

5）高温环境的作业安全

夏季温度较高，加之设备运行散发热量，造成环境温度高。长时间在高温环境下工作可能会引起中暑、脱水后果。

在高温中工作，要注意以下几点：温度超过 40 ℃以上，需要有良好通风方可进入工作，并要根据身体情况轮流作业；温度超过 60 ℃不允许进行工作。

高温环境作业安全措施：开启固定通风，使用临时通风设备，如电扇，排风扇等；保持足够的氧含量：特别在容器内，测氧含量达到 19%以上；局部降温。

6）噪音环境作业的安全

核设施某些区域的设备形成高噪音区域。如：汽轮机、压缩机、泵站，排空放气、柴油发电机等。

噪音标准：现场噪音报警值 85 dB，危险值 95 dB(8 小时工作)。

在噪音环境中工作要采取以下措施：限制噪音源——使固定的防护设施处于良好状态(关闭压缩机房门、保全隔音装置等)；在噪音较大的部位安装隔音装置；个人保护——佩戴必要的个人听觉保护设备(耳塞、防噪音耳罩)。

7）坑边水边作业的安全

在坑边、水边工作时要采取以下措施：保持坑边、水池边、沉淀槽等的安全护栏、盖板完好就位。确因作业需要拆除时，要设临时围栏、并挂警示牌；作业的坑、水池、入水口、出水口的转动设备应被可靠地隔离，否则要使用特殊作业许可证，采取相应的措施；与作业无关的人员禁止进入现场；作业班至少两人以上，不要单独留在作业现场。

工作负责人做好预防措施。如：了解作业现场(坑、水池)的情况(清洁性、毒性等)；向作业人员交代清楚安全事项。采取具体的安全措施：适当的脚手架、人员上下的吊篮或平台；人员穿防滑鞋，系安全带、确有落水危险的作业要穿救生背心；保证现场有良好的照明。

8）粉尘环境中作业的安全

核设施有些作业如：拆除作业(拆除保温层、土建作业等)和清扫作业(辅助锅炉烟囱清扫等)有粉尘危害。在这类环境中作业主要采取个人保护措施。如，佩戴过滤式呼吸保护器，必要时佩戴隔离式呼吸保护器等。

三、职业健康安全管理知识

1. 职业健康安全基本知识

(1) 全球职业健康安全形势:随着人类的工业化进程的推进,各类意外伤亡事故频发,根据国际劳工组织的统计数据,每年全球所发生的各类伤亡事故 2 亿多起。而全世界每年死于工伤事故和职业病危害的人数约为 110 万人,其中职业病引起约为 25% 左右。在这些工伤事故和职业危害中,中国、印度等发展中国家所占比例更高,达到一倍以上。职业健康安全状况是国家经济发展和社会文明程度的反映,是所有劳动者获得安全与健康是社会公正、安全、文明、健康发展的基本标志之一,也是保持社会安定团结和经济持续、快速、健康发展的重要条件。

(2) 我国安全生产现状:我国在改革开放过程中,经济发展突飞猛进,长期保持世人瞩目的高速增长,但是职业健康安全工作增长势头缓慢,甚至停滞不前。安全生产事关劳动者的基本人权和根本利益,工伤事故和职业病对人民群众生命与健康的威胁得不到解决,会使广大劳动者感到不满,当这些问题累积到一定程度时,有可能成为影响社会安定、稳定的因素。

(3) 定义:事故是指造成死亡、疾病、伤害、损坏或其他损失的意外情况。危险源是指可能导致伤害或疾病、财产损失、工作环境破坏或这些情况组合的根源或状态。危险源辨识是指识别危险源的存在并确定其特性的过程。事件是指导致或可能导致事故的情况。职业健康安全是指影响工作场所内员工、临时工作人员、合同方人员、访问者和其他人员健康和安全的条件和因素。风险是指某一特定危险情况发生的可能性与后果的组合。

2. 职业健康安全管理要求

近几年来,国际上职业健康安全管理水平和技能快速发展。而我国发展速度远落后于发达国家,与一部分新兴的发展中国家也有很大差距,与国民经济发展速度很不相称,甚至有的成为了我国经济、社会发展的一个瓶颈。加入WTO后,对于中国经济界而言,遇到的最基本问题就是“公平竞争”,同时也包括环境保护和职业健康安全问题。

(1) 国际安全卫生标准的要求

1995 年国际劳工组织(ILO)和世界卫生组织(WHO)明确了职业卫生的定义,“职业卫生必须以促进和维护各类职业中所有员工的最佳体力、脑力和社会福利为目的,预防因工作条件而影响职工的健康;保护职工免受工作环境中有害因素的影响;安置和维护职工在适于它的生理、心理能力的环境中工作;最终使工作适应于人,每个人适合于自己的工作”。

其主要目标为:维护和促进职工健康和工作能力;改善工作和工作环境,是有利于安全与健康;使劳动组织和劳动文化向促进健康源泉的方向发展。

(2) 我国法律法规要求

2001 年《中华人民共和国职业病防治法》颁布并于 2018 年修正,提出了“职业病防治工作坚持预防为主、防治结合的方针,实行分类管理、综合治理”的原则。劳动者“依法享有职业卫生保护的权利”。用人单位“应当建立、健全职业病防治责任制,加强对职业病防治的管理,提高职业病防治水平,对本单位产生的职业病危害承担责任”。

2002 年《中华人民共和国安全生产法》颁布并于 2014 年修改实施,明确了“安全生产管理，坚持安全第一、预防为主的方针”。生产经营单位“必须遵守本法和其他有关安全生产的法律、法规，加强安全生产管理，建立、健全安全生产责任制度，完善安全生产条件，确保安全生产”。生产经营单位的从业人员“有依法获得安全生产保障的权利，并应当依法履行安全生产方面的义务”。

(3) 工作场所的安全原则：使得工作人员了解可能存在的危险和潜在危害；工作人员必须经过安全培训，掌握安全操作程序；必须建立安全监督机制，督促工作人员按照制度要求实施操作过程；工作环境符合安全卫生要求，设备、机器和物体符合安全运行要求，配备安全保护装置；工作人员配备个人防护用品。

3. 核设施职业健康安全管理主要方式

(1) 识别并评价危险源及风险：对于作业场所的各类危险因素进行辨识，确认主要作业现场的风险源，按照风险等级进行分类，制定相应的管理方案。

(2) 职业健康安全管理的基本方式

1) 定期监测：遵照国家《工作场所有害因素职业接触限值》(GBZ 2.1—2019)、《职业病目录》和《职业病危害因素分类目录》，对各单位接触职业危害的作业场所进行详细调查，建立档案，制定检测计划，聘请具有国家资质的检测单位进行定期监测，对超标点立即下发《卫生监督意见书》，实施改进措施，并验证整改情况。

2) 日常管理：严管、勤查、重处是发现职业危害的有效途径，也是堵塞管理漏洞、落实整改措施、改善劳动条件、搞好职业卫生的重要手段。对有毒有害作业场所实施 24 小时动态检查和“严、实、狠”的管理，严格按照技术规范和管理制度，检查职业卫生防护设备、应急物资的配置、劳动防护用品的使用和作业人员的操作，对查出的问题，及时要求各单位制定有效的纠正和改进措施，对比较严重的隐患和管理缺陷，下发专项整改(整治)通知，并对落实情况进行追踪验证，促使问题的整改合格率达 100%。

3) 健康体检：严格按照《使用有毒物品作业场所劳动保护条例》(国务院 2002 年第 352 号令)和《职业健康检查管理办法》(国家卫健委 2019 年修订)要求，每年一次组织接触职业危害因素的员工定期健康检查，保证有毒有害作业岗位员工健康体检率达 100%。对体检中发现员工受到职业危害的，立即发放《职业健康体检通知书》，书面通知人力资源部及病人所在单位，实施监护管理和医学观察；对有职业禁忌症的，及时治疗并调整岗位。专门给这部分人员建立了相应的档案，并定期组织健康复查，筑起坚实的健康防线，杜绝了职业病和重大职业危害事故的发生。

4) 将职业危害及时告知员工：企业对员工负有职业危害告知的义务，安排有害作业新上岗员工时，人力资源部书面通知其职业危害工种，并经卫生医疗管理部进行职业病防治知识培训，考核合格后方能上岗；在日常管理中，各单位通过组织学习、设置提示、警告标识、制定《岗位安全生产须知卡》等形式，让员工及时了解、掌握其所在岗位的职业危害因素的种类、危害程度、危害后果及其防护措施，提高员工自我保护意识。

(3) 职业健康安全控制

1) 非放射性职业健康安全控制：针对不同的危险因素，依据国家法律、法规和标准，制定相关管理程序，明确各自的职责和相应的措施、方案。对发现的危险因素建立隔离措施，如转动设备配置防护罩，高于 60 ℃的设备进行隔热保温防护，高压管道设置安全阀等超压保护装置,消防重点部位设置火灾探测报警和灭火设备,有毒有害场所建立通风、排风装置等。通过职业健康安全危险因素辨识,对于存在危险因素的作业场所进行标识,使作业人员了解作业区域的危险因素。作业人员个人防护也是保护工作人员的非常重要手段,如进入生产厂房佩戴安全帽、防砸鞋、安全手套等,作业人员高温作业场所穿着防烫隔热服装等,有毒有害气体作业区佩戴防毒面罩等。

2) 放射性职业健康安全控制:电离辐射和放射性物质一直就存在于人们周围的环境中,自古以来,人类就受到天然存在的各种电离辐射源的照射。电离辐射在医学诊断、科学研究、能源、工业、农业、地质、考古广泛应用。随着人们在要用电离辐射技术获益的同时,也发现了辐射对人的危害。如何控制或降低职业中放射性危害,一直是核行业职业健康安全管理的重点内容之一。判断放射性职业健康安全的重要指标是工作人员接受辐射剂量大小,其为辐射源剂量率与接触时间的乘积,降低作业场所剂量率和缩短时间成为重点工作内容。

思考题

1. 核电设备在役检查工作中防范人因失误主要包括哪些工具?
2. 核电厂在生产营运过程中涉及辐射防护问题,按国家标准规定必须遵循哪些要求?
3. 简述心肺复苏的基本操作步骤。
4. 分别描述核电厂进入四个级别应急状态的各自特征。

第四章　金属材料加工工艺及典型缺陷特征

学习目标：

初级工：了解金属材料焊接方面的基础知识，以及金属材料中缺陷的来源及定义、制造过程中产生的缺陷、使用和运行中产生的缺陷和损坏的相关知识。

中级工：了解金属材料铸造、压力加工、焊接方面的基础知识，了解金属材料的热处理作用及机理、热处理工艺、金属材料中缺陷的来源及定义、制造过程以及使用和运行中产生的缺陷和损坏的相关知识。

高级工：了解金属材料铸造、压力加工、热处理作用及机理、热处理工艺方面的基础知识，熟悉金属材料焊接知识，熟悉金属材料中缺陷的来源及定义、制造过程以及使用和运行中产生的缺陷和损坏的相关知识。

技师：熟悉金属材料焊接方面的基础知识，以及金属材料中缺陷的来源及定义、制造过程中产生的缺陷、使用和运行中产生的缺陷和损坏的相关知识。

高级技师：熟悉金属材料铸造、压力加工、热处理作用及机理、热处理工艺方面的基础知识，掌握金属材料焊接知识，全面掌握金属材料中缺陷的来源及定义、制造过程以及使用和运行中产生的缺陷和损坏的相关知识。

第一节　金属材料加工基础知识

一、铸造

铸造是通过熔炼金属，制造铸型，将熔融金属浇入铸型，凝固后获得一定形状和一定性能的铸件的加工方法。

铸造是获得零件毛坯的主要方法之一。如某些核电厂的主管道及主泵泵壳、汽轮机壳体等。与其他加工方法相比，铸造具有适应性广、生产成本低的优点，尤其在制造内腔复杂的构件时，更显其优越性。它是最常用的毛坯生产手段之一。但铸件也存在着质量不稳定、尺寸精度不高、力学性能不如锻件等问题。

铸造包括砂型铸造和特种铸造两大类，其中砂型铸造是最常用的方法。

二、压力加工

压力加工是在外力作用下，使金属坯料产生塑性变形，从而获得一定形状、尺寸和机械性能的零件加工方法。

压力加工的特点是：(1) 无切屑，金属损耗少；(2) 在取得所需形状的同时改善材料的组织和性能，成品能直接使用或便于加工；(3) 适合专业化大规模生产；(4) 专业化生产时需专用设备和工具；(5) 某些脆性材料和形状负责制件不适合塑性加工。

压力加工包括轧制、锻造、挤压、冷拔、冲压。

1. 轧制

金属材料在旋转轧辊的压力作用下产生连续的塑性变形，获得要求的截面形状并改变其性能的加工方法称为轧制。它是生产板材等型材以及核燃料和包壳材料的基本加工方法之一。

2. 锻造

一种利用锻压机械对金属坯料施加压力，使其产生塑性变形以获得具有一定机械性能、一定形状和尺寸锻件的加工方法。分为自由锻和模锻两种方法。通过锻造能消除金属在冶炼过程中产生的铸态疏松等缺陷，优化微观组织结构，同时由于保存了完整的金属流线，锻件的机械性能一般优于同样材料的铸件。相关机械中负载高、工作条件严峻的重要零件，除形状较简单的可用轧制的板材、型材或焊接件外，多采用锻件。在核工业中主要压力容器壳体、AP1000 主管道等均为锻件加工。

3. 挤压

坯料在压力下从模孔中挤出，横截面变小，长度增加的加工方法。在核工业，它是铀及铀合金广泛采用的加工方法之一。

4. 冷拔

金属材料处于常温的条件下进行拉拔，横截面变小，长度增加的加工方法。冷拔的产品较之热成型有：尺寸精度高河表面光洁度好的有点。冷拔是金属丝、线生产中应用最普遍的拉拔方式。

5. 冲压

靠压力机和模具对板材、带材、管材和型材等施加外力，使之产生塑性变形活分离，从而获得所需形状和尺寸的工件（冲压件）的成形加工方法。全世界的钢材中，有 60%～70%是板材，其中大部分经过冲压制成成品。

三、焊接

焊接是利用加热或加压，或两者并用，用或不用填充材料，使工件牢固地结合在一起，形成一个整体的工业过程。焊接在设备制造中占有重要地位，焊接质量对设备的安全可靠具有重要影响，是核电设备制造及运行中进行无损检测的主要对象之一。

焊接具有节省材料、减轻结构重量、提高生产效率、降低成本、改善接头质量等特点。焊接方法按工艺特点可分为熔焊、压焊（固态焊接）、纤焊三大类。其中熔焊包括电弧焊（手工电弧焊、气体保护焊、埋弧焊、等离子弧焊）、气焊、电渣焊、电子束焊、激光焊等。

1. 焊接接头结构

经熔焊所形成的各种接头，都是由焊缝、熔合区、热影响区及邻近的母材组成。

1）焊缝

焊缝起着连接金属并传递受力的作用，由填充金属和部分母材熔合后凝固而成。两者熔合后的成分和组织决定了焊缝的性能。

熔焊接头中的焊缝按其焊前准备和工作特性可分为坡口焊缝和角焊缝两大类。如表 4-1 所示。

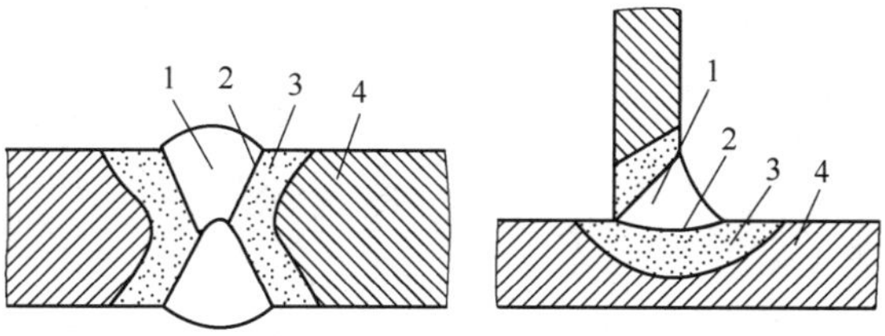

(a)　　　　　　　　(b)

图 4-1　焊接接头的组成

(a) 对接接头;(b) T 形接头

1—焊缝;2—熔合线;3—热影响区;4—母材

表 4-1　熔焊接头中的焊缝类型

坡口焊缝	对接接头	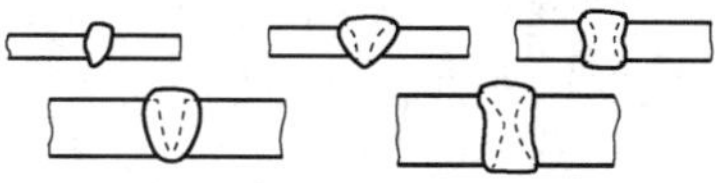
	T 形接头	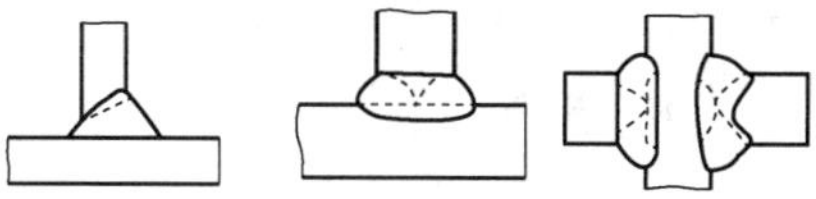
	角接头	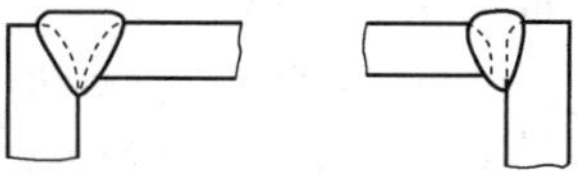
角焊缝	搭接接头	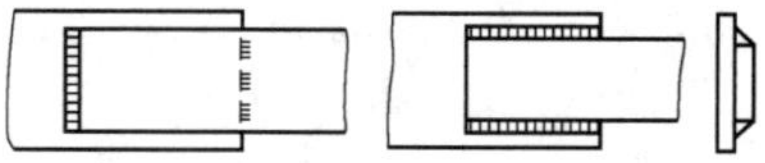
	T 形接头	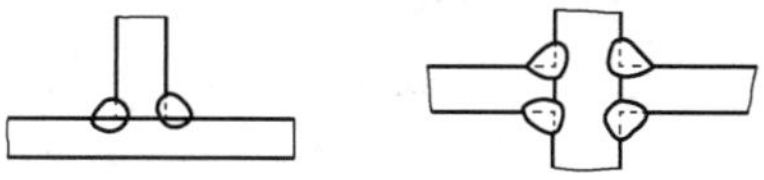
	角接头	
部分坡口的角焊缝		

坡口焊缝:根据设计或工艺需要,将焊件待焊部位加工并装配成一定几何形状的沟槽称为坡口。在焊接过程中用填充金属填满坡口而形成的焊缝称为坡口焊缝。合理设计的坡口焊缝可以做到厚板熔透,改善(或简化)力的传递、节省填充金属和调节焊接变形等。

角焊缝:两焊件结合面所构成直角或接近直角,并用填充金属焊成的焊缝称为角焊缝,又称贴角焊缝或填角焊缝。角焊缝焊前的准备工作最简单,不必做特殊加工,而且装配也较为容易。但它不是理想的传力焊缝,工作应力复杂,应力集中因素多。

焊缝典型形状及各部分名称如图 4-2 所示。

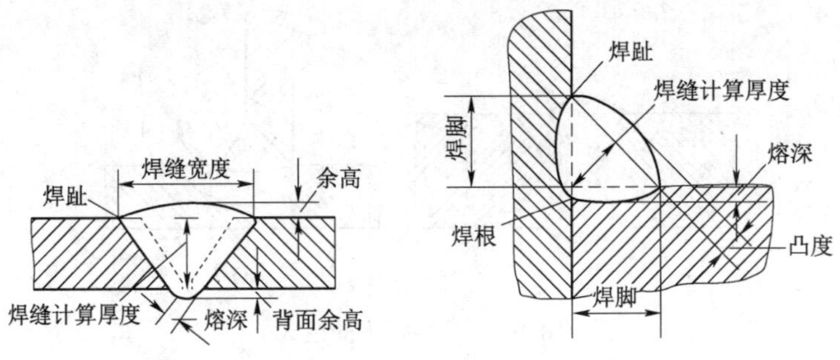

图 4-2 焊缝典型形状及各部分名称

2）熔合区

焊接接头中焊缝与热影响区之间的过渡区域称为熔合区，是焊缝边界上固液两相交错共存的部分。低碳钢和低合金钢的熔合区约为 0.1～0.5 mm。是焊接接头中最薄弱的地带，许多焊接结构破坏的事故，常因该处的某些缺陷引起，如冷裂纹、脆性相、再热裂纹、奥氏体不锈钢的刀状腐蚀等。这与该区经历热、冶金和结晶等过程而造成材料化学成分和物理性能分布极不均匀有关。

3）热影响区

焊接过程中母材受焊接热的影响(但未熔化)而发生金相组织和力学性能变化的区域称为热影响区。它的宽度受焊接方法及热输入量的大小影响。热影响区组织与性能的变化与材料的化学成分、焊前热处理状态以及焊接热循环等因素有关。焊后热影响区上有可能产生脆化、硬化和软化的不利现象。

2. 焊接接头种类

常见焊接接头主要形式如图 4-3 所示，有对接、搭接、角接、T 形接头等。

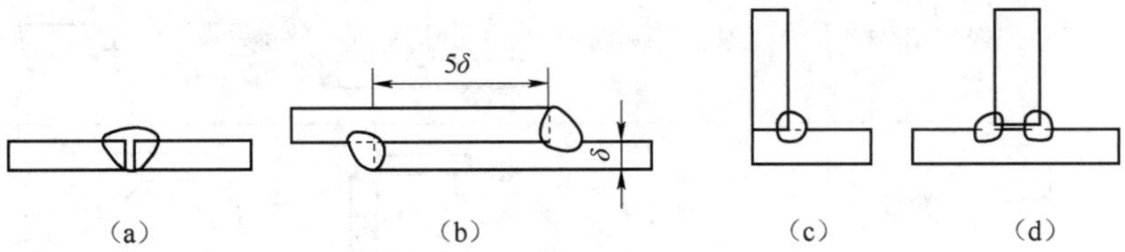

图 4-3 焊接接头的基本类型

(a) 对接接头；(b) 搭接接头；(c) 角接接头；(d) T 形接头

3. 焊接接头坡口

常用的对接接头坡口如图 4-4 所示。

4. 熔焊接头的基本特点

最常见的熔焊接头具有下列特点：

1）几何不连续

当接头位于几何形状或尺寸发生变化的部位时，该接头就是一个几何不连续体，并在受力时传递复杂的应力。即使是对接接头，只要有余高存在，在焊趾处也会出现不同程度的应力集中。制造过程中发生的错边、焊接缺陷、角变形等，都将加剧应力集中，使接头工作应力分布更加复杂。

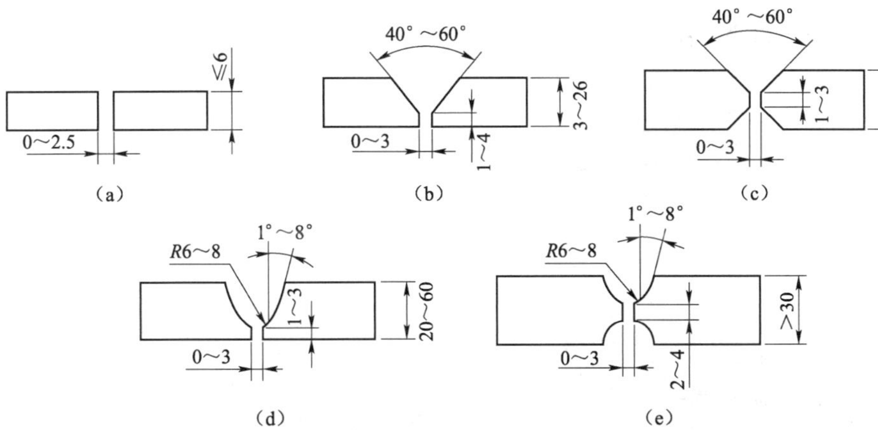

图 4-4　常见的对接接头坡口形式

(a) I 形坡口:直接对接,不开坡口; (b) V 形坡口; (c) X 形坡口; (d) U 形坡口; (e) 双 U 形坡口

2) 性能不均匀

焊缝金属与母材在化学成分上常存在差异,又经受不同的焊接冷热循环和热应变循环,必然造成焊接接头各区域的金属组织存在着不同程度的差异,导致了焊接接头在力学性能、物理化学性能及其他性能的不均匀性。

3) 有残余应力和变形

焊接过程热源集中作用于焊接的部位,不均匀的温度场下产生了较高的焊接残余应力和变形。焊接应力和变形在一定条件下会影响焊件的功能和外观。

如果在高残余拉应力区存在严重的缺陷,而焊件又在低于脆性转变温度下工作,则焊接残余应力将使静载强度降低。在循环应力作用下,如果在应力集中处存在着残余拉应力,则焊接残余拉应力将使焊件的疲劳强度降低。焊接残余应力与外载引起的应力相叠加,可能使焊件局部提前屈服产生塑性变形。焊接残余应力随时间发生一定的变化,焊件的尺寸也随之变化。焊接残余应力和载荷应力一样也能导致应力腐蚀开裂。

第二节　金属材料热处理基础知识

一、热处理的作用及机理

利用金属固态相变等规律,使金属随温度变化而发生组织结构转变,以改善并控制金属物理、化学和力学性能的技术称为热处理。

热处理的基本工艺过程由加热、保温、冷却三个阶段构成,温度和时间是影响热处理的主要因素。图 4-5 为热处理的基本工艺曲线。

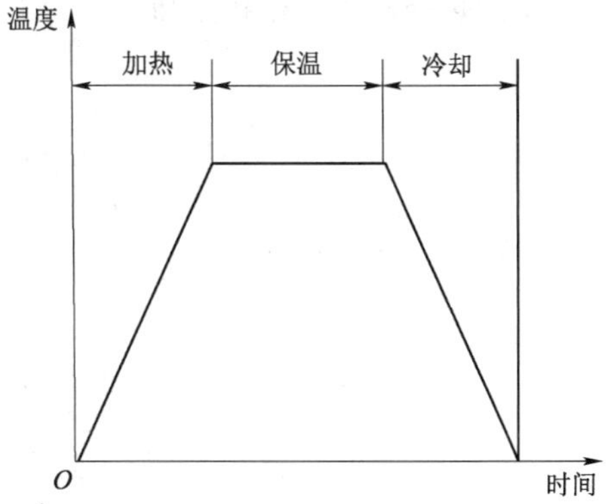

图 4-5　热处理工艺曲线示意图

以铁碳合金状态图来说明钢在热处理过程中的组织变化,如图 4-6 所示。随着温度变化,钢在固体状态下能够发生相变,与低碳钢相关的固

态相变温度为 G-S 线和 P-S-K 线，分别称为 A3 线和 A1 线。

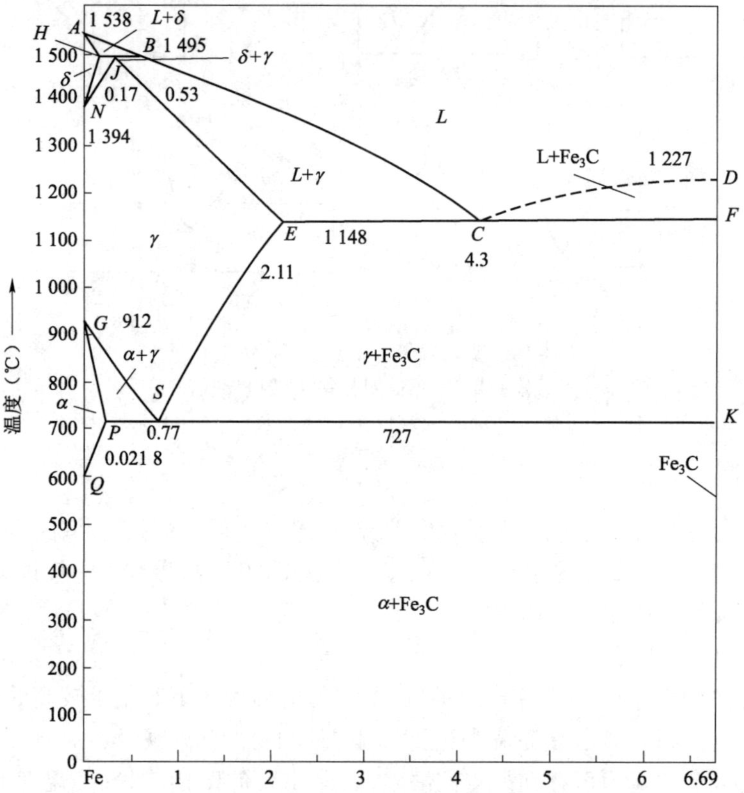

图 4-6　铁碳合金状态图

在实际加热和冷却时，由于存在过热和过冷现象，加热时，钢的相变温度将高于 A3 线和 A1 线，所以在加热时的相变临界点用 Ac3 线和 Ac1 线表示。冷却时，钢的相变温度将低于 A3 线和 A1 线，所以在冷却时的相变临界点用 Ar3 和 Ar1 表示。

钢在热处理过程中的组织变化，由两个过程组成：一是加热时，钢的常温组织转变为奥氏体；二是冷却时奥氏体分解，随着冷却速度不同，得到不同形态和组织的珠光体、铁素体或马氏体等转变产物。

钢的热处理按加热和冷却方式的不同，可分为如图 4-7 所示的几种方式。

- 热处理
  - 普通热处理
    - 退火
    - 正火
    - 淬火
    - 回火
  - 表面热处理
    - 表面淬火
    - 化学热处理
      - 渗碳
      - 渗氮
      - 碳氮共渗

图 4-7　钢的热处理方式

二、热处理工艺

1. 退火

退火是把钢加热到某一温度后，保温一定时间，然后缓慢冷却以获得接近平衡状态的组织的热处理工艺。

退火的目的是为了降低钢的硬度，细化晶粒，提高塑性和韧性，消除内应力等。

2. 正火

正火是将钢加热到 Ac3 或 Acm 以上 30～50 ℃保温一定时间，出炉后在空气中冷却的一种热处理工艺。

正火和退火的目的相似，主要区别是正火冷却速度较快，组织中珠光体增多，所获得的组织比较细，强度、硬度、韧性比退火高一些。

3. 淬火

淬火是将钢材加热到 Ac3 或 Ac1 以上 30～50 ℃，保温一定时间，然后快速冷却得到马氏体组织的热处理工艺。

淬火的目的是与回火相配合赋予工件最终的使用性能。例如高碳工具钢淬火后低温回火可得到高硬度、高耐磨性；中碳结构钢淬火后高温回火可得到强度、塑性、韧性良好配合的综合力学性能等。

4. 回火

回火是将淬火后的钢材加热到 A1（共析线，727 ℃）以下某一温度，保温一段时间然后在空气中或油中冷却的一种热处理工艺。

回火的目的是降低材料的内应力，提高韧性。通过调整回火温度，可获得不同硬度、强度和韧性，以满足所要求的力学性能。此外，回火还可以稳定零件的尺寸，改善加工性能。

按回火温度的不同可将回火分为低温回火、中温回火、高温回火三种。

淬火加高温回火的热处理又称为调质，许多机械零件如齿轮、曲轴等均需经过调质处理，一些承压设备用的低合金高强度钢板也采用调质处理。

5. 表面热处理

表面热处理包括表面淬火和表面化学热处理两种。

对于承受弯曲、扭转、冲击等动载荷，同时又承受强烈摩擦的零件，如齿轮、曲轴、凸轮轴等，一般要求表面具有高的强度、硬度、耐磨性和疲劳极限，而心部则应具有足够的塑性和韧性。为了满足这种表硬心韧的性能要求，可以采取多种表面强化技术，表面热处理就是其中之一。

钢的表面淬火是在不改变钢制工件的化学成分和心部组织的情况下，采用快速加热将表面层奥氏体化后进行淬火，以达到强化工件表面的热处理方法。表面淬火钢一般为含碳量 0.4%～0.5%的中碳钢或中碳合金钢。

表面化学热处理是将工件置于某种介质中加热和保温，使介质中的活性原子渗入工件表面层，通过改变表面层的化学成分和组织来获得所需性能的一种热处理工艺，也称表面合金化。与表面淬火相比，它不仅改变表层的组织，还改变其成分。

表面化学热处理包括渗碳、渗氮、碳氮共渗以及其他金属、非金属渗入等。

6. 时效处理

合金钢工件经过冷、热加工或热处理后，在室温下保持(放置)或适当升高温度时常发生力学性能和物理性能随时间而变化的现象，称为时效处理。在时效过程中合金的显微组织并不发生明显变化。工业上常用的时效方法主要有自然时效、热时效、形变时效和振动时效等。

7. 奥氏体不锈钢的稳定化处理和固溶处理

奥氏体不锈钢在 450～850 ℃的温度范围内(称为奥氏体不锈钢的敏化区)，如焊接过程中的焊缝及热影响区，其内部容易产生晶间腐蚀。虽然从外表看不出与正常钢材有什么不同，但在腐蚀介质的作用下，晶间将迅速溶解。晶间腐蚀在应力作用下会迅速产生晶间断裂。

防止晶间腐蚀的方法包括稳定化处理和固溶处理。

稳定化处理是在奥氏体不锈钢中加入稳定化元素(如钛和铌)，并将不锈钢加热到 850～900 ℃，保温、快速冷却以使碳全部固定在碳化钛和碳化铌中，以减少其内部形成碳化铬的可能性的处理方法。

固溶处理是将奥氏体不锈钢加热到 1050～1100 ℃，使碳在奥氏体中固溶，保温一定时间，然后快冷至 427 ℃以下。以减少碳在晶界的析出。

第三节　金属材料缺陷

一、缺陷的来源及定义

材料内部在某种层面的宏观或微观上组织的均匀性和连续性发生突然断裂称为不连续(缺陷)。这些不连续结构包括：间隙，夹杂，折叠，裂纹，化学偏析，微观结构局部变化等。

表面的外形轮廓以及均匀性、一致性的急剧变化称为部件表面不连续性(表面缺陷)。表面的几何不连续性包括尖角、槽、凹坑、刮痕、擦伤、侵蚀、点蚀和焊缝咬边等。

设备中的缺陷主要来源于：制造和安装过程中产生的缺陷(如原材料中遗留的缺陷或制造工艺不合适形成新的制造缺陷)以及服役使用过程中新生或扩展的缺陷。

了解缺陷如何产生可以帮助我们判断一个工件中可能产生的缺陷的类型及特征。对了解缺陷的位置、取向和特征非常有用，有时是检测和评价缺陷的关键因素。

制造期间产生的缺陷可能以相同或不同的缺陷特征反映到最终成形的工件中，维修和使用中也会产生缺陷。典型的产生缺陷的条件包括载荷、化学和电化学环境的影响，或其他环境条件。核电厂在能量输入而导致的结构不连续的原因包括从热应力到中子冲击产生的破坏等，也包括某些材料的微观结构随着在役运行时间而发生的变化。

二、制造过程中产生的缺陷

1. 铸件中常见的缺陷

在铸造过程中，由于工艺参数选择不当或操作不慎，在铸件表面或内部会引起缺陷。无损检测常见的缺陷如下：

(1) 气孔

金属凝固过程中过剩气体从金属中析出，一般具有光洁的表面，可能是单个的或是成群分布的。

(2) 缩孔、疏松

浇入铸型中的金属在冷却凝固过程中未获得足够的液体金属补充而在金属内部形成的孔洞，其形状极不规则，腔壁粗糙并带树枝状结晶，常出现在铸件最后凝固的部位。缩孔丛生时即为疏松。

(3) 冷裂

铸件完全凝固后继续冷却时，由于各部分冷却不一致产生因温差形成的收缩阻力；或铸型产生收缩阻力；或铸件材料产生相变等原因造成铸件内应力过大所致。裂口常为干净表面，有时呈氧化色，常为穿晶断裂。

(4) 热裂

铸件在凝固阶段末期，由于外力或内应力等作用产生。表面呈氧化色，沿晶界发生，呈曲折不规则形状。

(5) 温裂

热处理裂纹，由于气割、焊接或热处理不当引起，表面呈氧化色。

(6) 冷隔

铸型中金属流会合处金属熔合不完善或不连续，呈穿透或不穿透接缝，边缘为光滑圆弧。

(7) 夹杂

存在于铸件表面和内部的成分异常物质的总称。金属夹杂一般包括高熔点金属、脱熔金属或未做冶金结合的其他金属；非金属夹杂则更为复杂，可由渣、砂、涂料、氧化物、硫化物、硅酸盐等组成。

常见铸造缺陷示意如图 4-8 所示。

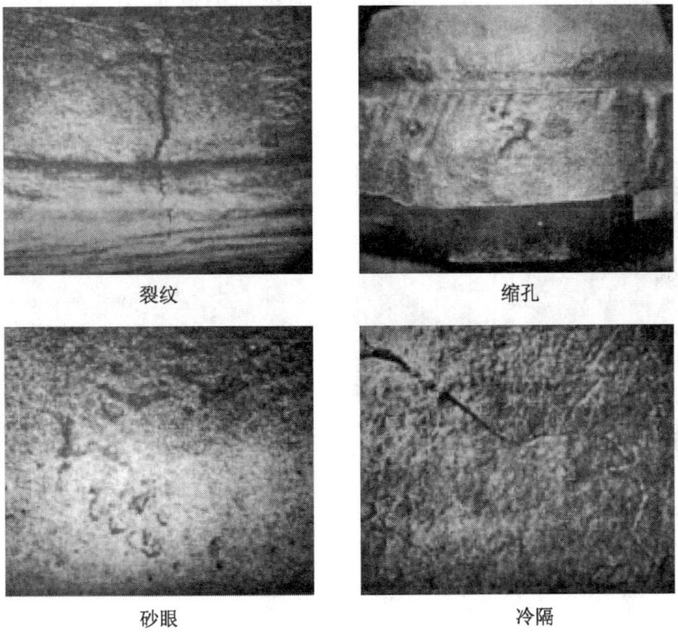

图 4-8　常见铸造缺陷示意图

气孔

图 4-8　常见铸造缺陷示意图(续)

2. 压力加工件常见缺陷

金属压力加工件包括锻件、板材、管材等。存在的缺陷包括加工前材料本身存在缺陷而引起的以及加工过程中工艺参数选择不当或操作不慎导致的缺陷。

(1) 锻件存在的缺陷

1) 由原材料引入缺陷:基本与铸件中缺陷一致,包括非金属夹杂物、缩孔等。

2) 裂纹:锻造或锻后热处理工艺操作不当,或坯料原有缺陷引起锻件局部破裂而形成裂纹。锻件裂纹多见于锻件表面。

3) 白点:钢锻件中由于氢的存在所产生的小裂纹称为白点。白点多在高碳钢、马氏体钢和贝氏体钢中出现。奥氏体钢和低碳铁素体钢一般不出现白点。

4) 过烧/过热:金属由于温度过高或高温下保持时间过长引起晶粒粗大的现象称为过热。若温度再高,产生晶界熔化,称过烧。

5) 折叠:锻造时将坯料已氧化的表层金属贴合在一起压入工件而造成的缺陷称为折叠。折叠表面形状与裂纹相似,多发生在锻件内圆角和尖角处。

钢锻件中最普通的表面缺陷是裂纹和折叠,最普通的内部缺陷是缩孔和非金属夹杂物。常见锻造缺陷示意图 4-9。

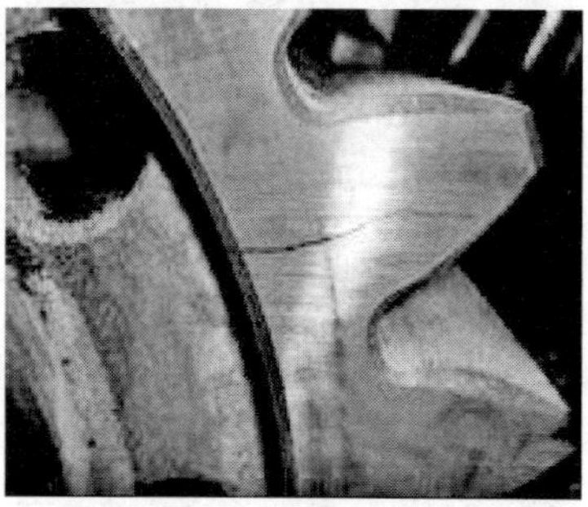

(a)

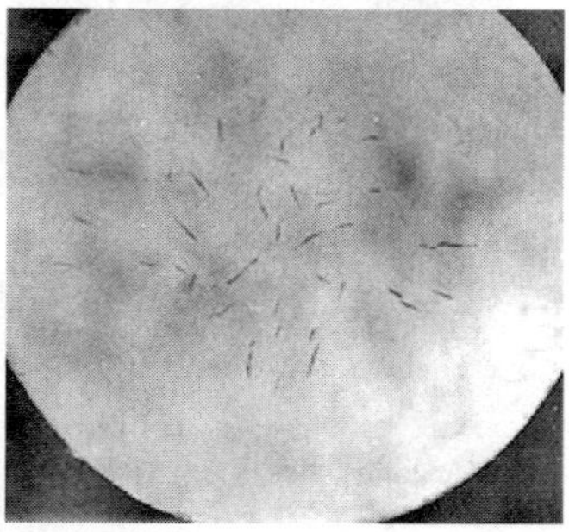

(b)

图 4-9　常见锻造缺陷示意图

(a) 裂纹;(b) 白点

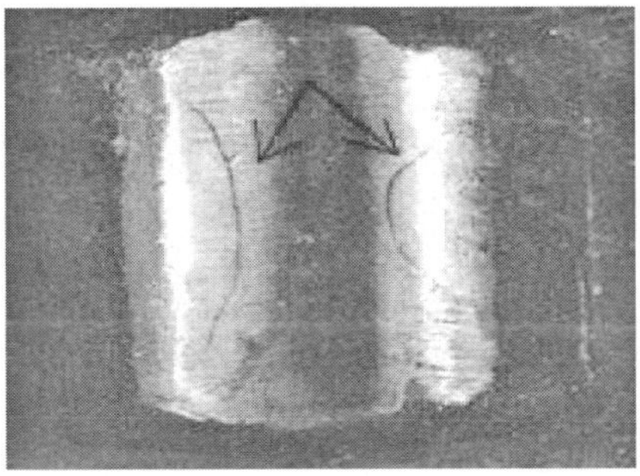

(c)

图 4-9　常见锻造缺陷示意图(续)

(c) 折叠

(2) 板材、管材存在的缺陷

1) 分层:板坯中缩孔、夹渣等在轧制过程中未焊合而形成的分离层。

2) 裂纹:由于轧制变形量过大和温度不当而形成的破裂,常见于钢板的棱角处。

3) 折叠:钢板表面局部形成的互相叠合的双层金属。

4) 白点:钢板在轧制后的冷却过程中氢原子来不及扩散而形成的微小裂纹,其裂面呈白色,常见于厚度大于 40 mm 的钢板中。

钢板中最危险的缺陷是裂纹和白点。压力容器用钢板中不允许存在裂纹和白点。

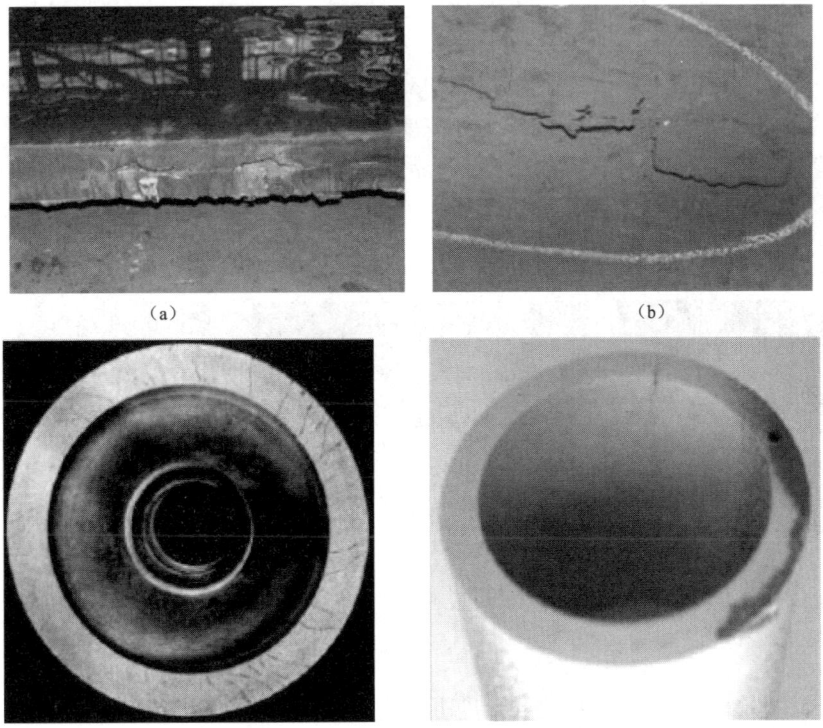

(a)　(b)

(c)　(d)

图 4-10　常见板材、管材缺陷

(a) 分层;(b) 重皮;(c) 磨削裂纹;(d) 热处理裂纹

3.焊接中存在的缺陷

焊接缺陷是在焊接接头中因焊接产生的金属不连续、不致密和连接不良的现象。焊接缺陷根据其性质、特征分为以下6类:裂纹;未熔合及未焊透;夹渣;气孔;咬边、凹坑以及其他形状缺陷包括焊瘤、烧穿、弧坑、电弧擦伤等。

(1) 裂纹

裂纹是焊接结构中最危险的缺陷。它是在焊接过程中或焊后,在焊接应力和其他致脆因素的共同作用下,焊接接头局部原子结合力被破坏形成新界面从而在焊缝或母材热影响区产生的局部破裂。

裂纹按其产生的部位不同,可分为熔合线裂纹、根部裂纹、弧坑裂纹和热影响区裂纹等;按裂纹延伸方向可分为纵向裂纹、横向裂纹和枝状裂纹;按产生的温度不同可分为热裂纹、冷裂纹和再热裂纹。如图4-11所示。

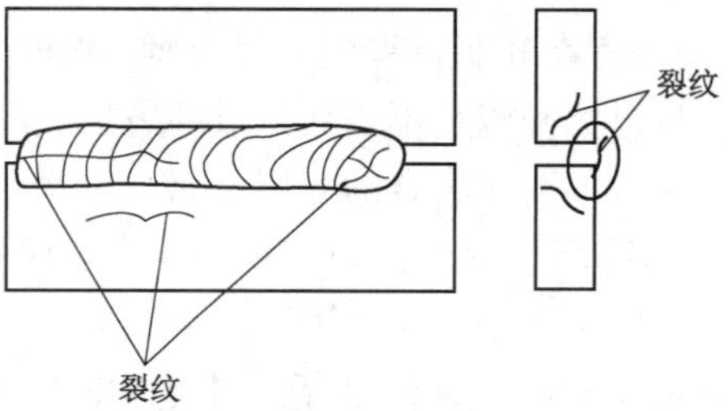

图 4-11 焊接裂纹

1) 热裂纹:焊接过程中,焊缝和热影响区金属冷却到固相线附近的高温区所产生的焊接裂纹称为热裂纹(见图4-12)。其产生的主要原因是在焊接过程中熔池金属中形成低熔点共晶物和杂质(主要是C、S、P),导致严重的晶内和晶间偏析,同时在焊接应力的作用下沿晶界被拉开从而形成热裂纹。热裂纹一般发生在奥氏体不锈钢、镍合金和铝合金中。低碳钢焊接时一般不易产生热裂纹,但随着钢的含碳量增高,热裂纹倾向增大。

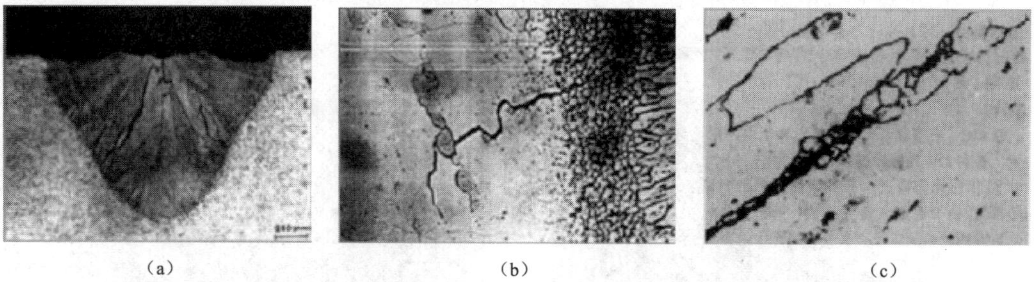

(a) (b) (c)

图 4-12 热裂纹

(a) 晶间裂纹;(b) HAZ液化裂纹;(c) 多边化裂纹

2) 冷裂纹:焊接接头冷却到较低温度下产生的裂纹(见图4-13)。其产生的主要原因是马氏体转变而形成的淬硬组织,拘束应力大,残留在焊缝中的扩散氢等。冷裂纹主要发生在热影响区。它可在焊后立即出现,也可能经过一段时间(几小时、几天甚至更长时间)才出现,这种裂纹又称为延迟裂纹。它是冷裂纹中较普遍的一种形态。

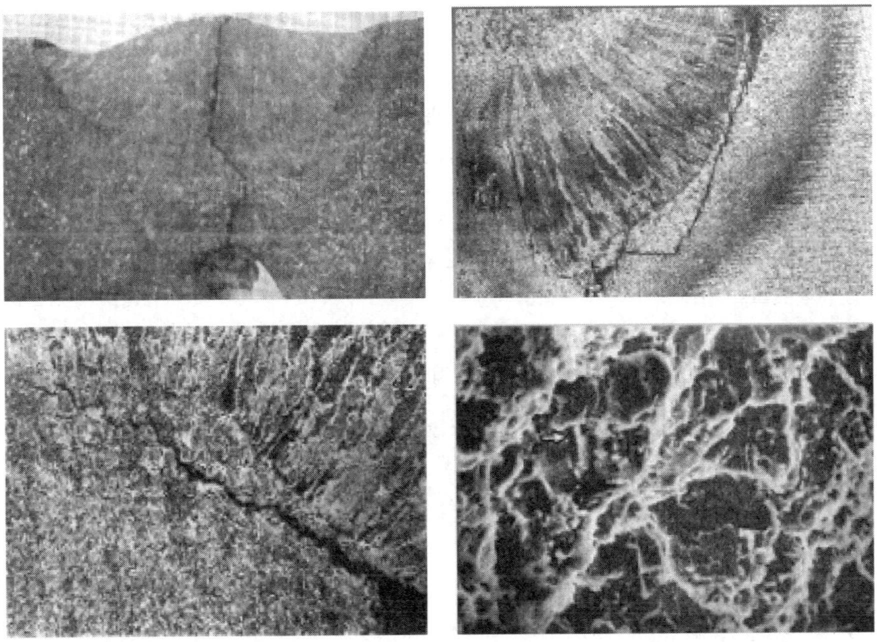

图 4-13　冷裂纹

3）再热裂纹：再热裂纹（见图 4-14）是焊接接头焊后再加热到一定温度时（如焊后热处理、多层焊和高温运行时）产生的，是高温蠕变和碳化物沉淀强化使晶界应力高度集中所致，它一般发生在含钒、铬、钼、硼等合金元素的低合金高强钢、珠光体耐热钢及奥氏体不锈钢中。再热裂纹大多起源于焊接热影响区的粗晶区，具有晶界断裂的特征。

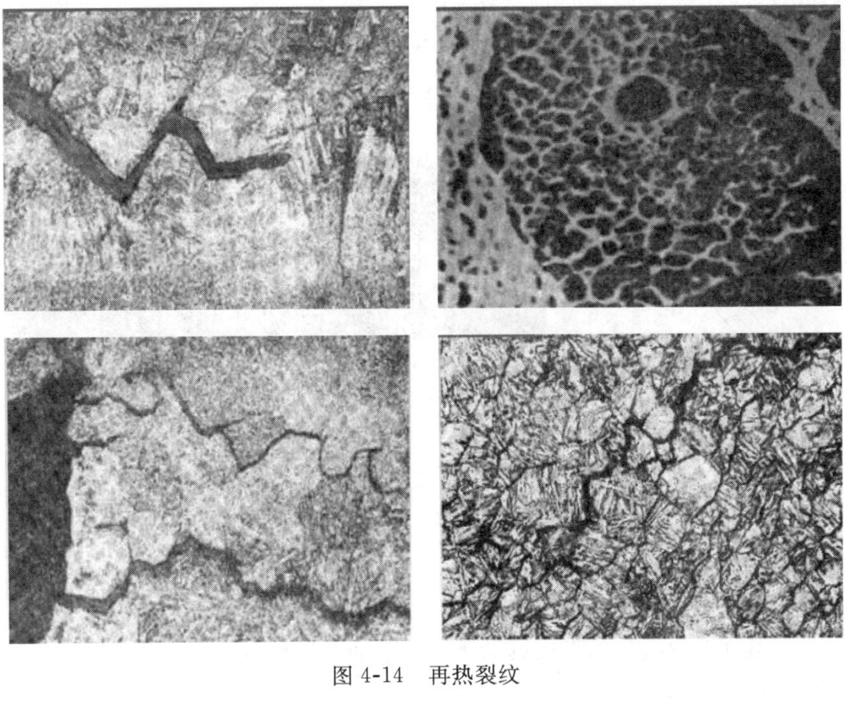

图 4-14　再热裂纹

(2) 未熔合和未焊透

未熔合主要是焊缝填充金属与母材或填充金属之间没有熔合在一起(见图 4-15)。未焊透是焊缝接头根部母材未完全熔透的现象(见图 4-16)。

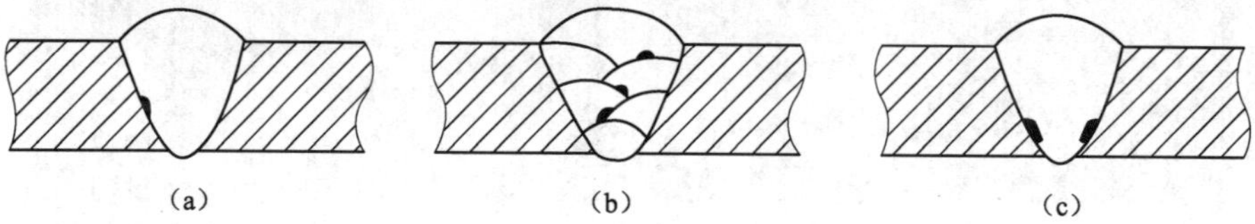

图 4-15　常见焊缝未熔合形貌

(a) 侧壁未熔合;(b) 层间未熔合;(c) 根部未熔合

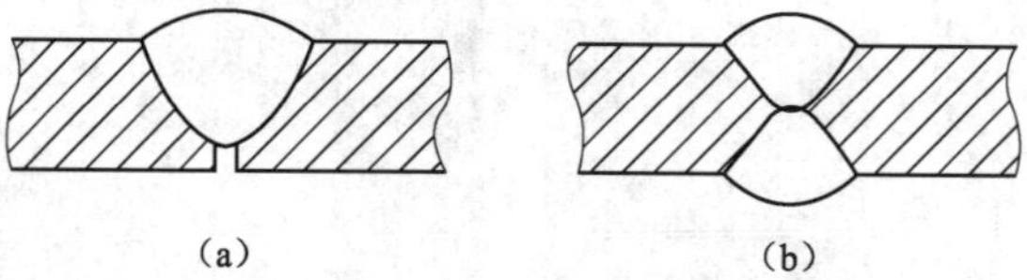

图 4-16　常见焊缝未焊透形貌

(a) 根部未焊透;(b) 中间未焊透

未熔合、未焊透直接降低了接头的力学性能,并易造成应力集中,危害性很大,一般焊缝中不允许存在。

(3) 夹渣

夹渣是焊后残留在焊缝金属内的熔渣或非金属夹杂物(见图 4-17)。它的存在减小了焊缝的有效截面,从而降低了焊缝的力学性能,同时还会引起应力集中。

(4) 气孔

气孔是焊接熔池在高温时吸收的过量的气体或冶金反应产生的气体在冷却凝固之前来不及逸出而残留在焊缝中所形成的空穴,气孔会削弱承载面积,降低焊缝的强度和塑性(见图 4-18)。

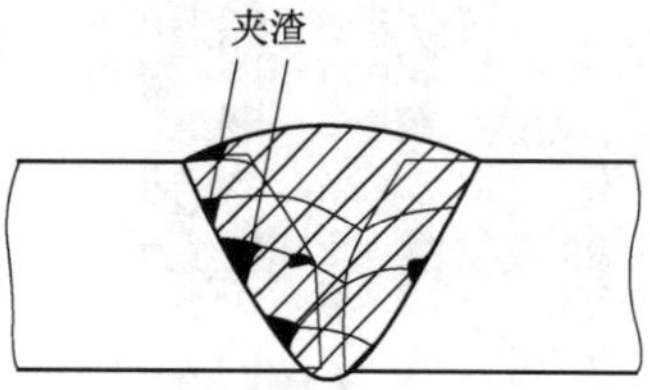

图 4-17　焊缝夹渣形貌

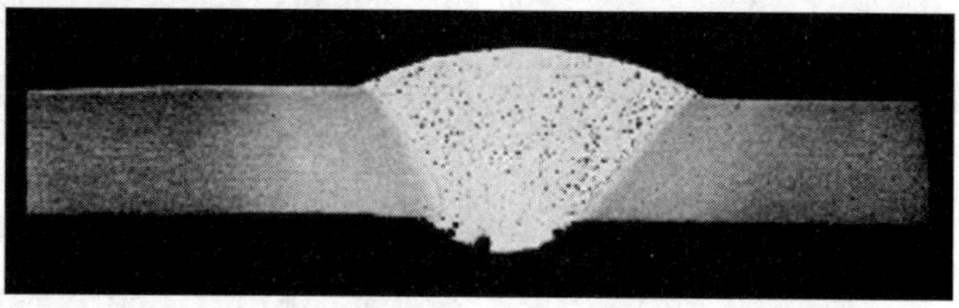

图 4-18　焊缝气孔形貌

(5) 咬边

咬边是指焊后沿焊趾的母材部分产生的纵向沟槽或凹槽。立、横、仰焊时,容易产生咬边(见图 4-19)。咬边严重时,会产生应力集中,容易引起裂缝,并减少焊缝面积,使工件强度降低。重要的构件,一般不允许存在咬边。

(6) 凹坑

焊后在焊缝表面或焊缝背面形成的低于母材表面的局部低洼部分叫作凹坑(见图 4-20)。凹坑使焊缝的有效截面减小,降低了焊缝的承载能力,从而造成整条焊缝被破坏。

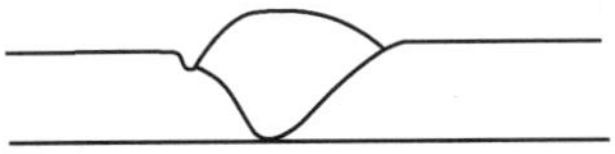

图 4-19　焊缝咬边

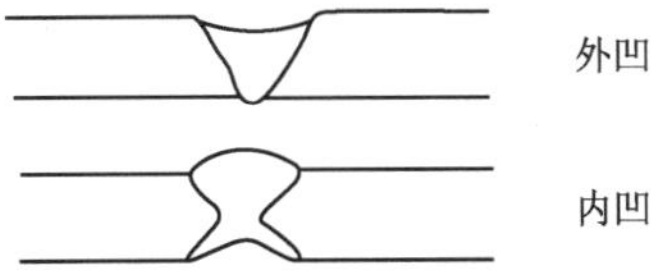

图 4-20　焊缝凹坑

(7) 其他形状缺陷

1) 焊瘤:焊瘤是焊接时,熔化金属流淌到焊缝之外未熔化母材上形成的金属瘤(见图 4-21)。

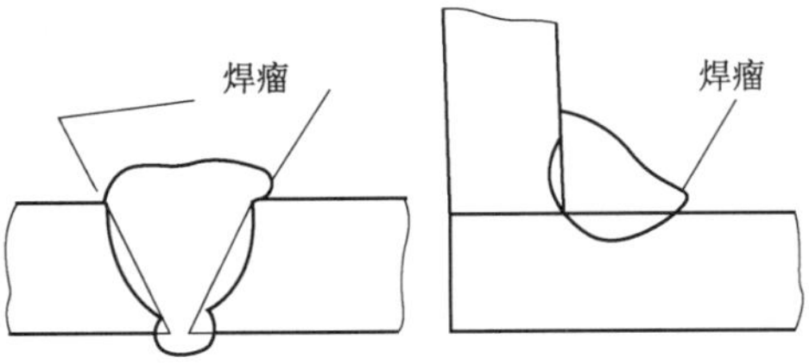

图 4-21　焊瘤

2) 烧穿:烧穿是焊接过程中,熔化金属从焊缝背面流出形成的穿孔(见图 4-22)。

3) 弧坑:电弧焊时由于断弧或收弧不当,在焊道末端形成的低洼部分称为弧坑(见图 4-23)。而且由于杂质集中会导致弧坑裂纹从而造成整条焊缝被破坏。

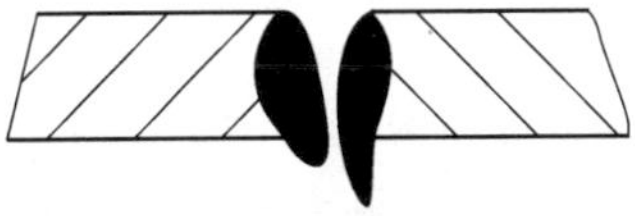

图 4-22　烧穿

图 4-23　弧坑

4) 电弧擦伤:是指引弧方法不正确使焊件表面留下电弧的划痕(见图 4-24)。由于冷却速度快,划痕处硬度很高,有脆化现象,在易淬火钢种可能导致该处产生裂纹。

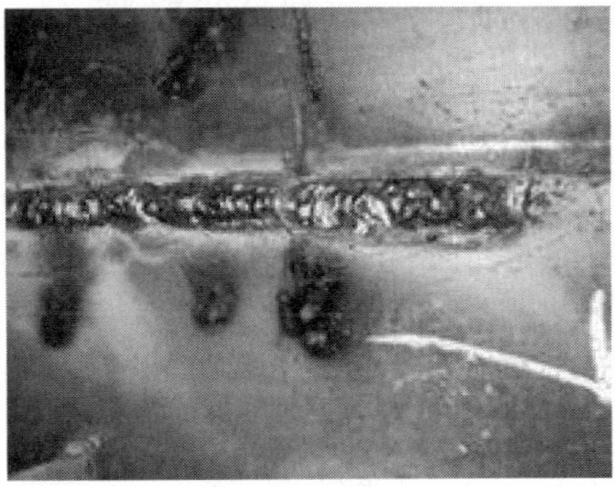

图 4-24　电弧擦伤

三、使用和运行中产生的缺陷和损坏

核设备工作在一个复杂的环境和条件下,在使用和运行中除了与一般工件一样受到载荷、磨损等影响,还会由于在高温、高压、两相流体、化学及辐射等运行环境中导致设备存在更多其他的产生缺陷和损坏的类型和风险,大致包括:

1. 腐蚀(应力腐蚀、晶间腐蚀、点蚀)

在核动力设备运行中,在金属与介质(如冷却剂、水、汽等)交界面上的化学或电化学反应会产生腐蚀而损坏金属。在核动力设备运行环境中发生的腐蚀主要有应力腐蚀、晶间腐蚀及点蚀等。

(1) 应力腐蚀

应力腐蚀是指在拉应力作用下,金属在腐蚀介质中引起的破坏(见图 4-25)。这种腐蚀一般均穿过晶粒,即所谓穿晶腐蚀。应力腐蚀是由残余或外加应力导致的应变和腐蚀联合作用产生的材料破坏过程。应力腐蚀导致材料的断裂称为应力腐蚀断裂。

应力腐蚀一般认为有阳极溶解和氢致开裂两种。常见的应力腐蚀机理是:零件或构件在应力和腐蚀介质作用下,表面的氧化膜被腐蚀而受到破坏,破坏的表面和未破坏的表面分别形成阳极和阴极,阳极出的金属成为离子而被溶解,产生电流流向阴极。由于阳极面积比阴极的小得多,阳极的电流密度很大,进一步腐蚀已破坏的表面。加上拉应力的作用,破坏逐渐形成裂纹,裂纹随时间逐渐扩展直到断裂。这种裂纹不仅可以沿着金属晶粒边界发展,而且还能穿过晶粒发展。

一般应力腐蚀都属于脆性断裂。应力腐蚀的裂纹扩展速率一般为 10^{-6}～10^{-3} mm/min。存在孕育区,扩展区和瞬断区三部分。

(2) 晶间腐蚀

绝大多数金属和合金是多晶体,在它们表面上也显露出许多晶界。晶界是原子排列较为疏松、紊乱的区域,容易产生杂质原子富集、晶界吸附、第二相的沉淀析出等现象;因此存在着显著的化学、物理不均匀性。在腐蚀介质中金属和合金的晶界的溶解速度和晶粒本身的溶解速度是不同的。在某些环境中,晶界的溶解速度远大于晶粒本身的溶解速度时,会产生沿晶界进行选择性局部腐蚀,称为晶间腐蚀(见图 4-26)。受热(如敏化处理)、受力(冷加工形变)而引起晶界组织结构的不均匀变化,对晶间腐蚀也有很大影响。

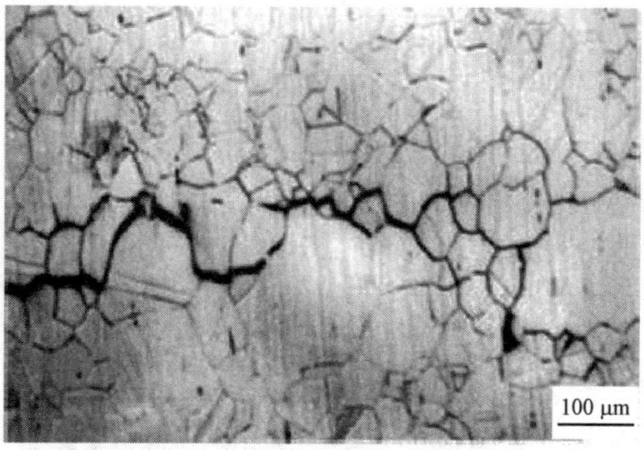

图 4-25 应力腐蚀金相照片

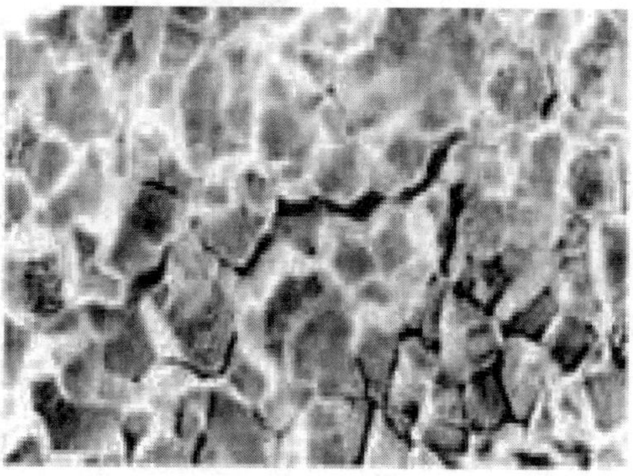

图 4-26 晶间腐蚀金相照片

晶间腐蚀发生后,金属和合金虽然表面仍保持一定的金属光泽,也看不出被破坏的迹象,但晶粒间的结合力已显著减弱,强度下降,因此设备和构件容易遭到破坏。晶间腐蚀隐蔽性强,突发性破坏概率大,因此有严重的危害性。不锈耐酸钢、镍基耐蚀合金、铝合金等金属材料都有可能产生晶间腐蚀;尤其在焊接时,焊缝附近的热影响区更容易发生晶间腐蚀。

(3) 点蚀

点蚀是在金属表面局部地区出现纵深发展的腐蚀小孔,其余地区不腐蚀或腐蚀轻微,这种腐蚀形态叫点蚀(见图 4-27),又叫孔蚀或小孔腐蚀。以钢材为例,不锈钢表面微小"锈孔"的迅猛增加,是造成不锈钢受到大规模腐蚀的原因。腐蚀物浓度或温度的微小变化,就能显著加快腐蚀速度。点状腐蚀的迅速出现,是由于金属表面亚稳定状态的微孔迅速增生的缘故。

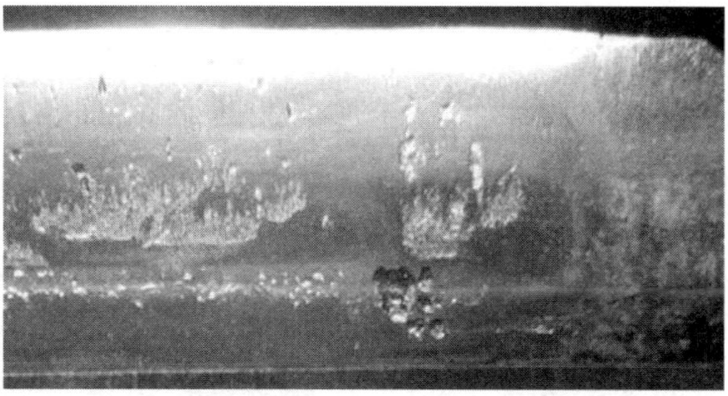

图 4-27　点腐蚀照片

不锈钢点蚀是一种很危险的局部腐蚀,多发生在含有氯、溴、碘等水溶液中,产生小孔然后急剧进行腐蚀的现象,严重时会穿透钢板,一般不能以重量减少多少来评价其腐蚀程度。核电厂里蒸汽发生器某些材料的传热管容易产生点蚀。

2. 疲劳

构件在交变载荷的长时间作用下发生失效的现象称为疲劳(见图 4-28)。在疲劳作用下,即使工件载荷远小于其最大强度也会发生永久的破坏。

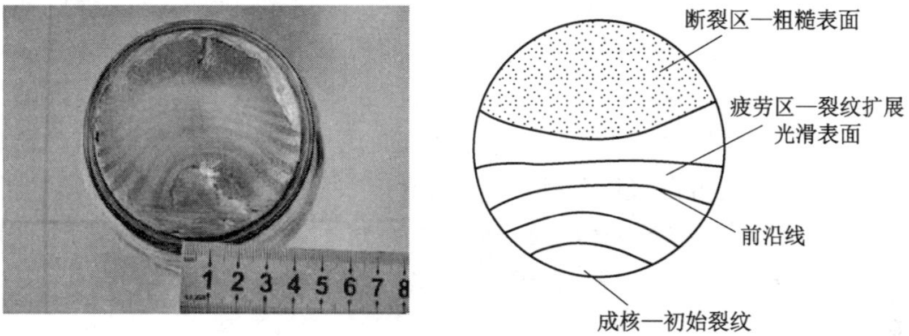

图 4-28　疲劳现象

疲劳裂纹会沿着最大拉应力平面进行扩张。由于拉应力通常垂直于材料的表面,疲劳裂纹一般相对平整。

疲劳的另一个特点是工件并不随着裂纹扩展而发生宏观形状上的塑性变形。这是因为疲劳裂纹保留了工件的形状,并且疲劳裂纹一般难以看见,对检测技术要求很高。

工件处在热循环的条件下会导致局部表面热胀冷缩而产生应力并可能导致疲劳裂纹的产生。热裂纹在其他役致应力的作用下会发生扩展。

3. 冲蚀、气蚀和流动加速腐蚀

冲蚀、气蚀和流动加速腐蚀现象在核电厂的水、汽管路系统中都存在,不同的条件下,其中某种现象可能起主要作用,其结果是管壁的减薄。

(1) 冲蚀

由于固体、液体或者气体向固体表面不断进行动态撞击导致表面被磨去的现象。例如:汽轮机叶片被凝结的水滴撞击(见图 4-29);冷凝器的管段受到蒸汽的冲蚀;弯管处所受的水流的冲蚀等。

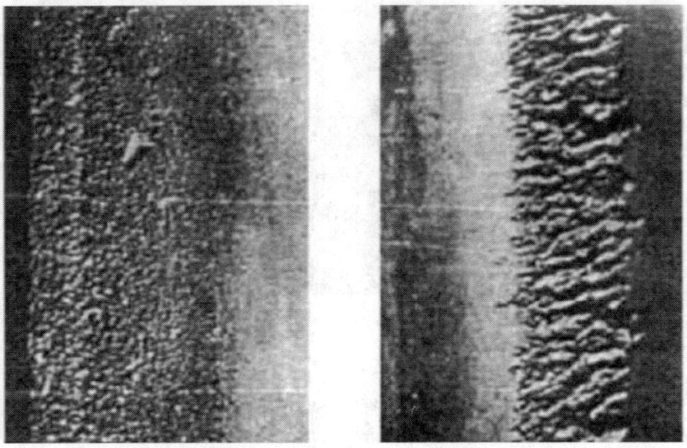

图 4-29 汽轮机叶片冲蚀形貌

(2) 气蚀

由于流动液体中的气泡破裂形成的振动波所引起固体表面局部磨损的现象。这也是一种常见的磨损现象。如一些泵和阀门的气蚀(见图 4-30)。

泵在吸入真空度大于允许吸入真空度时,发生气蚀现象。主要发生在叶轮外缘叶片及盖板,涡壳或导轮处,不会发生在叶片进口处。例如流量大于设计流量时发生在叶片进口靠近前盖板的叶片正面处。当叶轮入口处压强下降至被送液体在工作温度下的饱和蒸汽压时,液体将会发生部分气化,生产的气泡将随液体从低压区进入高压区,在高压区气泡会急剧收缩,凝结,其周围的液体以极高的速度冲向原气泡所占空间,产生高强度的冲击波,冲击叶轮和泵壳,发生噪声引起震动。由于长期受到冲击力反复作用以及液体中微量溶解氧的化学腐蚀作用,叶轮局部表面出现斑痕和裂纹甚至海绵状损坏。

4. 流动加速腐蚀(FAC)

腐蚀性的介质流体在局部形成湍流,大大加快了氧化膜的溶解和化学、电化学反应速度,使局部腐蚀现象迅速加快。由于管路中水的湍流普遍存在,流动加速腐蚀在核电厂也较普遍(见图 4-31)。

图 4-30 泵的叶轮气蚀

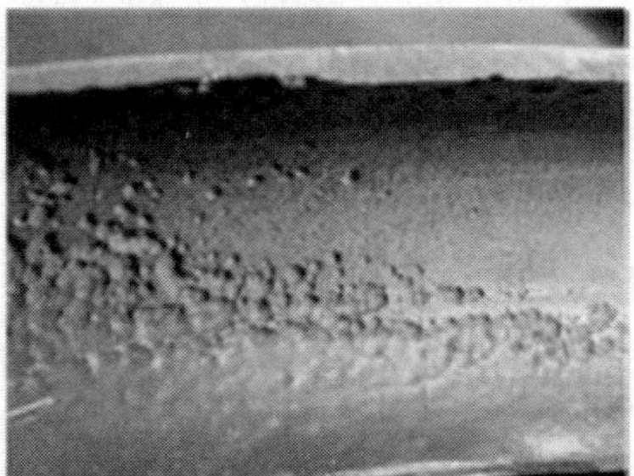

图 4-31 弯管处流动加速腐蚀

压水堆核电厂为了保护蒸汽发生器,其二回路水质要求为高 pH 和低溶解氧,而二回路碳钢管道在此工况下却容易发生流动加速腐蚀的问题。

5. 过载

承受疲劳负荷的构件，在运行过程中其工作压力偶尔会有超过材料疲劳极限的过载运行现象，如急刹车，启动等。如果过载不当，会造成过载损伤，降低材料的疲劳极限，导致构件的使用寿命大大减少。过载损伤可以认为是由于引发了非扩展性的始裂纹达到了扩展性裂纹的临界尺寸，使此裂纹在过载后的恒载运行中不断扩展导致失效断裂。

6. 脆性断裂

在工程上造成断裂的原因很复杂，影响断裂的因素很多，如材质、缺陷、应力状态、残余应力、工作环境等，同时，从不同的角度可以把断裂分成许多类型：

按断裂前金属在宏观上能贡献的延性或韧性的大小来分。凡是延性或韧性很小的叫脆性断裂。反之则叫延性或韧性断裂。

按断裂过程在金属内部所经历的途径可分为穿晶断裂和沿晶断裂。穿晶断裂在宏观上可表现为脆性断裂，也可表现为延性断裂。沿晶断裂一般表现为脆性断裂，如回火脆，多数的氢脆、应力腐蚀开裂等。按机理状态还可分为解理断裂和微孔聚集型断裂。解理断裂时金属晶体沿着其特定的结晶平面(解理面)的分裂，是脆性的穿晶断裂。微孔聚集型断裂表现为延性断裂。

金属的脆性断裂和裂纹前端的应力集中引起的裂纹扩展有关，也和断裂时的温度与变形速度有关。温度越低，变形速度越快，脆性倾向越大。在辐照环境下，工件材料的韧脆转变温度将向高温方向移动，增加了工件脆性断裂的趋势。

7. 蠕变

金属材料长时间在高温下承受载荷时，即使应力远小于屈服极限，但也会逐渐产生塑性变形，导致形状和尺寸变化，这种现象称为蠕变。当金属材料温度高于 0.3～0.7 T(材料的熔点)时，可产生蠕变。由于这种变形引起的断裂称为蠕变断裂(见图 4-32)。

核电厂设备运行正常工况下，除燃料元件包壳外，其余核电部件不存在蠕变现象。

8. 磨损

在摩擦作用下使工件表面发生物质消耗和尺寸变化，称为磨损。磨损是零部件失效的一种基本类型。按照表面破坏机理特征，磨损可以分为磨粒磨损、粘着磨损、表面疲劳磨损(见图 4-33)、腐蚀磨损和微动磨损等。

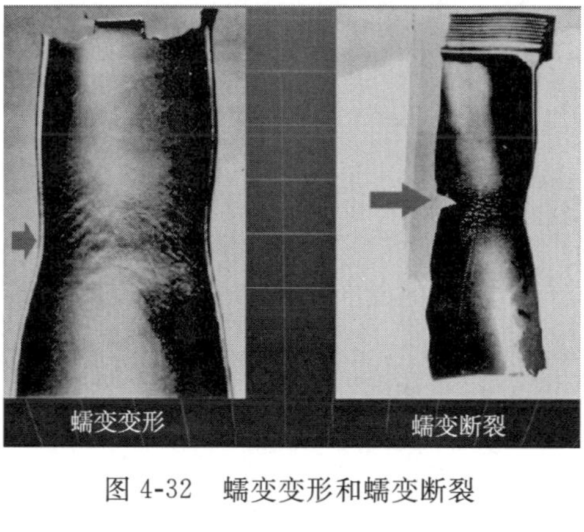

图 4-32　蠕变变形和蠕变断裂

图 4-33　表面磨损

思考题

1. 简述熔焊焊接接头的组成和特点。
2. 简述奥氏体不锈钢发生晶间腐蚀的原因,以及防止晶间腐蚀的方法。
3. 简述心肺复苏的基本操作步骤。
4. 分别描述核电厂进入四个级别应急状态的各自特征。

第五章　质量管理

学习目标：

初级工：了解质量管理基本概念、质量控制基础概念、核设备无损检测过程中的质量控制的相关知识。

中级工：了解质量管理基本概念、质量管理八原则、核电厂的质量保证、质量控制基础概念、质量分析与控制方法、核设备无损检测过程中的质量控制的相关知识。

高级工：熟悉质量管理基本概念，了解质量管理八原则、核电厂的质量保证，熟悉质量控制基础概念，了解质量分析与控制方法，熟悉核设备无损检测过程中的质量控制的相关知识。

技师：熟悉质量管理基本概念、质量管理八原则、核电厂的质量保证、质量控制基础概念、质量分析与控制方法、核设备无损检测过程中的质量控制的相关知识。

高级技师：掌握质量管理基本概念，熟悉质量管理八原则、核电厂的质量保证，掌握质量控制基础概念，熟悉质量分析与控制方法，掌握核设备无损检测过程中的质量控制的相关知识。

第一节　质量保证基础知识

一、质量管理基本概念

质量管理是指确定质量方针、目标和职责，并通过质量体系中的质量策划、控制、保证和改进来使其实现的全部活动。

通过质量控制和质量保证活动，发现质量工作中的薄弱环节和存在问题，再采取针对性的质量改进措施，进入新一轮的质量管理 PDCA 循环，以不断获得质量管理的成效。

质量管理的发展大致经历了 3 个阶段。

1. 质量检验阶段

20 世纪前，产品质量主要依靠操作者本人的技艺水平和经验来保证，属于“操作者的质量管理”。20 世纪初，科学管理理论的产生，促使产品的质量检验从加工制造中分离出来，质量管理只能由操作者转移给工长，是“工长的质量管理”。随着企业生产规模的扩大和产品复杂程度的提高，产品有了技术标准(技术条件)，公差制度也日趋完善，各种检验工具和检验技术也随之发展，大多数企业开始设置检验部门，这时是“检验员的质量管理”。上述几种做法都属于事后检验的质量管理方式。

2. 统计质量控制阶段

由于事后检验无法控制武器弹药的质量，第二次世界大战开始，以数理统计理论为基础的统计质量控制得以推广应用。由于现代工业生产通常按照同一设计、采用同样的操作条件下进行的,产品质量在一定程度上是均匀的。又由于许多不可避免的随机因素的作用,产品质量必然会有波动。产品质量特征服从一定的概率分布,这使数理统计方法有可能应用到质量管理中去,从而产生了统计质量管理的理论和方法。一般包括控制图、抽样检验和可靠性理论和方法等。

3. 全面质量管理阶段

20 世纪 50 年代以来,随着生产力的迅速发展和科学技术的日新月异,人们对产品的质量从注重产品的一般性能发展为注重产品的耐用性、可靠性、安全性、维修性和经济性等。在生产技术和企业管理中要求运用系统的观点来研究质量问题。在管理理论上也有新的发展,突出重视人的因素,强调依靠企业全体人员的努力来保证质量意外,还有“保护消费者利益”运动的兴起,企业之间市场竞争越来越激烈。在这种情况下,美国 A.V.费根鲍姆于 60 年代初提出全面质量管理的概念。“是为了能够在最经济的水平上,并考虑到充分满足顾客要求的条件下进行生产和提供服务,并把企业各部门在研制质量、维持质量和提高质量方面的活动构成一体的一种有效体系”。

中国自 1978 年开始推行全面质量管理,并取得了一定成效。

二、质量管理八原则

ISO/TC176/SC2/WG15 结合 ISO9000 标准,通过广泛的顾客调查制定成了质量管理八项原则,包含在 ISO/TC176/SC2/WG15/N130《质量管理原则》中,包括:

1. 以顾客为关注焦点

组织依存于他们的顾客,因而组织应理解顾客当前和未来的需求,满足顾客需求并争取超过顾客的期望。

2. 领导作用

领导者建立组织相互统一的宗旨,方向和内部环境。所创造的环境能使员工充分参与实现组织目标的活动。

3. 全员参与

各级人员都是组织的根本,只有他们的充分参与才能使他们的才干为组织带来收益。

4. 过程方法

将相关的资源和活动作为过程来进行管理,可以更高效地达到预期的目的。

5. 管理的系统方法

针对制订的目标,识别、理解并管理一个由相互联系的过程所组成的体系,有助于提高组织的有效性和效率。

6. 持续改进

持续改进是一个组织永恒的目标。

7. 基于事实的决策方法

有效地决策是建立在对数据和信息进行合乎逻辑和直观的分析基础上。

8. 与供方互利的关系

组织和供方之间保持互利关系,可增进两个组织创造价值的能力。

三、核电厂的质量保证

1. 质量保证的基本概念

《核电厂质量保证安全规定》(HAF003)中对质量保证的定义为:为使物项和服务与规定的质量要求相符合并提供足够的置信度所必需的一系列有计划的系统化的活动。

质量保证,首先应理解为一项完整的活动,而且是“一系列”的、“有计划的”和“系统化的”活动。它的目的是使物项或服务要与规定的质量要求相符合,同时需要提供能充分说明质量符合规定要求的客观证据以确保活动的完成。

2. 质量保证的作用与意义

核电厂建设是一个高度综合和复杂的工程技术项目,从选址、设计、建造、调试、运行,直至退役的每一个环节的质量都可能影响到核电厂的安全性和经济性。同时,核电厂涉及到的技术工种、学科和领域众多,需要许多单位长期共同协作来完成。为此,必须运用系统(即质量保证)的概念和方法,把核电厂建设的各个阶段、每个环节和各有关单位的质量工作组织起来,形成一个既有明确目的、任务、职责和权限,又能相互协调和促进的有机整体。即通过建立核电厂的质量保证体系来促进和达到所要求的质量。

同时,为了保证核电厂的核安全,人们采取了多种措施,其中重要措施之一就是将质量保证贯穿到核电厂各个阶段的所有与核安全有关的活动中去,即将一切影响核安全的质量活动都置于有效地控制之下,通过保证物项和活动的质量来保证核电厂的安全。

所以说,质量保证是“有效管理”的一个实质性的方面,也是保证核电厂安全、可靠地运行必不可少的一种手段。

第二节 质量控制基础知识

一、质量控制基本概念

国家标准GB/T19001—2016定义质量控制是质量管理的一部分,致力于满足质量要求。

质量控制的工作内容包含了专业技术和管理技术两个方面。质量控制应贯彻预防为主与检验把关相结合的原则,在项目形成的每一个阶段和环节,即质量环的每一阶段,都应对影响其工作质量的人、机、料、法、环因素进行控制,并对质量活动的成果进行分阶段验证,以便及时发现问题、查明原因,采取措施,防止类似问题重复发生,并使问题在早期得到解决,减少经济损失。为使每项质量活动都能有效,质量控制对干什么、为何干、如何干、由谁干、何时干、何地干等问题应做出规定,并对实际质量活动进行监控。

二、质量分析与控制方法

1. 质量分析方法

(1) 分层法和统计分析表法

分层法又名层别法,是将不同类型的数据按照同一性质或同一条件进行分类,从而找出其内在的统计规律的统计方法。常用分类方法有按操作人员分、按使用设备分、按工作时间分、按使用原材料分、按工艺方法分、按工作环境分等。这是分析影响产品质量原因及责任的一种基本方法,经常与统计调查表结合使用。

统计分析法也叫调查表,是用于收集数据的规范表格。通过系统地收集数据,以获取对事物的明确认识。常用的统计表主要有:缺陷位置调查表、不良品原因统计表、按不良品项目分类调查表等。

(2) 排列图和因果原因分析图

排列图法,又称主次因素分析法、帕累托图法,它是找出影响产品质量主要因素的一种简单而有效的图表方法。排列图是根据“关键的少数和次要的多数”的原理而制作的。也就是将影响产品质量的众多影响因素按其对质量影响程度的大小,用直方图顺序排列,从而找出主要因素。

如图 5-1 所示,其结构是由两个纵坐标和一个横坐标,若干个直方形和一条折线构成。左侧纵坐标表示不合格品出现的频数(出现次数或金额等),右侧纵坐标表示不合格品出现的频率,横坐标表示影响质量的各种因素,按影响大小顺序排列,直方形高度表示相应的因素的影响程度(即出现频率的多少),折线表示累计频率(也称帕累托曲线)。通常累计百分比将影响因素分为三类:0%~80%为 A 类因素,也就是主要因素;80%~90%为 B 类因素,即次要因素;90%~100%为 C 类因素,即一般因素。由于 A 类因素占问题的 80%,那么此类因素解决了,质量问题大部分就得到了解决。

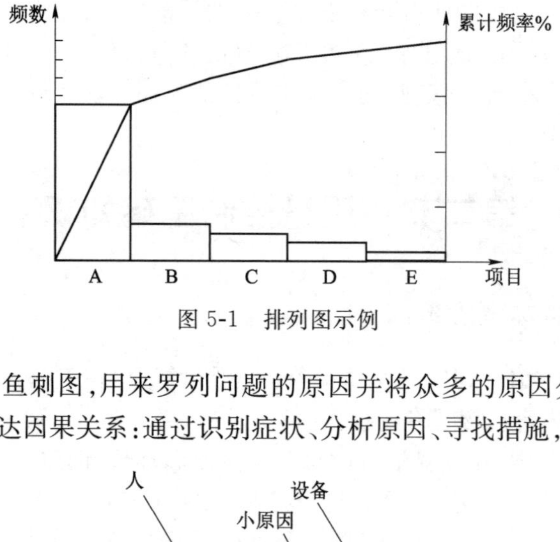

图 5-1 排列图示例

因果分析图又叫鱼刺图,用来罗列问题的原因并将众多的原因分类、分层的图形(见图 5-2)。它分析和表达因果关系:通过识别症状、分析原因、寻找措施,促进问题的解决。

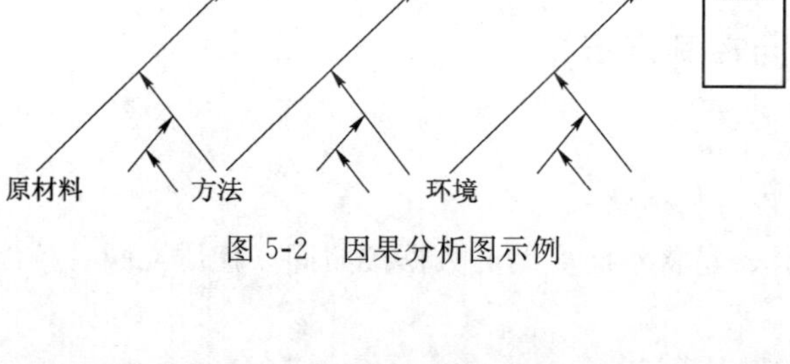

图 5-2 因果分析图示例

因果分析图形象地表示了探讨问题的思维过程,利用它分析问题能取得顺藤摸瓜,步步深入的效果。即利用因果分析图可以首先找出影响质量问题的大原因,然后寻找到大原因背后的中原因,再从中原因找到小原因和更小的原因,最终查明主要的直接原因。这样有条理地逐层分析,可以清楚地看出“原因-结果”“手段-目标”的关系,使问题的脉络完全显现出来。

应用因果图进行质量问题分析一般有以下几个步骤:确定要分析的问题、分析作图、找主要原因。确定问题影响质量原因常按其影响因素——人、设备、原材料、方法、环境等分类。

(3) 相关图分析法

相关图也称散布图,是分析研究两种质量特性值之间相关性的方法。它具有直观简便的优点。通过做散布图对数据的相关性进行直观地观察,不但可以得到定性的结论,而且可以通过观察剔除异常数据,从而提高用计算法估算相关程度的准确性。

(4) 回归分析

确定了两事物之间存在相关关系后,还要进一步求出两变量之间的定量表达式,也就是求出一个最逼近的方程式,即回归方程式。求回归方程有简易法与最小二乘法。

(5) 直方图

即频数分布直方图法,它是将收集到的质量数据进行分组整理,绘制成频数分布直方图,用以描述质量分布状态的一种分析方法,所以又称质量分布图法。

从直方图可以直观地看出产品质量特性的分布形态,便于判断过程是否处于控制状态,以决定是否采取相应对策措施。

(6) 控制图

控制图又称管理图,是用于分析和判断工序是否处于稳定状态所使用的带有控制界限的一种工序控制图。它是对生产过程中产品质量状况进行实时控制的统计工具,是质量控制中最重要的方法(见图 5-3)。

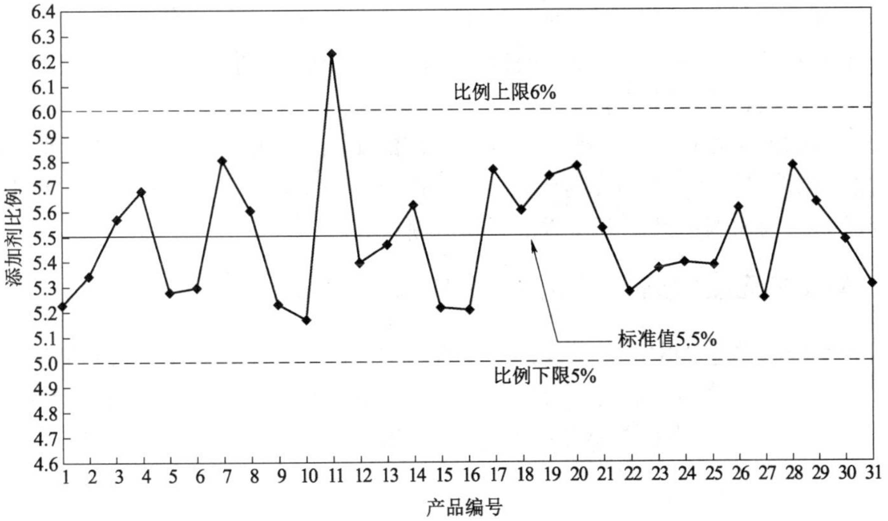

图 5-3　控制图示例

图 5-3 有三条平行于横轴的直线:中心线、上控制线、下控制线,并有按时间顺序抽取的样本统计量数值的描点序列。这三条线统称为控制线,通常控制界限设定在正负 3 个标准差的位置。中心线是所控制的统计量的平均值,上下控制界限与中心线相距数倍标准差。若控制图中的描点落在上下控制线之外获描点在上下控制线之间的排列不随机,则表明过程异常。

2. 质量成本分析法

质量成本是为确保和保证满意的质量而发生的费用已经没有达到满意的质量所造成的损失。质量成本分析的基本工作是对质量成本数据进行整理与分析,寻找达到最佳质量成本并提高质量管理水平的途径。质量成本分析的方法主要是对质量成本的构成比例进行分析及探索最适宜的质量成本。

质量成本与制造过程的质量高低之间的关系如图 5-4 所示。

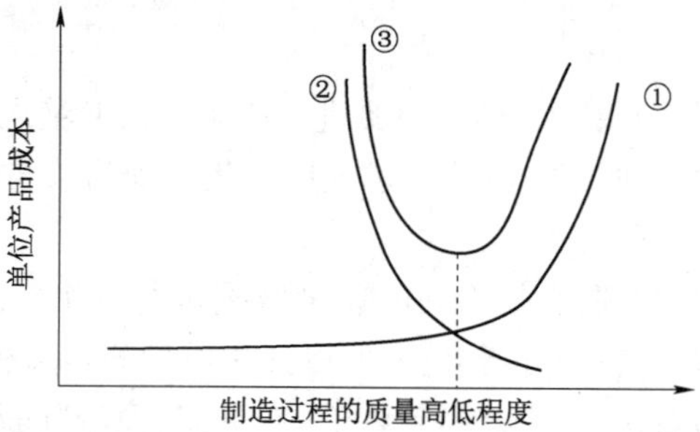

图 5-4 质量成本关系图

(1) 鉴定成本与预防成本是随着制造质量水平(合格品率)的提高而增加的;内部与外部故障成本则是随制造质量水平的提高而降低的。

(2) 鉴定成本与预防成本的增加可以使故障成本降低,当故障成本的降低到可以抵消甚至超过预防及鉴定成本的增加额时,从经济上来说是合理的。

(3) 质量总成本存在着一个最佳点,即曲线的最低点,这个点表示这四项成本的平衡点。与平衡点对应的合格品率,就是企业应选择的经济制造质量水平,这个质量水平下的质量成本就称为最适宜的质量成本。

质量成本的四个构成部分之间是存在着一定的比例关系的,尽管不同的行业、不同的工厂之间,这些比例有较大的差别,但是就一个行业或一个企业而言,它的比例是相对稳定的。企业应寻求合适的比例关系。以使质量成本总额较低。

三、核设备无损检测过程中的质量控制

核设备无损检测过程中的质量控制需要重点关注检测实施的参照标准,检测程序/工艺卡,人员资格和授权,检测仪器的有效性,检测耗材的有效性和无害性,检测环境的可用性和安全性,并通过质量计划来控制检测的准备、实施和评定过程。

1. 法规、标准和规程

(1) 法规和标准

核设备制造、安装和在役检查期间无损检测主要依据的法规为国家环保总局颁布的《民

用和安全设备设计制造安装和无损检验监督管理规定》(HAF601)和《民用核安全设备无损检验人员资格管理规定》(HAF602)。

核设备制造、安装和在役检查期间无损检测采用的标准主要依据检测对象设计时的检测标准要求,包括标准的名称、版本等。本书第六章相关法律、法规知识中对中国常用的无损检测规范进行了简要介绍。

(2) 检测规程

对核设备无损检测质量控制中最主要的书面文件就是经批准有效的检测规程,它是无损检测和质量控制的执行文件和基准。

检测规程是检测单位根据委托方的书面要求结合具体工件的结构特点以及有关法规、标准等而编制的用于指导检测活动的规范性文件。检测规程应经过演示证明其能检出规定的最小缺陷。检测规程应履行适当的审批手续,检测规程的有效版本应及时分发给有关人员。

检测规程可以是针对零件、部件或设备等不同检测对象,运用特定检测方法的一种文件,称作为通用检测规程,也可以是针对一类被检对象,运用特定检测方法的一种专用性文件,称作为专用检测规程(工艺卡),其目的是用来指导和规范检测活动。通用检测规程是编制工艺卡的依据性文件,工艺卡的具体内容应符合通用检测规程的规定。检测规程还具有为以后重新进行检测时,提供与前次检测相同的条件提供帮助,即再现检测过程,使检测结果具有一致性。检测质量的过程控制就是监督检查检测人员在整个操作过程中是否严格按照检测规程进行操作,所以说检测规程是质量监督检查人员依据的文件。

1) 检测规程的基本内容

① 管理性要求

检测规程中的管理性规定通常包括(但不限于这些):

编制本规程的目的;

本规程适用的范围;

所依据或参考的标准、法规和技术条件及其名称代号;

对检测人员的要求;

被检件的描述(类型、形状、尺寸、检测区域、表面状态);

规程编制、审核、批准人员的签名和日期。

② 技术性要求

检测工艺规程中的技术性规定通常包括(但不限于这些):

检测技术;

检测设备、器材和器具;

检测时间;

验收标准。

2) 检测工艺卡

检测工艺卡是指导检测人员对具体工件进行生产的工艺文件,是一种特殊的检测规程的表现形式。不同的工件有不同的检测工艺卡,一般要求一卡一物,对号入座。检测人员根据检测工艺卡所规定的内容实施检测,来保证产品质量。

检测工艺卡主要内容包括工件基本情况、所使用的仪器设备、检测条件、检测方法、检测时机、检测部位(如有必要可画出被检部位的简图)、检测比例、检测步骤、验收要求、检测人员资格等,最后应有编制、审核、批准人员的签字和日期。

检测工艺卡与检测规程的主要区别在于:检测规程是根据委托书、法规和标准的要求编写的。内容多为一些原则性条款,不一定很具体,需得到委托单位的同意,检测对象可以是具体的某一工件,也可以是某类工件。检测工艺卡是根据检测规程结合有关标准针对某一具体工件编写的,用于指导检测人员对工件进行检测,要求内容具体,一般要求一物一卡。此外检测规程以文字描述为主,检测工艺卡多为图表形式。

2. 人员资格与授权

由于无损检测工作的特点,无损检测的实施质量高低与从业人员的素质有着密切的关系,核设备无损检测人员执行检测前需要进行人员的资格鉴定和工作授权。

资格鉴定是指对正确执行无损检测任务所需专业知识、技能、经验和身体适应性所做的验证。核设备无损检测人员资格鉴定根据《民用核安全设备无损检验人员资格管理规定》(HAF602)进行。

操作授权是根据经论证人员对完成某一特定任务的适宜性由雇主或责任代理机构所颁发的允许作业的书面声明。

3. 仪器的检定与校准

对于所使用仪器设备的性能应进行测试,以使所得出的检测结果具有可靠性、可比性、可再现性。在这方面已有很多标准、事实方法可以利用。

(1) 检定

检定是指查明和确认计量器具是否符合法定要求的程序,它包括检查、加标记和(或)出具检定证书。检定的对象是依法管理的标准计量器具和工作计量器具(包括标准物质和专用计量器具)。检定是由政府通过法定或授权的计量技术机构依照计量检定规程,实施严格的定期检测和发放有效地计量标定印、证(书)来控制计量器具的使用风险。它包括:

首次检定:对未曾检定过的新计量器具进行的一种检定;

后续检定:计量器具首次检定后的任何一种检定,包括强制性周期检定,修理后检定,周期检定有效期内的检定(由用户提出或由于某种原因使有效期内的封印失效而进行的检定)

(2) 校准

校准是指将一个标准或一台仪器与另一个标准或一台仪器比较,然后判断,得到或消除被比较项目的准确度的变化或偏离。

校准对象是通常的检测设备,测量仪器和试件等,无须遵循计量标定规程所列明的全部项目和内容,而是根据客户要求选择有效的方法,只要保证校准量值能够不间断地溯源到国家计量基准并合理地评定其测量不确定度是否满足客户的使用要求即可。

在校准时使用的参比物有两种类型:

1) 标准试件:可由厂商按要求的材料、尺寸等制作,再由相应部门进行测试并给出测试结果,供仪器校准之用。如超声检测中校准超声仪的 CSK-ⅠA 试块,射线检测中校准黑度计的密度试片等。

2) 参考试件:参考试件主要作为检测灵敏度设置及量值传递溯源等,也称为有证标准样品。如超声检测中校准声程、灵敏度的参考试块等,这些试件一般要求与被检工件的材料、形状、热处理加工方法一致，参考试件与工件在相应方法所要求的材料检测参数上保持一致。

4. 消耗品质量控制

对于消耗品材料，特别是在对被检工件检测要求较高时，其性能的优劣是至关重要的，已有很多标准对之做出规定。在核设备无损检测活动中一般要求采用核级的检测消耗品，如超声耦合剂、渗透剂、清洗剂、显像剂以及射线检测用胶片等，消耗品必须在有效期内。针对不同的检测对象，标准都对消耗品的成分含量有具体的限定。

5. 检测环境

检测环境要素的主要控制点有：

(1) 检测环境及相关条件应能满足有关标准及检测要求。

(2) 现场检测对象的可达性、表面状态、屏蔽措施、吊车、排风、供水、供电、供气等设施必须满足检测要求。

(3) 检测现场的温度、湿度、清洁度、光照度等应满足有关标准及检测要求。

(4) 检测现场的电源容量、电压、电流、频率、稳定性等应能满足检测要求。

(5) 检测现场应不存在影响检测的电磁、噪声、振动、强光等干扰。

(6) 检测现场不允许存在不合格或过期的无损检测材料。

(7) 检测现场不允许存在过期或无效的标准、技术文件、工艺图表等。

(8) 对正在进行分区检测的产品、已检测部位与未检测部位应有明显的标识，并严格区分。

(9) 在检测现场，已检测的合格品、不合格品及待检品应有明显的标识，分别摆放，严格区分。

6. 检测过程的管理与监督

以射线检测为例，射线检测的过程控制可分解为四个阶段，即准备阶段的过程控制(包括计划和文件的编制)、实施阶段的过程控制(包括质量计划的应用)、结果评定的过程控制和过程的评价及其改进。

(1) 准备阶段的过程控制

在射线检测实施之前，应根据检测的要求编制符合规定的射线检测规程和质量计划，它们是开展检测工作的依据。同时，对这些文件进行控制，目的就是为实施检测提供有力的基础保证。

1) 射线检测规程

作为执行射线检测的依据文件，对检测工作的开展有着直接的影响，所以必须对其进行严格的控制，控制的内容包括：

① 是否有明确的适用对象；

② 依据的标准是否符合合同、技术规范和其他规定的要求；

③ 检测人员的资质要求；

④ 射线装置、胶片(包括型号、规格等)的选用；

⑤ 检测过程的规定能否满足标准的规定和现场的要求；

⑥ 底片的评定依据等。

2）射线检测的质量计划

射线检测的过程比较烦琐和复杂，这就要求作为检测活动的控制文件——射线检测质量计划能够按照实施检测的工艺过程重点突出，简明扼要地列出受控条款，使其即能便于监督控制，又利于检测实施过程的连贯。射线检测质量计划一般包括以下一些内容：

① 工程名称、设备或系统名称、质量保证等级、编号、版次等；

② 标明从事射线检测的组织或单位；

③ 标明适用的标准、规范、技术规格书或检测规程；

④ 射线检测必须受控的检测工序；

⑤ 标明用于各监督方监督的质量控制点(包括 H 点和 W 点)；

⑥ 标明射线检测必须提供的质量记录(R 点)。

射线检测规程和射线检测质量计划等文件必须履行严格的编制、审核和批准手续，对编制、审核、批准人员的资格和要求进行审查确认。射线检测规程要求编制人员对该技术要有足够的实际工作经验，充分了解合同所规定的要求和法律法规与标准的要求，至少持有射线Ⅱ级或Ⅱ级以上相应的专业证书，同时还必须接受过质量保证等知识的培训，充分了解质量保证体系对文件编制的要求；文件审核人员的知识、实际工作经验等。

(2) 实施阶段的过程控制

射线检测实施的全过程必须符合检测规程的要求，同时对检测过程进行有效控制就必须按照质量计划的要求逐项进行，所以检测的过程控制中一项重要的活动就是检测质量计划的应用。

质量计划应用中一项重要的环节就是质量计划控制点的选取。我们知道，控制点是对需要重点控制的质量特性、关键部位、薄弱环节以及主导因素等采取特殊的管理措施和方法，实行强制性管理，使工序过程处于良好的受控状态，以保证达到规定的质量要求。因此，在射线检测设置质量控制点时，应对射线检测的对象和条件进行全面的分析和比较，根据现场的实际情况及检测的工序的重要性、复杂性、准确性、质量标准和要求来设置适当的质量控制点。

射线检测控制点的选取应包括以下内容：

① 检测所需的文件是否准备齐全，人员是否满足要求；

② 射线检测设备状况是否良好，底片固有灰雾度是否在规定的范围以内；

③ 检查被检件的标识是否与计划一致；

④ 像质计选用是否正确，放置是否符合要求，标识制作、放置是否正确；

⑤ 胶片布置是否正确；

⑥ 射线源机放置位置是否正确；

⑦ 曝光时间控制是否正确；

⑧ 暗室处理是否符合规定要求，如显影/定影时间、温度、冲洗的程度等。

通常的控制点包括停工待检带点(H 点)、见证点(W 点)和书面见证点(R 点)。我们应根据射线检测的特点和现场的实际情况设置不同的控制点，以满足对射线检测现场的实施过程进行全过程的控制，使实施的每一个重要步骤都在可控范围之内，并达到质量的要求。

(3) 结果评定阶段的过程控制

在检测完成并获得射线底片以后，还需对底片的质量进行评定和对检测对象存在的缺陷进行正确的解释，并最终产生报告。同样，对这个过程也应该加以严格的控制，特别是对参与评定和编写报告的人员应进行专业能力方面的评价。评价的方面包括：

① 人员是否经过射线检测的专业培训并取得专业资格鉴定证书；

② 是否熟悉工作的性质，了解自己的质量责任；

③ 是否熟悉被检测对象、工作程序或规程；

④ 是否熟悉与评定相关的标准、规范等。

这个阶段将最终产生检测的结果，关系到被检物的质量好与坏，所以对这个过程的控制是非常重要的。同时对于参与控制监督的质量监督人员也宜掌握一定的射线检测专业知识，以利于控制监督工作的顺利开展。

(4) 过程的评价及其改进

现代质量管理的核心内容是持续质量改进，质量改进是追求更高的过程效益和以效益为目标的持续活动，可见质量的改进是通过过程来实现的。过程也应遵循 PDCA 循环不断完善，也就是说应对过程进行评价并寻求改进过程的机会。

在射线检测工作实施之后，有关部门应组织人员采集数据和收集有关的信息，找出在射线检测过程中所存在的问题或有待改进的地方，并根据其原因制定和采取纠正和预防措施，加以分析，最终确认过程改进所取得的结果。改进后的过程仍存在进一步改进的可能性，应朝着更高的目标继续实施过程改进活动。

7. 质量计划的应用

这里的质量计划指的是质量控制计划，即对产品实现的全过程，以书面文件的形式，对产品所有特性(包括过程特性)的评价(监控)方法或技术、频次、记录形式进行策划的一种文件，也叫控制计划。无损检测活动的质量计划是在无损检测实施过程中对无损检测活动从活动开始前准备到活动结束后报告的全过程工序如何加以控制的计划。

(1) 质量计划的编制

对于无损检测工作，应在检测工作开展前的初始阶段制定质量计划，并由质量监督人员根据检测工作的特点和重要性在质量计划上选取合适的控制点。

常用的无损检测工作质量计划应包括以下内容：

① 项目名称、设备或系统名称、文件编号、版次等；

② 标明从事无损检测的组织或单位；

③ 标明使用的标准、规范、技术规格书或检测规程；

④ 无损检测中必须受控的每个检测工序；

⑤ 标明用于各监督方监督的质量控制点(包括 H 点和 R 点、W 点)；

⑥ 标明无损检测中必须提供的质量记录(如原始记录、底片和报告等)。

(2) 质量计划控制点的选取

控制点是对需要重点控制的质量特性、关键部位、薄弱环节以及主导因素等采取特殊的管理措施和方法，实行强制性管理，使工序或检测过程处于良好状态，以保证达到规定要求。

在核电工程中，通常控制点包括：停工待检点、见证点和书面见证点。

停工待检点(H 点)：应在 H 点(关键工序)到来之前通知监督方(如业主的监督人员、第三方的质量监督人员等)，由监督方派员对 H 点实施监督；如果监督方未按规定到检测现场出席监督,检测方应停止进入 H 点相应的工序,更不能擅自进行 H 点以后的工作。此过程中,检测方应等待监督方一段时间,检测方应与监督方及时联系并商定更改见证时间或专为书面见证点(R 点)。

见证点(W 点):应在 W 点(关键工序)到来之前通知监督方,由监督方派员对 W 点实施监督;如果监督方因故不能到达检测现场出席监督,检测方可以进行 W 点相应的工序操作,包括可以进行 W 点以后的工作;同时,W 点自动转为书面见证点(R 点),检测方应向监督方提交 W 点有关的文件和记录,由监督方进行审核和认可。

书面见证点(R 点):检测方应向监督方提供质量计划中 R 点(重要工序)的有关文件(如技术参数和检测数据等),监督方应将实测数据和检测记录与有关标准、作业指导书或验收标准等文件进行核对和比较,以确定该工序的内容是否已处于受控状态。

思考题

1. 简述核电厂质量保证的作用与意义。
2. 核设备无损检测过程中的质量控制应关注哪些要点?
3. 常用无损检测工作质量计划应包括哪些内容?

第六章　相关法律、法规知识

学习目标:

初级工和中级工:了解与无损检测有关法规体系,以及中华人民共和国劳动法、中华人民共和国安全生产法、民用核安全设备设计制造安装和无损检验监督管理规定、民用核安全设备无损检验人员管理规定的相关知识。

高级工和技师:熟悉与无损检测有关法规体系,了解中华人民共和国劳动法、中华人民共和国安全生产法、民用核安全设备设计制造安装和无损检验监督管理规定、中华人民共和国核材料管制条例的相关知识,熟悉民用核安全设备无损检验人员管理规定的相关知识。

高级技师:掌握与无损检测有关法规体系,熟悉中华人民共和国劳动法、中华人民共和国安全生产法、民用核安全设备设计制造安装和无损检验监督管理规定相关知识,掌握民用核安全设备无损检验人员管理规定的相关知识,了解中华人民共和国核材料管制条例的相关知识。

第一节　与无损检测有关法规体系简介

一、相关法律法规体系说明

核电安全关系到广大人民生命和财产安全,必须严格地遵循一系列的法律、法规、规范和标准(见图 6-1)。

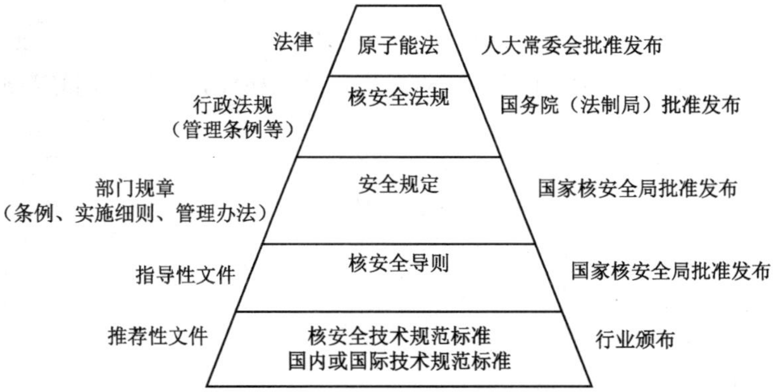

图 6-1　核设施无损检测规范标准在法规体系上的地位

法规和法令是政府颁布的强制性条款规定,是最高层次的,HAF(核电安全法规)的安全规定就是属于这个层次,也包括了安全导则和准则;规范或规则属于安全相关的专业工业标准,直接对某类产品提出强制性技术要求,以满足且支撑了法规。ASME 规范就是属于这个层次;第三层次是通用工业标准,它补充并支承规范,是基础的工业技术标准,如ASME指定的 ANSI、ASTM、AWS 相关的标准。上一层次的规则,常常引用或在这些标准的基础上追加某些特殊规定。我国也有相当的标准如 GB、YB、JB、EB 等,但与上述的国外标准等效性尚待验证。

这三个层次的规定构成核电安全基础的重要方面。

规则与标准不仅有利于标准化,也为需方、供方提供了认同的合同技术基础,反过来也同时约束供需双方。这也是国家核安全局安全监督和/或第三方检验机构的监督检查的重要技术依据。

二、无损检测规范体系说明

标准是对重复性事物和概念所做的统一规定。它以科学、技术和实践经验的综合成果为基础,经有关方面协商一致,由主管机构批准,以特定形式发布,作为共同遵守的准则和依据。

根据中华人民共和国标准化法规定,我国标准分为强制性标准和推荐性标准两类。强制性标准必须严格执行,做到全国统一。推荐性标准国家鼓励企业自愿采用。但推荐性标准如经协商,并计入经济合同或企业向用户做出民事担保,有关各方则必须执行,做到统一。

标准通常分为管理规定、技术程序和验收要求三部分。管理规定是对标准的目的和范围,适用文件和实施条件,要求获得的最终目标等做出规定。技术程序是为了达到标准希望得到结果的路径和方法。验收要求是对产品应达到的技术指标做出的具体的规定。

我国核电企业主要采用的核电规范标准体系包括:

中国:《核电厂核岛机械设备无损检测》及《压水堆核电厂核岛机械设备在役检查规则》

美国:《美国机械工程师学会锅炉及压力容器规范》ASME

法国:《法国核电厂核岛机械设备在役检查规则》RSEM 及《法国压水堆核电厂核岛机械设备设计和建造规则》RCC-M

主要核电标准介绍如下:

1.《核电厂核岛机械设备无损检测规范》NB/T 20003.1-8—2010

中国能源行业标准《核电厂核岛机械设备无损检测规范》(NB/T 20003.1-8—2010),2010年5月1日由国家能源局发布,替代《核电厂核岛机械设备无损检测》EJ/T 1039—1996。共分八个部分,包括:

第1部分:通用要求

第2部分:超声检测

第3部分:射线检测

第4部分:渗透检测

第5部分:磁粉检测

第6部分:管材制品涡流检测

第7部分:目视检测

第8部分:泄漏检测

2. 中国能源行业标准《压水堆核电厂核岛机械设备在役检查规则》(NB/T 20312—2014)2015年3月1日起实施替代 EJ/T 1041—1996

中国能源行业标准《压水堆核电厂核岛机械设备在役检查规则》(NB/T 20312—

2014)2014 年 10 月 15 日由国家能源局发布,替代 EJ/T 1041—1996。共分 7 章及 12 个附录,包括:

1　范围

2　规范性引用文件

3　术语和定义

4　通用规则

5　安全 1 级设备专用规则

6　安全 2 级设备专用规则

7　安全 3 级设备专用规则

附录 A(规范性附录)在役检查项目、计划及相关附图

附录 B(资料性附录)检验报告表格

附录 C(资料性附录)反应堆压力容器主螺栓和主螺母涡流检验

附录 D(资料性附录)蒸汽发生器传热管涡流检验

附录 E(资料性附录)无损检验技术鉴定

附录 F(规范性附录)缺陷的规则化

附录 G(资料性附录)缺陷验收表

附录 H(资料性附录)反应堆压力容器超声检验

附录 I(资料性附录)反应堆压力容器主螺栓超声检验

附录 J(资料性附录)蒸汽发生器氦泄漏检验

附录 K(资料性附录)水压试验期间的声发射监测

附录 L(资料性附录)系统支承件的检验

3.《美国机械工程师学会锅炉及压力容器规范》ASME

美国机械工程师学会(American Society of Mechanical Engineers,ASME)颁布的《锅炉及压力容器规范》(简称《ASME 规范》)是目前世界上公认的范围最为广泛,内容最为详尽的一部关于锅炉及压力容器的规范,其制订的目的在于提供控制设计、制造和检验等质量的有关规则。这些规则平衡了用户、制造厂和检验师的要求,并为锅炉和压力容器在使用中保留一定的安全裕度,防止破损以对生命和财产安全提供合理可靠的保护。自 1914 年颁布第一版以来,至今已有一百年的历史。已形成每三年修订一次。自 2013 年起,ASME BPVC 规范每两年更新换版一次,每次换版之间不再出版增补件,目前最新版本是 2019 版。

ASME 规范是随着锅炉及压力容器工业的技术水平和工业水平的发展而进行补充和修改变更的,目前已成为一部共有二十二卷的大型规范。其内容也已从最初的“锅炉规则”扩展成为包括动力锅炉、供热锅炉、压力容器、核动力装置、用玻璃纤维增强塑料压力容器以及运输储罐等各种类型的规范,其中还针对材料、焊接、无损检测和在役检查等技术出了专门的卷册。涉及核电厂建造和运行的无损检测标准主要集中在第Ⅲ卷　核设施部件建造规则,第Ⅴ卷　无损检测,第Ⅸ卷　焊接评定,第Ⅺ卷　核电厂设备在役检查规则。

2019 版 ASME 规范共包括 12 卷,具体名称如下:

第Ⅰ卷　动力锅炉建造规则

第Ⅱ卷 材料(A.铁基材料;B.非铁基材料;C.焊接材料;D.性能)
第Ⅲ卷 核设施部件建造规则
第Ⅳ卷 采暖锅炉建造规则
第Ⅴ卷 无损检测
第Ⅵ卷 采暖锅炉运行和维修推荐规则
第Ⅶ卷 动力锅炉维修推荐导则
第Ⅷ卷 压力容器建造规则
第Ⅸ卷 焊接评定
第Ⅹ卷 玻璃钢压力容器
第Ⅺ卷 核电厂设备在役检查规则
第Ⅻ卷 运输容器建造和持续使用规则

1) ASME 第Ⅲ卷 核设施部件建造规则介绍

ASME 规范 第Ⅲ卷 规定了核动力装置产品的设计、建造、钢印和超压保护方面的要求。这些产品包括承压设备(包括容器、换热器、泵、管道、阀门、反应堆压力容器等)、设备支承、堆内构件、钢制安全壳、混凝土反应堆容器和混凝土安全壳。

2019 版第三卷内容如下:

a. 分卷 NCA—第 1 册和第 2 册通用要求
b. 附录
c. 第 1 册
分卷 NB—1 级部件
分卷 NC—2 级部件
分卷 ND—3 级部件
分卷 NE—MC 级部件
分卷 NF—支撑件
分卷 NG—堆芯支撑结构
分卷 NH—高温使用的 1 级部件
d. 第 2 册 混凝土安全壳规范
e. 第 3 册 用于运输与储存乏燃料和高放射性材料及其他废料的安全容器
f . 第 5 册 高温反应堆

与核电无损检测有密切关系的第一册中的 NB 至 NG 分卷,作为一名从事核电无损检测人员应了解并掌握。在这六个分卷的第 2000 章“材料”(2500 节承压材料的检验和修补),详细规定了所用的各种型材如板材、锻件和棒材、无缝和焊接管状制品、铸件以及螺栓、螺母等的无损检测要求、检测时机、检测范围、检测方法和规程以及验收标准。其中检测方法一般采取引用 第Ⅴ卷无损检测,并附加特殊的检测要求。在这六个分卷的第 5000 章“检验”涉及各安全等级的设备制造和安装(焊缝)的无损检测要求、检测时机、检测范围、检测方法、规程以及验收标准等。该章还包含了对从事核电无损检测人员的考核和合格证书的要求。

第一册附录中有两个有关无损检测的附录。

a. 规定性附录Ⅵ圆形显示
b. 非规定性附录 M 焊接、焊后热处理及无损检测推荐的控制方法

2）ASME 第Ⅴ卷无损检测介绍

在ASME规范　第Ⅴ卷“无损检测”中，包括核电厂建造过程中和运行过程中役前检查、在役检查的无损检测方法。本卷分为 A、B 两个分卷，A 分卷中叙述了 ASME 规范其他各卷提到需要采用的各种无损检测方法，这些方法涉及的验收标准不包括在 A 分卷中，而是在材料和设备、在役检查等相关卷中具体规定。

B分卷中列出已被ASME规范采纳的ASTM(美国材料和试验学会)的无损检测标准方法和推荐操作方法，B 分卷是非强制性的，仅当 A 分卷和其他分卷规范规定或专门指定引用时，B 分卷的指定章节或全部才成为强制性的标准。B 分卷的标准基本上取之 ASTM (American Society for Testing Materials 美国材料试验学会标准)标准，只是在标准编号前加上特有标志“S”。2019 版第五卷的具体内容如下：

分卷 A　无损检测方法

第一章　总体要求

第二章　射线检验

第 4 章　焊缝超声检验方法

第 5 章　材料超声检验方法

第 6 章　液体渗透检验方法

第 7 章　磁粉检验方法

第 8 章　涡流检验方法

第 9 章　目视检验方法

第 10 章　泄漏试验

第 11 章　玻璃钢容器的声发射检验

第 12 章　加压试验时金属容器的声发射检验

第 13 章　连续声发射监测

第 14 章　检验系统的鉴定

第 15 章　交变涡流场测量技术(ACFMT)

第 16 章　磁迹泄漏检验(MFL)

第 17 章　远场试验检验方法(RFT)

分卷 B　第Ⅴ卷应用文件

第 22 章　射线检验标准

第 23 章　超声检验标准

第 24 章　液体渗透检验标准

第 25 章　磁粉检验标准

第 26 章　涡流检验标准

第 29 章　声发射检验标准

第 30 章　无损检验标准术语汇总

第 31 章　交流场测量标准

ASME 规范要求无损检测工作应按书面的规程进行，每一制造厂都必须制定出与所参照“规范”有关章节及第Ⅴ卷“无损检测”的各项要求相符合的检测规程。检测规程应用演示的方法，证明在特殊情况下探测不连续性的能力，同时还应取得授权检验师的认可，其目的是为了保证无损检测的有效性和重复性。

3）ASME 第Ⅺ卷核电厂设备在役检查规则介绍

当美国还只有四座商用核电厂运行时，原子能委员会（AEC，后改称为核管理委员会，NRC）就已清楚地认识到应该制订一些设备投运后继续对其进行检测和检查的规程，其目的是用以发现设备建造时漏检的任何缺陷，并使设备在整个使用寿命期限内都保持安全运行状态。为此，AEC 的工作人员和美国国家标准学会（ANSI）的代表要求制造厂与使用厂协作，共同制定一个对运行中的核电厂尽心在役检查的导则。

ANSI 在 1968 年主持并成立了由美国 NRC 代表和核工业代表组成的《核电厂在役检查规则起草委员会》，6 个月后起草了《核电厂设备在役检查规则（草案）》。该工作后转由美国机械工程师学会（ASME）主管。为此在 1970 年相继成立了 ASME 锅炉与压力容器委员会（BPVC）管辖下的《核电厂设备在役检查分委员会（SCXI）》，同年正式出版了 ASME 规范第Ⅺ卷《核电厂设备在役检查规则》。该规则成为 ASME 规范一个重要的部分，并作为强制性要求执行。同时也被美国核管会采用，并强制性实施。第Ⅺ卷《核电厂设备在役检查规则》包括核电厂设备检验、检查、试验、评定、修理及更换等方面一套完整内容的强制性规则。

该规范制订了一整套对核电厂设备（包括安全 1，2，3 级设备及支承件、MC、CC 级金属内衬与混凝土设施等）材料和焊缝进行无损检测的方法、周期、验收标准等。如果检测结果缺陷显示超出规定的验收标准（缺陷尺寸、位置和走向等），规范还允许采用分析评定或工程评价等方法做进一步的评定与验收，并在非强制性附录 A～L 中采用线弹性断裂力学理论对承压容器和管道的缺陷显示如何进行分析与评定提出较完整的方法。《核电厂设备在役检查分委员会》的宗旨是“确保核电厂设备安全可靠运行，并保持原有设计、建造时的结构完整性”。

2019 版 ASME 第Ⅺ卷内容介绍如下：

第 1 分卷　轻水堆核电厂设备检查和试验规则

第 2 分卷　气冷堆核电厂设备检查和试验规则

第 3 分卷　液态金属堆核电厂设备检查和试验规则

其中，第Ⅺ卷第 1 分卷的内容如下：

IWA 分卷　通用要求

IWA-1000　范围和职责

IWA-2000　检验和检查

IWA-3000　检验评价标准

IWA-4000　修理/更换活动

IWA-5000　系统压力试验

IWA-6000　记录和报告

IWA-9000　术语

IWB 分卷　1 级部件

IWB-1000　范围和职责

IWB-2000　检验和检查

IWB-3000　验收标准
IWB-5000　系统压力试验
IWC 分卷　2 级部件
IWC-1000　范围和职责
IWC-2000　检验和检查
IWC-3000　验收标准
IWC-5000　系统压力试验
IWD 分卷　3 级部件
IWD-1000　范围和职责
IWD-2000　检验和检查
IWD-3000　验收标准
IWD-5000　系统压力试验
IWE 分卷　MC 级部件、CC 级部件的金属内衬
IWE-1000　范围和职责
IWE-2000　检验和检查
IWE-3000　验收标准
IWE-5000　系统压力试验
IWF 分卷　1,2,3 级部件和 MC 级部件的支承件
IWF-1000　范围和职责
IWF-2000　检验和检查
IWF-3000　验收标准
IWL　CC 级混凝土部件
IWL-1000　范围和指责
IWL-2000　检验和检查
IWL-3000　验收标准
IWL-4000　维修/更换活动
IWL-5000　系统压力试验

该分卷对要求检查的区域、职责、可达性和可检性的保证、检测的方法和程序、人员的考核、检查的计划、记录的保存和检查报告的要求、检查结果的评定和对评定结果进行处理的程序,以及对修理的要求做了最低限度的规定。

核电厂的在役检查主要采用无损检测方法。ASME 规范 第Ⅺ卷将检测方法分为“目视检测”“表面检测”和“体积检测”,其中使用最广的“目视检测”又分为:VT-1,VT-2,VT-3 三种主要方式;表面检测时指磁粉、液体渗透和涡流或超声检测方法;体积检测是指射线照相、超声和涡流检测。同类检测中不同检测方法一般情况下可做选择,但在体积检测中绝大部分应选用超声检测,只是在超声检测无法实施时才应选用射线照相检测,如异种金属焊缝,粗晶材料焊缝等。无损检测方法大部分仍采用 ASME 第Ⅴ卷 规定的检测方法,如“目视检测”按第 9 章,“磁粉检验”按第 7 章,“液体渗透检验”按第 6 章,“超声检验”(除管道焊缝外)按第 4 章,“射线检验”按第 2 章,“涡流检验”按第 8 章及附录 1 等。管道对接焊缝,厚度小于 2 英寸的其他对接焊缝以及螺栓、螺柱、螺母的超声检验则在第Ⅺ卷的规定性附录中做详细

的描述。与设备制造和安装时的无损检测方法相比,在役检查的最明显的特点之一,是较多地采用自动化远距离的检测设备,如用于反应堆压力容器检查超声、视频检查的自动检查系统,蒸汽发生器传热管涡流检验的爬行装置等,这是因为受检验设备的可达性影响以及核设备的放射性条件的限制。

在役检查对“显示”或“不连续性”(通常指缺陷)的测定方法及测定数据的归一化处理与我国《压力容器断裂力学评价规则》基本一致,其目的是在不更换或返修设备的情况下,对设备是否能继续安全运行做出可靠的评价。有关这方面的内容分别在“规范”IWA,IWB,IWC,IWD,IWE,IWF 的 3000 节中作详细的描述。

此外,ASME 规范 第Ⅺ卷对在役检查的条件、检验过程及检验结果的记录和报告都有严格的规定,这些记录和报告一般要求在核电厂机组运行寿期内长期保存。在役检查是一种周期性的监督检查,前次检查结果成为后续检查的参考依据,这就要求记录和报告的内容完整、结果的重现性和可靠性好,这些资料的管理及存放条件能满足随时查阅和长期保存的要求,有关这方面的要求在规范的 IWA-6000 中描述。

4.《法国核电厂核岛机械设备在役检查规则》RSEM 及《法国压水堆核电厂核岛机械设备设计和建造规则》RCC-M

1) RCC-M 规则概况

1980 年 10 月法国电力、法马通联合组成“法国核岛部件设计、建造和在役检查法规协会”,并分别公布了法国压水堆核电厂核岛机械设备设计和建造规则(RCC-M 规则)和法国压水堆核电厂核岛机械设备在役检查规则(RSEM 规则)。

RCC-M 标准是法国压水堆核电厂核岛机械部件设计建造规则,是法国核电占设计建造规则中的一部分。法国核电锅炉设备设计建造规则协会与 1980 年组成后开始根据美国 ASME 锅炉与压力容器规范第三卷(NB、NC、ND、NG、NE)和法国工业发展的实践经验编制并陆续发行核电设计建造规则,自 1983 年后每 5 年修编一次。目前最新版本是 2017 版。

RCC-M 规则是借鉴 ASME《锅炉与压力容器规范》第三卷“核动力装置设备”的 NB,NC,ND,NG 和 NF 分卷的有关内容,同时吸收法国在核电工业发展实践中的积累的检验和成果而制定出来的。

RCC-M 内容如下:

第Ⅰ卷 核岛机械设备

A 册 总论

Z 册 技术附件

B 册 1 级设备

C 册 2 级设备

D 册 3 级设备

E 册 小型设备

G 册 堆内构件

H 册 支撑

J 册 低压或常压存储罐

P 册 安全壳贯穿件

第Ⅱ卷　材料

M 000　概述

M 1000　碳钢

M 2000　合金钢

M 3000　不锈钢

M 4000　特殊合金

M 5000　其他

第Ⅲ卷　检验方法

MC 1000　机械、物理、物理化学和化学试验

MC 2000　超声检验

MC 3000　射线检验

MC 4000　渗透检查

MC 5000　磁粉检查

MC 6000　管材涡流

MC 7000　其他检验方法

MC 8000　无损检验人员资格与证书

MC 9000　术语

第Ⅳ卷　焊接

S 1000　概述

S 2000　填充材料验收

S 3000　焊接过程评定

S 4000　焊接人员和操作人员资质

S 5000　填充材料资质

S 6000　生产车间的技术条件

S 7000　焊接生产

S 8000　碳钢、低合金钢或合金钢融敷表面硬化

第Ⅴ卷　制造

F 1000　介绍

F 2000　标记规程

F 3000　切割和不做焊补的整修

F 4000　成形和尺寸允差

F 5000　表面处理

F 6000　清洁

F 7000　机械连接

F 8000　热处理(零件和部件)

2) RCC-M　检验方法

RCC-M　MC 内容如下:

MC 1000　机械,物理,物理化学和化学检验

MC 1100　通用

MC 1200 机械检验
MC 1300 物理和物理化学检验
MC 2000 超声波检验
MC 2100 通用
MC 2200 铸件超声波检验
MC 2300 锻件超声波检验
MC 2400 奥氏体钢或 6 mm 以上合金板材超声波检验
MC 3000 射线检验
MC 3100 通用
MC 3200 钢铸件射线检验
MC 3300 焊缝射线检验
MC 3400 射线底片分级程序
MC 4000 渗透检验
MC 4100 通用
MC 5000 磁粉检验
MC 5100 通用
MC 5200 便携式磁轭通电磁化磁粉检验
MC 5300 通磁磁化磁粉检验
MC 6000 管材涡流检验
MC 6100 通用
MC 7000 其他检验方法
MC 7100 目视检验
MC 7200 表面状态测定
MC 7400 泄漏检验方法
MC 8000 无损检验人员资格及证书
MC 9000 术语

3) RCC-M 验收准则

RCC-M 规则有关无损检验的验收准则分别在第Ⅱ卷“材料”和第Ⅳ卷“焊接”中规定。其中材料的验收准则是根据不同材料种类(如:锻、铸、板、管等)、不同的材质类型(如:碳钢、低合金钢、不锈钢和特殊合金钢等)和不同的产品对象(如:封头、筒体、管板、螺栓和螺母等)分别规定验收准则。焊缝的验收准则是根据不同的和安全等级(RCC-M 定为核 1 级、2 级和 3 级,其中核 1 级为最高级)分别规定验收准则,详细要求可查阅 S 册中的 S7700 节。

4) RSEM 规则概况

与 RCC-M 规则配套的核电厂在役检查规则是由法国电力公司(EDF)编制、AFCEN 发布的《压水堆核电厂核岛机械设备在役检查规则》(简称:RSEM 规则),首次正式版本是 1990 年 7 月出版。最新版为 2010 版。主要内容包括:

a. 第Ⅰ册

A 卷 通用规则

B 卷 1 级部件特殊规则

C 卷 2、3 级部件特殊规则

D 卷 未归入 RSE-M 安全级部件特殊规则

b. 第Ⅱ册

附录 1.0 至附录 9

c. 第Ⅲ册

附录 3.1 在役检查项目表和相关附图

附录 3.2 核承压设备检查计划制定方法

附录 3.1“在役检查项目表”中列出了 1 级部件,2 级部件和 3 级部件的完全在役检查和部分在役检查的检验项目,检验部位,接近方式,检验方法和规定或备注。

应该指出,检验人员还应注意法国压水堆核电厂核岛机械设备在役检查规则的表 A4400-1“无损检测实施用的相关物品规格”,以便避免对核岛机械设备造成不必要的损伤和腐蚀。

RSEM 规则的主要无损检验方法分为目视、表面和体积检验三种,其通用的方法标准主要依据 RCC-M 第Ⅲ卷 MC 册的检验方法,特殊的检验方法在各篇的附件中作详细规定。此外,有关“显示”的归一化处理与 ASME 第Ⅺ卷基本一致。

第二节 《中华人民共和国劳动法》相关知识

《中华人民共和国劳动法》由 1994 年 7 月 5 日第八届全国人民代表大会常务委员会第八次会议审议通过,并自 1995 年 1 月 1 日起实施。根据 2018 年 12 月 29 日第十三届全国人民代表大会常务委员会第七次会议《关于修改〈中华人民共和国劳动法〉等七部法律的决定》第二次修正。《中华人民共和国劳动法》全面规定了劳动者在选择职业、取得劳动报酬、休息休假、获得劳动安全卫生保护、接受职业技能培训、享受社会保险和福利、提请劳动争议处理等方面的权利和相应义务,为劳动者维护自身合法权益,规范用人单位用人行为,提供了法律依据。

《中华人民共和国劳动法》共 13 章 107 条,内容丰富,规定具体,针对性强,除了总则、监督检查、法律责任、附则外,还包括促进就业、劳动合同和集体合同、工作时间和休息休假、工资、劳动安全卫生、女职工和未成年工特殊保护、职业培训、社会保险和福利、劳动争议等九章,对劳动者的权利和义务、劳动关系的确立和调整、劳动标准的确定和执行以及劳动部门的工作规范和职责,都做了明确规定。

一、适用范围和立法目的

1. 适用范围

(1) 在中华人民共和国境内的企业、个体经济组织和与之形成劳动关系的劳动者适用劳动法。这里的“企业”是指各种类型的企业,包括国有企业、集体所有制企业、中外合资企业、中外合作企业、外商独资企业、股份制企业、混合形企业、港澳台企业、私营企业、联营企业、乡镇企业等。个体经济组织是指雇工在 7 人以下的个体工商户。在中国境内的企业、个体经济组织与劳动者之间，只要形成劳动关系，不论他们之间是否订立劳动合同都适用劳动法。

(2) 国家机关、事业组织、社会团体实行劳动合同制度的以及按规定应实行劳动合同制度的工勤人员；其他通过劳动合同与国家机关、事业组织、社会团体建立劳动关系的劳动者，适用劳动法。

(3) 实行企业化管理的事业组织的人员适用劳动法。实行企业化管理的事业组织是指国家不再核拨经费，实行独立核算、自负盈亏的事业组织。

2. 立法目的

为了保护劳动者的合法权益，调整劳动关系，建立和维护适应社会主义市场经济的劳动制度，促进经济发展和社会进步。

二、基本内容

《中华人民共和国劳动法》有以下基本内容：劳动法的适用范围；劳动者的基本权利和义务；促进劳动就业；劳动合同以及集体合同制度；工资；劳动安全卫生；对特殊劳动群体(女工和未成年工等)的特殊保护；职业培训；社会保险和福利；劳动争议、监督检查；违反劳动法应承担的法律责任。

1. 劳动者的基本权利和义务

劳动者享有平等就业和选择职业的权利、取得劳动报酬的权利、休息休假的权利、获得劳动安全卫生保护的权利、接受职业技能培训的权利、享受社会保险和福利的权利、提请劳动争议处理的权利以及法律规定的其他劳动权利。劳动者应当完成劳动任务，提高职业技能，执行劳动安全卫生规程，遵守劳动纪律和职业道德。

2. 劳动就业

劳动就业是具有劳动能力的公民在法定劳动年龄内，从事某种有报酬或劳动收入的社会经济活动。这种活动得到社会的承认。

3. 劳动合同

劳动合同是劳动者与用人单位确立劳动关系，明确双方权利和义务的协议。订立劳动合同是一种法律行为，劳动合同具有如下的法律特征：

1) 劳动合同的主体(当事人)是特定的即由用人单位和劳动者双方构成。劳动合同的当事人必须一方是企业、事业单位、团体和雇主，另一方是劳动者本人，两个单位之间订立的有关劳动问题的协议不是劳动合同。

2) 劳动合同的内容是劳动权利和劳动义务，订立劳动合同的目的和后果在于建立当事人双方之间的劳动法律关系。

3) 劳动合同具有法律效力、对双方当事人均具有约束力。劳动合同的内容、形式等，都要以劳动法律、法规为依据，合同订立、变更、解除的行为只能是双方当事人的协商一致的合法真实的意思表示。

4. 保障劳动者合法权益

首先是对劳动者最基本利益的保护。这种基本利益就是国家通过劳动法律、法规颁布的、强制实施的、普遍适用的最低的劳动标准、最基本的劳动条件，要求用人单位为劳动者提供的劳动条件和劳动标准不得低于国家规定，这种基本利益应当获得绝对性保护，这种最基本的保护对所有用人单位要求都应当是一致的，不应由于用人单位所有制的不同或组织形式不同而有所差异。其次是平等的保护，平等的保护是指所有劳动者不因其民族、种族、性别、年龄、文化程度、财产状况、宗教信仰、职业、劳动关系的性质有何不同，其法律地位是相同的，其合法权益一律平等地受我国劳动法保护，不应有任何歧视或差异。但这种平等保护，并不排斥对特殊劳动者群体如未成年工、女工等特殊保护。

我国正处于社会主义初级阶段，生产力还不发达，当前的根本任务是集中力量发展社会生产力。因此，在这一特定的历史时期，应强调对劳动者合法权益的侧重保护，目前我国在建立起来的社会保障体系，正在实施的再就业工程，对企业裁员行为的严格限制，都体现了侧重保护劳动者合法权益的原则，而不是片面强调绝对优先保护。

最后是全面的保护，即对劳动者的合法权益进行全方位的保护，也保护劳动关系双方当事人约定权利，对约定权利的保护是以不损害劳动者合法权益为前提的；既保护劳动者的人身权利，也保护劳动者的财产权利。这种保护既存在于劳动过程的始终，也存在于与劳动关系有关的任何环节。

第三节　《中华人民共和国安全生产法》相关知识

《中华人民共和国安全生产法》是 2002 年 6 月 29 日第九届全国人民代表大会常务委员会第二十八次会议审议通过，并自 2002 年 11 月 1 日起施行。这是我国第一部全国规范安全生产的专门的法律，是我国安全生产法律体系中的主体法。2014 年 8 月 31 日第十二届全国人大常务委员会第十次会议通过《关于修改〈中华人民共和国安全生产法〉的决定》，经修改后的《安全生产法》于 2014 年 12 月 1 日起施行。

《中华人民共和国安全生产法》共 7 章 97 条，除了总则、法律责任、附则外，还包括生产经营单位的安全生产保障、从业人员的权利和义务、安全生产的监督管理、事故应急救援和调查处理，都做了明确规定。

一、适用范围和立法目的

1. 适用范围

1）本法是专门调整涉及安全生产的相关关系的法律，因此，其适用的范围只限定在生产经营领域。不属于生产经营活动中的安全问题，如公共场所集会活动中的安全问题、正在使用中的民用建筑物发生垮塌造成的安全问题等，都不属于本法的调整范围。这里讲的“生产经营活动”，既包括资源的开采活动、各种产品的加工、制作活动，也包括各类工程建设和商业、娱乐业以及其他服务业的经营活动。

2）本法适用的主体范围，包括一切从事生产经营活动的国有企业事业单位、集体所有制的企业事业单位、股份制企业、中外合资经营企业、中外合作经营企业、外资企业、合伙企业、个人独资企业等，不论其经济性质如何、规模大小，只要从事生产经营活动的，都应遵守本法的各项规定，违反本法规定的行为将受到法律的追究。

3）当然，依照依法治国、依法行政的要求，各级人民政府及政府有关部门对安全生产的监督管理，也必须遵守本法规定。依照本法规定对安全生产工作富有监督管理者职则的机关及其工作人员不依法履行职责、玩忽职守或者滥用职权的，将受到法律的追究。

4）鉴于消防安全问题已有《消防法》调整；道路、铁路、水运、空运等交通运输的安全问题，已有《海上交通安全法》《铁路法》《民用航空法》等法律或者《道路交通管理条例》等行政法规专门调整，因此，本条规定，有关法律、行政法规对消防安全和道路安全、铁路交通安全、水上交通安全和民用航空安全另有规定的，分别适用有关法律、行政法规的规定。

2. 立法目的

为了加强安全生产监督管理，防止和减少生产安全事故，保障人民群众生命和财产安全，促进经济发展。

1）加强安全生产的监督管理。所谓"安全生产"，就是指在生产经营活动中，为避免发生造成人员伤害和财产损失的事故而采取相应的事故预防和控制措施，以保证从业人员的人身安全，保证生产经营活动得以顺利进行的相关活动。

2）防止和减少生产安全事故，保障人民群众生产和财产安全。所谓安全生产事故，是指在生产经营活动中发生意外的突发事件的总称，通常会造成人员伤亡或财产损失，使正常的生产经营活动中断。

3）促进经济发展。安全生产，是要在生产经营活动的过程中保证安全，不是单纯为安全而安全，不能脱离生产经营活动讲安全，保证生产安全，本身也是为了保证生产经营活动的正常进行，促进经济的健康发展，这也是制定安全生产法的立法目的之一。

二、基本内容

1. 政府的职权

1）各级政府应当加强对安全生产工作的领导。各级政府都要制定安全生产规划并纳入国民经济和社会发展的总体规划，认真研究解决本地区安全生产中的重大问题；要做到有法必依、执法必严、违法必究，确保有关法律、法规和国家关于安全生产的方针政策的贯彻执行；要加强对事故预防工作的领导，按规定对危险性大、职业危害严重及重点项目的建设把好审批立项关，对威胁公众安全的重大事故隐患和危险设施、场所，要组织有关部门进行安全性评估，要落实整改责任单位，对不能立即消除的重大事故隐患，必须采取严密的防范措施并制定应急计划；要加强安全生产的宣传教育，努力提高广大人民群众遵章守纪的自觉性和安全生产意识等。

2）各级政府应当支持、督促各有关部门依法履行安全生产监督管理职责。县级以上各级政府对本级政府所属各有关部门依法履行安全生产监督管理职责，负有领导和督促的责任；包括乡、镇政府在内的各级地方政府对上级政府有关部门对安全生产的监督管理，应当给予支持、配合。

3）县级以上政府对安全生产监督管理中存在的重大问题，应当及时予以协调、解决。

2. 生产经营单位的义务

1）生产经营单位必须遵守安全生产法和其他有关安全生产的法律、法规。

2）生产经营单位必须加强安全生产管理。生产经营单位必须按照法律、法规和国家有关规定，结合本单位具体情况，做好安全生产的计划、组织、指挥、控制、协调等各项管理工作。要依法设置安全生产的管理机构、管理人员，建立健全本单位安全生产的各项规章制度并组织实施，做好对从业人员的安全生产教育和培训，搞好生产作业场所、设备、设施的安全管理等。在安全生产管理工作中，特别要注意尊重科学，探求和把握规律，运用安全目标管理、事故预测、标准化作业、人体生物节律等安全生产的现代化管理方法，更为有效地做好安全生产管理工作。

3）生产经营单位必须建立、健全安全生产责任制度。在企业安全生产责任制中，企业的主要负责人应对本单位的安全生产工作全面负责，其他各级管理人员、职能部门、技术人员和各岗位操作人员，应当根据各自的工作任务、岗位特点，确定其在安全生产方面的应做的工作和应负的责任，并与奖惩制度挂钩。

4）生产经营单位必须完善安全生产条件。企业必须具备保障安全生产的各项物质技术条件，其作业场所和各项生产经营设施、设备、器材和从业人员的安全防护用品等方面，都必须符合保障安全生产的要求。

3.从业人员的权利

生产经营单位的从业人员有依法获得安全生产保障的权利。从业人员享有的安全生产保障权利主要包括：

1）有关安全生产的知情权。包括获得安全生产教育和技能培训的权利，被如实告之作业场所和工作岗位存在的危险因素、防范措施及事故应急措施的权利。

2）有获得符合国家标准的劳动防护用品的权利。

3）有对安全生产问题提出批评、建议的权利。从业人员有权对本单位安全生产管理工作存在问题提出建议、批评、检举、控告，生产单位不得因此做出对从业人员不利的处分。

4）有对违章指挥的拒绝权。从业人员对管理者做出的可能危及安全的违章指挥，有权拒绝执行，并不得因此受到对自己不利处分。

5）有采取紧急避险措施的权利。从业人员发现直接危及人身安全的紧急情况时，有权停止作业或者在采取紧急措施后撤离作业场所，并不得因此受到对自己不利的处分。

6）在发生生产安全事故后，有获得及时抢救和医疗救治并获得工伤保险赔付的权利等。

4.从业人员的义务

从业人员在享有获得安全生产保障权利的同时，也负有以自己的行为保证安全生产的义务。主要包括：

1）在作业过程中必须遵守本单位的安全生产规章制度和操作规程，服从管理，不得违章作业。

2）接受安全生产教育和培训，掌握本职工作所需要的安全生产知识。

3）发现事故隐患应当及时向本单位安全生产管理人员或主要负责人报告。

4）正确使用和佩戴劳动防护用品。

第四节 《民用核安全设备设计制造安装和无损检验监督管理规定》相关知识

《民用核安全设备设计制造安装和无损检验监督管理规定》(HAF601)已于 2007 年 12 月 25 日经国家环境保护总局 2007 年第四次局务会议审议通过,自 2008 年 1 月 1 日起施行。

1992 年 3 月 4 日国家核安全局、机械电子工业部、能源部发布的《民用核承压设备安全监督管理规定》(HAF601)同时废止。

一、适用范围和立法目的

1. 适用范围

从事民用核安全设备设计、制造、安装和无损检验活动的单位,应当遵守本规定。

远离民用核设施现场进行民用核安全设备维修活动的,应当遵守民用核安全设备制造活动的有关规定。

2. 立法目的

为了加强对民用核安全设备设计、制造、安装和无损检验活动的监督管理。

二、基本内容

1. 基本要求

(1) 民用核安全设备目录由国务院核安全监管部门商国务院有关部门分批执行并发布。

(2) 从事民用核安全设备设计、制造、安装和无损检验活动的单位,应当取得民用核安全设备设计、制造、安装和无损检验许可证,并按照许可证规定的种类、范围和条件从事民用核安全设备设计、制造、安装和无损检验活动。

(3) 民用核设施营运单位,应当对民用核安全设备设计、制造、安装和无损检验活动进行质量管理和过程控制,做好监造和验收工作;对在役的民用核安全设备进行检查、试验、检验和维修,并对民用核安全设备的使用和运行安全承担全面责任。

(4) 国务院核安全监管部门对民用核安全设备设计、制造、安装和无损检验活动实施监督管理。

2. 许可

(1) 申请领取民用核安全设备设计、制造或者安装许可证的单位,应当按照拟从事的活动种类、设备类别和核安全级别向国务院核安全监管部门提出申请。

申请领取民用核安全设备无损检验许可证的单位,应当按照无损检验方法向国务院核安全监管部门提出申请。无损检验方法包括射线检验(RT)、超声检验(UT)、磁粉检验(MT)、涡流检验(ET)、渗透检验(PT)、泄漏检验(LT)、目视检验(VT)等。

(2) 申请领取民用核安全设备制造或者安装许可证的单位,应当根据其申请的设备类别、核安全级别、活动范围、制造和安装工艺、材料牌号、结构形式等制作具有代表性的模拟件。

同时申请领取民用核安全设备设计和制造许可证的单位，应当在模拟件制作过程中，完成相应的鉴定试验。

（3）国务院核安全监管部门对提交的申请文件进行形式审查。

（4）取得民用核安全设备设计、制造、安装或者无损检验许可证的单位，可以从事相同活动种类、相同设备类别、相同设备品种及范围内的较低核安全级别的相关活动，但许可证特别注明的除外。

（5）禁止委托未取得相应许可证的单位进行民用核安全设备设计、制造、安装和无损检验活动。禁止伪造、变造、转让许可证。

（6）民用核安全设备设计、制造、安装和无损检验许可证有效期限为 5 年。

（7）民用核安全设备设计、制造、安装和无损检验单位应当于许可证有效期届满 6 个月前，向国务院核安全监管部门提出延续申请，并提交延续申请书和延续申请文件。持证期间无民用核安全设备设计、制造、安装和无损检验活动业绩的，应当按照本章规定的程序重新申请领取许可证。

3. 质量管理与控制

（1）民用核安全设备设计、制造、安装和无损检验单位应当根据其质量保证大纲和民用核设施营运单位的要求，民用核安全设备设计、制造、安装和无损检验单位应当根据其质量保证大纲和民用核设施营运单位的要求，民用核安全设备设计、制造、安装和无损检验活动开始前，编制项目质量保证分大纲。项目质量保证分大纲应当适用、完整、接口关系明确，并经民用核设施营运单位审查认可。

民用核安全设备制造和安装单位应当根据具体活动编制相应的质量计划，并经民用核设施营运单位审查认可。

民用核安全设备设计、制造、安装和无损检验单位应当按照项目质量保证分大纲的要求，对所有过程进行控制，并对发现的问题进行处理和纠正。

（2）民用核安全设备制造安装单位在活动开始前，应当组织相关人员对设计提出的技术要求进行消化、分析，编制制造、安装过程执行文件，并严格执行。

制造、安装单位应当根据确定的特种工艺，完成必要的工艺试验和工艺评定。

制造、安装单位应当严格执行经民用核设施营运单位审查认可的质量计划。

制造、安装单位应当对民用核安全设备的制造、安装质量进行检验。未经检验或者经检验不合格的，不得交付验收。

（3）民用核安全设备无损检验单位应当对所承担的具体检验项目，结合检验对象的结构形式、材料特性等，编制无损检验规程，并严格执行。

无损检验单位应当客观、准确地出具无损检验结果报告。

无损检验工作应当由民用核安全设备无损检验Ⅱ级或者Ⅱ级以上无损检验人员为主操作。

无损检验结果报告应当由Ⅱ级或Ⅱ级以上无损检验人员编制、审核，并履行相关审批手续。

（4）民用核安全设备设计、制造、安装和无损检验单位，不得将国务院核安全监管部门确定的关键工艺环节分包给其他单位。

4.报告与备案

(1) 民用核安全设备制造、安装单位,应当在制造、安装活动开始 30 日前,将下列文件报国务院核安全监管部门备案:

1) 项目制造、安装质量保证分大纲和大纲程序清单;

2) 制造、安装技术规格书;

3) 分包项目清单;

4) 制造、安装质量计划。

(2) 民用核安全设备无损检验单位,应当在无损检验活动开始 15 日前,将下列文件报国务院核安全监管部门备案:

1) 项目无损检验质量保证分大纲和大纲程序清单;

2) 无损检验活动内容和进度计划;

3) 无损检验遵循的标准、规范目录清单和验收准则。

(3) 民用核安全设备制造、安装单位,应当在每季度开始 7 个工作日内,向国务院核安全监管部门提交上一季度活动情况报告;

(4) 民用核安全设备无损检验单位,应当在完成无损检验 10 个工作日内,向国务院核安全监管部门报告无损检验内容和检验结果。

(5) 民用核安全设备设计、制造、安装和无损检验单位,应当按照下列规定向国务院核安全监管部门报告:

1) 开展涉及核安全的重要会议、论证等活动的,提前 7 个工作日报告;

2) 出现重大质量问题的,在 24 小时内报告;

3) 因影响民用核安全设备质量和核安全而导致民用核设施营运单位发出停工指令的,在 3 个工作日内通报。

(6) 民用核安全设备设计、制造、安装和无损检验单位,应当对所从事的民用核安全设备设计、制造、安装和无损检验活动进行年度评估,并于每年 4 月 1 日前向国务院核安全监管部门提交上一年的评估报告。

5.监督检查

(1) 国务院核安全监管部门及其派出机构有权对民用核安全设备设计、制造、安装和无损检验活动进行监督检查。

被检查单位应当对国务院核安全监管部门及其派出机构进行的监督检查给予配合,如实反映情况,提供必要的资料,不得拒绝和阻碍。对于监督检查中提出的整改要求,被检查单位应当认真落实。

(2) 民用核安全设备监督检查的内容包括:

1) 许可证条件遵守情况;

2) 相关人员的资格;

3) 质量保证大纲的实施情况;

4) 采用的技术标准及有关技术文件的符合性;

5) 民用核安全设备设计、制造、安装或者无损检验活动重要过程的实施情况;

6) 重大质量问题的调查和处理,以及整改要求的落实情况;

7）民用核安全设备设计、制造、安装或者无损检验活动的验收和鉴定；

8）营运单位的监造情况；

9）其他必要的监督内容。

（3）国务院核安全监管部门及其派出机构，接到民用核安全设备设计、制造、安装和无损检验单位依据本规定报送的文件后，应当制定相应的监督计划并书面通知报送单位。民用核安全设备设计、制造、安装和无损检验单位应当根据监督计划的要求，做好接受监督检查的准备。

民用核安全设备设计、制造、安装和无损检验单位，应当根据相关活动的实际进度，在监督计划确定的活动实施10个工作日前，书面通知国务院核安全监管部门及其派出机构。

（4）民用核安全设备监督检查分为例行检查和非例行检查。非例行检查可以不预先通知。监督检查分为综合性检查、专项检查和检查点检查，主要通过现场检查、文件检查、记录确认或者对话等方式进行。必要时，国务院核安全监管部门及其派出机构可以进行独立验证，验证方式包括计算复核和检验验证。

6.法律责任

（1）民用核安全设备设计、制造、安装和无损检验单位有下列行为之一的，由国务院核安全监管部门限期改正；逾期不改正的，处1万元以上3万元以下的罚款：

1）在民用核安全设备无损检验活动开始前，未按规定将有关文件报国务院核安全监管部门备案的；

2）未按规定向国务院核安全监管部门报告上一季度民用核安全设备设计、制造、安装或无损检验情况的；

3）在民用核安全设备无损检验活动完成后，未向国务院核安全监管部门报告无损检验内容和检验结果的；

4）开展涉及核安全的重要会议、论证等活动，出现重大质量问题，或者因影响民用核安全设备质量和核安全而导致民用核设施营运单位发出停工指令，未向国务院核安全监管部门报告的。

（2）民用核安全设备设计、制造、安装和无损检验单位以及民用核设施营运单位，有其他违反本规定行为的，依据《民用核安全设备监督管理条例》及其他相关法律法规进行处罚。

7.其他

申请领取民用核安全设备制造或者安装许可证的单位，拟自行对其制造或者安装的民用核安全设备进行无损检验活动的，不需要单独申请领取无损检验许可证。

第五节　《民用核安全设备无损检验人员资格管理规定》相关知识

《民用核安全设备无损检验人员资格管理规定》（HAF602）自2008年1月1日起施行。取代1995年6月6日国家核安全局批准发布的《民用核承压设备无损检验人员培训、考核和取证管理办法（HAF602）》。

一、适用范围和立法目的

1. 适用范围

本规定适用于民用核安全设备无损检验人员的考核和管理工作。

民用核安全设备无损检验方法包括超声、射线、磁粉、渗透、涡流、目视、泄漏检验等。

2. 立法目的

为了加强对民用核安全设备无损检验人员的管理,保证民用核安全设备质量,根据《民用核安全设备监督管理条例》,制定本规定。

二、基本内容

(1) 从事民用核安全设备无损检验活动的人员,依据本规定参加考核并取得资格证书后,方可从事相应方法和级别的民用核安全设备无损检验活动。

(2) 民用核安全设备无损检验人员由国务院核行业主管部门按照国务院核安全监管部门的规定统一组织考核,经国务院核安全监管部门核准,由国务院核行业主管部门颁发资格证书。

(3) 国务院核安全监管部门设立民用核安全设备无损检验人员资格核准委员会,其主要职责是:

1) 制定相关管理办法;

2) 对民用核安全设备无损检验人员资格鉴定委员会成员事实备案;

3) 审查民用核安全设备无损检验人员的资格。

(4) 国务院核行业主管部门负责设立民用核安全设备无损检验人员资格鉴定委员会,其主要职责是:

1) 组织制定考试大纲;

2) 编制有关无损检验方法的考试题库;

3) 审查报考人员的资格和考核结果;

4) 管理有关档案;

5) 具体负责发放民用核安全设备无损检验人员的证书。

(5) 承担民用核安全设备无损检验人员资格考核工作的单位应当具备下列主要条件:

(6) 民用核安全设备无损检验人员的资格等级分为Ⅰ级(初级)、Ⅱ级(中级)和Ⅲ级(高级),资格考核按照不同的等级、方法分别进行。

(7) Ⅰ级无损检验人员可以承担下列工作:

1) 调整和使用仪器设备;

2) 在Ⅱ级或者Ⅲ级人员的监督指导下,根据操作规程进行无损检验活动,并记录检验结果;

3) 依据标准对检验结果进行初步评定,但不得出具无损检验结果报告。

(8) Ⅱ级无损检验人员可以承担下列工作:

1) 根据确定的工艺,编制技术操作规程;

2) 安装和校准仪器设备,具体实施无损检验活动;

3) 依据法规、标准和规范评价检验结果;

4) 编写和签署无损检验结果报告;

5) 培训和指导相应无损检验方法的Ⅰ级无损检验人员。

(9) Ⅲ级无损检验人员可以承担下列工作：

1) 确定无损检验技术和工艺,监督和管理无损检验活动；

2) 依据法规、标准和规范评定检验结果；

3) 编制特殊的无损检验工艺；

4) 没有验收准则可供引用时,协助有关部门制定验收准则；

5) 培训相应无损检验方法的Ⅰ级和Ⅱ级人员。

(10) 报考人员应当具备下列条件

1) 学历和实践经历要求

表 6-1 学历和实践经历要求

考核的检验方法	技术等级	无损检验专业大专以上	理工科大专以上	高中、中专或者相当学历
射线检验 超声检验 涡流检验 泄漏检验	Ⅰ	三个月	六个月	一年
	Ⅱ	六个月	一年	二年
	Ⅲ	四年	五年	八年
渗透检验 磁粉检验 目视检验	Ⅰ	一个月	三个月	六个月
	Ⅱ	三个月	六个月	一年
	Ⅲ	四年	五年	八年

2) 报考人应当具备一定的视力条件：

① 裸视或者经过矫正的视力要求达到 5.0 以上；

② 报考人员的辨色视力应当达到能区分与无损检验方法有关的颜色对比度。

3) 近 3 年未被吊销资格证书。

(11) 申请报考的人员应当向民用核安全设备无损检验人员资格鉴定委员会提交下列主要证明文件：

1) 学历证明；

2) 聘用单位出具的培训经历和实践经历证明；

3) 医院出具的视力证明；

4) 已持有的资格证书。

(12) 民用核安全设备无损检验人员Ⅰ、Ⅱ级资格考核包括笔试和操作考试,Ⅲ级考核包括笔试、操作考试和综合答辩。笔试采用闭卷模式,有效期 1 年。

(13) 笔试内容包括“通用考试”和“核安全设备专业考试”两部分。

(14) 民用核安全设备无损检验人员考试合格项目的有效期限为 5 年。无损检验人员连续脱离无损检验专业工作 1 年以上,该项目自动废止。

(15) 资格证书有效期届满后拟继续从事民用核安全设备无损检验活动的人员,应当在证书有效期届满 6 个月前向民用核安全设备无损检验人员资格鉴定委员会提出更新申请。

(16) 民用核安全设备无损检验人员不得同时在两个以上单位中执业。

(17) 已取得国外相关无损检验资格证书的境外单位的无损检验人员,需经国务院核安全监管部门核准后，方可在中华人民共和国境内从事民用核安全设备无损检验活动。

(18) 民用核安全设备无损检验人员有下列行为之一的，由国务院核安全监管部门责令其停止民用核安全设备无损检验活动，并由国务院核行业主管部门吊销其资格证书：

1) 违反操作规程导致无损检验结果报告严重错误的；

2) 伪造检验数据，出具虚假检验结果或者结论的；

3) 同时在两个以上单位执业的；

4) 有其他违反国家核安全法规行为的。

(19) 民用核安全设备无损检验人员超出资格证书限定范围从事无损检验活动的，由国务院监管部门责令其停止无损检验活动，依据《民用核安全设备监督管理条例》第四十九条的规定对聘用单位予以处罚。

第六节 《中华人民共和国核材料管制条例》相关知识

《中华人民共和国核材料管制条例》HAF501，1987 年 6 月 15 日颁布实施。

该条例规定国家对核材料实施许可证制度，并规定了国家核安全局、国防科工委等部门在核材料管制方面的监督管理责任。

对核电厂而言，拥有核材料许可证在首次装料前申请，具体由运行部门负责。

一、适用范围和立法目的

1. 适用范围

本实施细则适用于核材料许可证的申请、审查、核准、颁发和核材料的账务衡算管理及实物保护。

2. 立法目的

为了保证核材料的安全与合法利用，防止被盗、破坏、丢失、非法转让和非法使用，保护国家和人民群众的安全，促进核能事业的发展，制定本条例。

二、基本内容

1. 核材料种类

(1) 铀-235，含铀-235 的材料和制品；

(2) 铀-233，含铀-233 的材料和制品；

(3) 钚-239，含钚-239 的材料和制品；

(4) 氚，含氚的材料和制品；

(5) 锂-6，含锂-6 的材料和制品；

(6) 其他需要管制的核材料。

2. 基本要求

(1) 国家对核材料实行许可证制度；

(2) 保证符合国家利益及法律的规定；

(3) 保证国家和人民群众的安全；

(4) 保证国家对核材料的控制，在必要时国家可以征收所有核材料。

(5) 一切持有、使用、生产、储存、运输和处置第二条所列核材料的部门和单位必须遵守本条例。

3. 监督管理职责

(1) 国家核安全局负责民用核材料的安全监督；

(2) 核工业部负责管理全国的核材料；

(3) 国防科学技术工业委员会负责涉及国防的核材料的安全监督和核准核材料许可证。

思考题

1. 简述现阶段我国核电企业主要采用的核电规范标准体系。
2. 简述 HAF602 对民用核安全设备Ⅰ级/Ⅱ级/Ⅲ级无损检验人员定位的区别。
3. 哪些行为将导致民用核安全设备无损检验人员被吊销资格证书？

第七章 管理与培训

学习目标:本章对初、中级技工无学习要求。

高级工:了解培训目的和意义、培训内容和方法的相关知识。

技师:了解管理的组织机构以及文件管理、检验设备与工具管理的相关知识,熟悉培训目的和意义、培训内容和方法的相关知识。

高级技师:熟悉管理的组织机构以及文件管理、检验设备与工具管理的相关知识,掌握培训目的和意义、培训内容和方法的相关知识。

第一节 过程管理

一、组织机构

每一个参与对核电厂质量有影响的活动的单位(例如设计、制造、建造、调试和运行等单位),必须建立一个由文件形式明确规定了职责、权限等级及内外联络渠道的组织结构。

1. 建立组织机构的原则

(1) 对组织结构必须加以明文规定

组织结构的确定意味着各部门和岗位的设置、这些部门和岗位人员所承担的职能和责任、各部门之间必要的工作关系、人员的资格要求等得到确定。为了保证未来工作的稳定、严密和可靠,组织结构中这些因素必须以某种法定形式得到正式确认。因此,必须以明确的文字和图表将组织结构中一切有必要得到确定的因素加以正式规定和说明,并且应以适当的方式使这份文件具备效力。

(2) 责任、权限和联络必须明确

在明确责任、授予权限方面,应该做到职权的合理统一。如果从事某项活动的人员只有确定的职责、而没有确定的责任,或只有确定责任而没有确定的权力或者对职、责、权三者的授予不相称,那么未来的工作必定会遇到由于组织机构建立中的缺陷而引起的各种问题和困难。因此,质量保证原则要求在建立组织机构、并以明文确定之时对这三者加以合适的规定。

当由多个部门协作进行某一活动或一项活动牵涉到多个部门之间的职责时,应该明确各部门间的工作衔接关系和责任的分配。

(3) 对组织结构的形式无强制性要求

从组织结构的形式而言,并不要求各单位的组织结构有相同的形式,这是不合理也是不必要的。但是,不管采用何种组织结构形式,最起码的要求之一是应使岗位设置与未来的质量保证活动的性质和工作量相适应,做到“无空白、无重叠、无虚设”;在进行影响质量的活动的任何场所负责有效地实施质量保证大纲任何部分的一个或几个人，都必须能直接向为有效地实施质量保证大纲所必需的级别足够高的管理部门报告工作。

2. 组织结构中的验证职能

(1) 民用核安全设备无损检验人员的双重职能

在民用核安全设备制造、安装单位中，无损检验人员检验产品质量的检验活动可以认为是产品质量的控制活动，属于“验证者”的角色。同时，其检验活动的质量也需要得到验证，这时可以认为其属于“执行者”的角色。

在民用核安全设备无损检验单位中，其检验对象是外来的民用核安全设备，从本单位角度来说，其检验活动的质量需要得到验证，可以认为其属于“执行者”的角色。

在核电厂的质量保证大纲中，民用核安全设备无损检验人员既属于民用核安全设备质量“验证者”的角色，也属于民用核安全设备无损检验活动质量“执行者”的角色。

(2) 质量保证部门和人员的双重职能

质量保证部门和人员是“保证制定和有效地实施相应适用的质量保证大纲”的“执行者”，也是“验证各种活动是否正确地按规定进行”的“验证者”。

在 HAF003 的§3.1.3 中明确：“负责质量保证职能的人员和部门必须向级别足够高的管理部门上报，以保证上述必需的权力和足够的组织独立性，包括不受经费和进度约束的权力。由于人员数目、进行活动的类型和场所等有所不同，因此，只要行使质量保证职能的人员和部门已经拥有所需要的权力和组织独立性，执行质量保证大纲的组织结构可以采取不同的形式。但是，不管组织结构如何，在进行影响质量的活动的任何场所负责有效地实施质量保证大纲任何部分的一个或几个人，都必须能直接向为有效地实施质量保证大纲所必需的级别足够高的管理部门报告工作。”

3. 人员培训、资格和取证

人员素质是实现质量的最重的因素之一，所有从事对质量有影响的工作的人员都必须具备为满足完成该项工作所必需的资格。因此，需要为之制定适当的资格标准，按此标准挑选、配备人员，并进行必要的培训和资格考核。民用核安全设备无损检验人员需取到资格证明，并得到雇主的授权。

二、文件管理

根据核安全法规的要求，必须对工作的管理、执行和验证所需要的文件(如指令、说明书、程序和图纸等)的编制、审核、批准、发布、分发、修改和确认(如适合时)进行管理。也就是说，各单位应采取相应的控制措施，以明确规定负责编制、审核、批准、发布、分发、修改和确认有关对质量有影响工作的文件的人员和单位及其所负的责任，并控制文件的修改和防止使用过时的、不适当的文件。

管理者应规定对文件的需求，并对编制文件的组织和人员提供指导。指导的方面可涉及文件的状态、范围、内容、政策以及适用的标准和规范。管理者还应阐明对经验反馈和其他信息的需求。

1. 文件的范围

参照核安全导则《核电厂质量保证记录制度》等文件，实施控制的文件应包括(但不限于)下列方面：

- 设计文件(如计算书、图纸、技术规格书、分析报告以及有关计算机程序的文件)；
- 采购文件(如合同、采购订单等)；
- 质量保证大纲概述、质量保证或质量管理手册、大纲程序以及与影响质量的活动有关的工作程序和细则；
- 用于加工、建造、修理、安装、试验和检查的指令、作业指导书和规程；
- 专题报告；
- 试验和检查报告；
- 独立评价(如监督、监察)报告；
- 阐明安全要求的文件(如安全分析报告)；
- 不符合项报告和偏差记录；
- 维修和运行规程；
- 供方提供的文件；
- 其他正在实施的文件。

2. 文件的分级

核电厂物项、服务或过程的分级是基于其对核安全的相对重要性,文件的分级考虑也是如此。文件控制和记录管理的分级考虑应体现在下列方面:

- 对文件和记录的编制实施控制的程度；
- 文件确认的程度和需要；
- 文件审查的程度和所涉及的人员；
- 批准的级别；
- 对分发清单的需求；
- 能用“暂用文件”补充的文件类型；
- 对过时、废弃文件归档的需要程度；
- 对文件/记录分类、登记、索引、修补和贮存的需要程度；
- 记录的保存时间；
- 记录处置的责任；
- 贮存介质的类型。

3. 文件的编制

根据文件的类型和重要性或者文件的不同级别,各种文件应由合格的人员和指定的单位(或部门)进行编制。例如,各单位的质量保证大纲概述(或质量保证手册)应由质量保证部门经过培训的合格人员进行编写,而工作程序可有关的科、室或车间组织人员进行编制。

编制文件的依据是核安全法规、导则、采购文件和其他已批准的文件。在编制文件时还应参考具体的工艺、试验和检验等,以保证文件的正确性和适用性。

各类文件的内容不会相同,但其格式的某些部分可以类同。

(1) 每个文件通常应有：

目的、适用范围、引用资料(或文件),以及具体描述等部分。

(2) 每个文件的封面至少应标明下列内容:

- 文件编号
- 版次
- 编制日期
- 状态
- 文件的类型

(3) 每个文件的修改页应包括下列内容:

修改日期、修改页数、修改章节以及对修改内容的简要说明。

4. 文件的审核、批准和可接受性的确认

审核是对文件正确性、适用性和需要程度进行验证的活动。审核人员应熟悉被审查的领域、能胜任文件的审查工作。原则上,审核人员应比编制人员“高一个层次”,并且不应参与该文件的编制工作,即与该文件的编制工作无直接关系。文件审核完毕后,应形成审查记录,在记录中应有审查意见和结论、审查日期以及审查者的签名。文件的编制者收到审查记录(如文件审查意见单)后,应认真考虑审核者的意见,并对文件进行修改。如文件的编制者不同意审核者的意见,则应说明不同意的理由。上述过程均应形成文字记录。文件的审核者还需跟踪(重要的)审查意见的落实情况。

按照文件管理程序,文件经审核后应交相应部门的负责人(或授权人员)批准。批准人有权查阅作为批准依据的有关背景材料。

根据采购文件的要求,承包或分包单位须将某些文件报业主或总承包单位审批。这些单位应把本单位已批准的文件(作为预备状态)送到文档部门,附上文件传递单和报批表报业主或总承包单位审核、认可。

经批准的文件,自批准之日起生效。生效后对该文件的任何变更必须按照文件变更管理的程序进行(如变更部分较多时,最好出版新的版本),并重新进行审核和批准。

5. 文件的发布和分发

文件编制的部门(或人员)将经批准的原文件(连同最新的文件分发清单一起)交管理文件的资料档案部门登记,原文件保存资料档案部门,复制件应按照文件分发清单进行分发。

对受控文件,应在副本(复制件)上盖上“受控分发”的印章;在发放受控文件的同时将分发清单发给有关部门或单位,有关部门或单位签收后将分发清单回执部分返回次档案部门存档;同时,(如有的话)应收回过时的旧版本或在旧版本上做出明显标记(如加盖“作废”印记)。

6. 文件的变更

文件的变更首先必须填写修改通知单,叙述文件变更的原因和需变更的内容。按照文件变更控制程序的要求,变更的文件必须由审核和批准原文件的同一单位审核和批准。在特殊情况下(如工作现场远离文件编制和审批单位),可由专门指定的其他单位(或人员)审核和批准。指定的单位或人员应能胜任此工作,有权查阅作为批准依据的有关背景资料,并对原文件的要求和意图有足够的了解。

遵照文件变更控制程序完成文件变更后,必须按原文件分发清单把文件变更及其实际情况迅速通知所有使用文件的单位和人员以及所有有关的单位和人员。如果原文件变更的内容较多或原文件作废而需要换新文件时,应发放新的版本、收回旧的版本(或在旧版本上加盖“作废”标记);如果不更换版本,可以换页,也可以由文件资料管理人员(或在文件资料管理人员的监督下)对文件的变更部分作统一的、明显的修改标记,并注明更改人、变更日期和修改通知单编写,以保持可追溯性。升版的新文件,其修改部分也应作出明显的标记(如在左边空白处划竖线做标记)。总之,通过采用上述措施,以防止使用过时或不合适的文件。

7. 文件的归档

当某项工作已经完成,则指导该项工作的文件即可从工作场所取走,此时应将文件的“母本”作为质量保证记录归档。归档的文件必须体现物项或工作过程发生的所有变更,即文件与物项或工作过程的实际情况相一致。

三、检验设备与工具

1. 基本要求

无损检验所使用的检验设备、标准物质和参与检验用的辅助装置和工具、校验用的设备和器材,是开展检验工作必须具有的物质资源,其质量的优劣直接关系到最终的检验结果,对这些物质进行有效的管理与控制是非常重要的环节。

(1) 应制定和实施检验设备的标定和管理程序,保证检验所用的工具、量具、仪表以及其他设备和装置(包括试验软件)都具有合适的量程、型号、准确度和精度。

(2) 参照基准和转换基准设备都必须可追溯到公认的国家基准。在没有国家基准时,必须为所选用的标准提出可接受的技术依据。

(3) 所有的标准和标准设备都必须保持在高精度范围内(标准的精度至少应高于被校核设备所要求的精度),使被标定的设备能在所要求的精度范围内标定。

(4) 必须按照规定的时间间隔或在使用之前,对所用的检验设备(包括新购设备)和工具进行分级、标定、调整和维护。

(5) 检验设备的状态应做记录(如检定/校准/测试/使用/维护/标定时间、下次检定/校准/标定的预定日期、设备状态以及检定/校准/测试/使用/维护/标定的组织和人员,异常情况等),并且对标记、张贴物(或相当的标识物)进行识别。应制定管理措施,以保证适当地移动、贮存和使用已检定过/校准过的设备。

2. 采购

所有对检验质量有影响的物质采购前,应制定详细采购文件,明确采购目的、采购物质的技术性能指标、采购计划等。对物质的供应商应进行能力评价,以保证所采购的物质能够满足采购文件的要求。供应商能力评价一般包括:供应商的质量管理体系、产品质量以及在市场中的信誉、及时供货的能力、售后服务的能力等。

采购物质到货后应及时进行验收,首先核查采购物质是否与采购文件相符合,而后对到货外观进行检查,观察外观有无损坏。最关键的是对检验仪器或设备的功能和技术指标进行试验,是否符合采购要求。对上述活动应形成记录并及时归档。

3. 贮存与保管

检验设备、标准物质和参与检验用的辅助装置和工具、校验用的设备和器材应在规定的或专用的贮存区域存放。贮存区域应具备规范或技术规格书中规定的贮存条件和贮存设施。

在贮存期间，对于有贮存期限要求的、对于暴露在某种环境条件中会劣化失效的，必须做出标记，注明其使用寿期(如保质期)，并按照程序的规定定期(或按计划)进行检查。

4. 包装和装卸

应对所有检验设备、标准物质和参与检验用的辅助装置和工具、校验用的设备和器材制定包装、装卸、贮存和运输的要求。

5. 校验

对于无损检验而言，检验设备和器材的定期校验是非常重要的。根据我国计量法的规定，量值可溯源的测量设备，应由具备法定计量单位进行检定，出具检定合格证书，方可进行量值测量，检定周期通常为每年一次，以保证测量数据可信度以及其精度在允许的误差范围内。由于有些检验设备，目前我国法定计量单位暂时还未开展这方面的计量/检定工作，这些仪器使用单位可以用比对的方法进行自校准。即在测量范围内制作一系列标准样品，尺寸覆盖整个可测量范围，将这些标准样品送法定计量单位检定，再通过标准样品对检验设备进行自校准，得出自校准结论。根据计量法的规定，这类检验设备有效期可根据使用的频率由使用单位自行确定，但一般最长不能超过二年。

检验过程中的校验是指校准和(或)验证。检验实施开始前要对检验仪器设备进行校验，以保证检验系统的精度、灵敏度性能等指标符合规定要求。检验实施过程中每隔一定的时间还要对检验系统进行校验，称为检验过程中的校验。其目的是为了保证检验过程中检验系统始终保持良好的状态，及早发现检验系统精度、灵敏度等性能指标出现偏差，及时进行调整，保证检验结果正确可靠。检验结束后同样要对检验系统进行校验，以验证检验系统的各项性能指标符合要求。

6. 维护与保养

仪器设备应根据使用说明书或本单位的有关规定进行日常维护和定期保养，定期对仪器设备的性能、指标进行校验、测试和标定，对精度和性能降低的要及时进行修复。不经常使用的仪器，应妥善贮存，贮存期间仍要定期维护、保养和测试，对于电子类仪器应定期进行通电，以保证电子类仪器能够正常工作。

- 维护保养应制定具体程序或要求，以及工作计划；
- 维护保养应形成记录；
- 维护保养人员应有要求和培训；
- 维护保养所用设备、器材应确认合格可用。

四、检验过程管理

过程是将输入转化为输出的一组彼此相关的资源和活动。必须强调对过程中每个环节(或每个小过程)都进行必要的管控，这样才能确保过程的输出满足输入的要求。按照核安全法规的要求，必须对影响质量的工艺过程予以控制。检验是保证产品质量符合采购文件要求的关键活动，也是向买方证明产品质量达到规定要求的重要活动；从事检验活动的单位应制定和实施检验计划(即产品或项目质量计划的一部分)，以控制各项验证活动和为活动的满意实施提供客观证据。

检验过程管理的主要控制内容包括：技术文件、实施过程、质量计划见证、评价及其改进。在第五章的第二节“质量控制基础知识”中已对民用核安全设备无损检验过程管理和控制加以详细描述。

第二节 培训与指导

一、培训的目的和意义

为了建设一支高素质的技能人才队伍,探索职工技术培训终身化,技能培训社会化,岗位培训单位化的职工教育新模式,适应职工自身发展的需要,适应社会发展和技术进步的需要,开展“缺什么,补什么”的岗位技能培训,具有十分重要的意义。

1. 培训的目的

任何培训都是为了实现知识、技能和态度的改变。知识、技能和态度是培训的三大要素,三者缺一不可。

(1) 知识培训

知识培训是技术工作可持续发展的基础。作为知识培训的教员需要具备一定的专业基础知识和一定的专业技能,才能在培训中发挥更大的作用。特别是在科学技术飞速发展、知识更新日新月异的今天,一个人无论才智有多高、学识有多广,如果仅凭工作经验吃“老本”,将无法适应新形势新任务的工作要求。

(2) 技能培训

知识只有转化成技能,才能真正产生价值。这就是我们常说的“知识就是力量”“科技是第一生产力”。技能培训不仅提高员工对单位的归属感和主人翁责任感。技能培训更是员工及单位获得发展的重要保证,因而,技能培训是职业培训中的一项重要内容。

(3) 态度培训

参与培训的学员具备了扎实的基础知识和过硬的操作技能,但如果没有正确的人生价值观、积极的工作态度和良好的思维习惯,他们给这个行业带来的很可能不是财富,而是损失。而有积极态度的人员,即使暂时在知识和技能上存在某些不足,但他们也会为实现目标而主动、有效地去学习和提升自我,从而最终成为单位所需要的技能人才。因此,态度培训是单位必须持之以恒的重点培训内容。

2. 培训的意义

(1) 保证核安全

核特有工种中所涵盖的这些工作,基本都是直接涉及到核安全级设备的操作和维护。因此,这一工作性质要求每一个工作人员不断地接受职业道德和职业守则教育,培养团队精神、树立高度的核安全意识。必须进行核安全教育和核安全技术培训,经过培训,特别是使技师及其以上人员掌握准备及过程中有可能发生的安全事故和危害健康的风险点以及消除和预防的措施,在施工组织和现场管理中发挥骨干和带头人作用。

(2) 保证质量

在核设备无损检验过程中需要使用各类工器具及量具,甚至需要设计加工专用工具,这些工器具及量具基本都是依靠手工操作来完成的,检验质量在很大程度上取决于技能人员的素质和操作水平。所以，只有加强技能人员的培训和考核，不断增强工作责任心和过硬的操作技能，才能保证检验质量。

(3) 提高效率、降低成本

技能人员经过培训和考核后，才能使他们正确掌握工作方式，提高操作技能，熟练掌握工具和使用设备，在保证质量的同时提高工作效率，合理使用技术手段及仪器材料，降低成本。

(4) 提高开发新工艺的能力

通过培训，在提高员工素质的同时，也培养了他们的创新能力，激励员工不断开发或优化工艺来满足核设备无损检验的需要。培训后的员工整体素质得到提高，就会自觉把自己当成企业的主人，主动服从和服务于科研任务的安排。

二、培训的基本内容和方法

1. 职业技能鉴定的内容

职业技能鉴定是一项基于职业技能水平的考核活动，属于标准参照型考试。技能鉴定分为理论知识考试和技能操作考核两部分。不同级别的学员，根据《国家职业标准》要求而制定的指导与培训，使培训工作能够从实际需要出发，切实解决生产经营中的实际问题，是非常有必要的。

2. 理论培训

理论培训一般采用讲授法，通过语言系统向学员传授知识，使学员能记住其中的重要观念与特定知识。按照相应的培训计划，来制定培训的等级、时间、内容、场地。授课者应认真备课，对教材有深刻的理解，并按教材内容认真讲解，不要脱离教材随意引申和发挥。教学过程必须遵循教材大纲、教学要求，使学员有条理地、系统地掌握所学的知识。

(1) 联系实际授课。授课者要结合本职业模块工作原理和操作要点的要求进行客观的讲学；讲解本职业模块的检验准备、检验方式等；讲解本职业模块中主要(或关键)设备的检验控制点等；从而使学员把理论知识与检验操作实际紧密联系起来，加深、加快对所学理论知识的理解和掌握。

(2) 应尽量配备必要的多媒体设备，以加强教学效果。在条件允许的情况下可组织与教学有关的检验现场参观。通过参观使学员扩大视野。了解本行业、本职业的新设备、新工艺、新材料的状况，有利于学员技术水平的提高。

(3) 课上要做提问并解答问题，还要进行重点复习和成绩考核，使学员及时巩固所学的知识，提高教学质量。

(4) 课上要激发学员的学习积极性，了解学习理论知识的重要性，明确培训学习目的，使学员自觉、主动、积极地参加培训，使理论培训取得较好的学习效果。

3. 技能操作指导

根据培训大纲和教材的内容进行操作技能指导，是引导学员在实践操作过程中合理运用理论知识达到技能培训要求的过程。包括：示范操作、分配任务、巡回指导三种形式。

(1) 示范操作

为使学员获得感性知识，加深对学习内容的印象，应把理论知识和实际操作联系起来。

示范操作是重要的直观教学形式，也是技能培训的重要步骤。可以使学员具体、生动、直接地感受到所学的动作技能和技巧是怎样形成的。

(2) 分配任务

在讲解和操作示范后，要给学员分配轮换工作位置和工件，并要求学员对自己使用的工具、材料、图纸、周边场地等情况进行全面检查，做好操作的准备。

(3) 巡回指导

在对课程讲解与示范的基础上，在学员进行实际操作的过程中，有计划、有目的、有准备地对学员做全面的检查和指导。通过具体指导，使学员的操作技能和操作技巧不断提高。这个阶段的指导应根据不同层次、不同水平、不同教学内容分别进行。

操作技能指导应首先检查固定工件(卡活)是否正确和稳固，其次检查和纠正学员的操作姿势和操作方法。其中对操作姿势、安全文明生产和工作质量的检查，应贯彻在整个教学过程之中。要注意发现学员中能应用理论指导实践，学的快、操作好、不出事故等各方面的典型，及时总结推广他们的好思想、好做法，以点带面，增强全体学员搞好操作的信心。要做到五勤，即腿勤、眼勤、脑勤、嘴勤、手勤。绝不能只坐办公室“指导”，必须经常在现场及时指导。只有做到“五勤”，才能充分发挥主导作用。

思考题

1. 简述检验文件管理的主要控制环节。
2. 简述检验设备管理的主要控制环节。
3. 职业技能鉴定的内容和依据是什么？

第八章　误差理论与数据处理

学习目标：本章对初、中、高级技工和技师均无学习要求。高级技师应熟悉误差的概念和分类以及相应的表示方法，了解误差理论基础、误差合成和数据处理、测量不确定度的相关知识。

第一节　误差理论

一、误差的概念

人们对自然现象的研究总是通过对有关物理量的测量来进行的。但是，无论测量仪器多么精密，方法多么先进，实验技术人员如何认真、仔细，观测值与真(正)值之间总是存在着不一致的地方。这种差异就是误差(error)，可以说，误差存在于一切科学实验的观测之中，测量结果都存在着误差。

1. 真正值(又称真值 true value of a quantity)

真值是指某一时刻，某一状态下，某物理量客观存在的实际大小。一般说来，真值是不知道的，因为它是人们通需要过观测去求得的。而误差的普遍存在，使得测量值并不等于真值。在实践中，有一些物理量的真值或从相对意义上来说的真值都是知道的，这有如下几种：

(1) 理论真值。如平面三角形三内角之和恒为 180°。

(2) 计量单位制中的约定真值。国际单位制所定义的七个基本单位，根据国际计量大会的共同约定的有关量值都是真值。

(3) 标准器或基准器的相对真值。凡高一级标准器的误差是低一级或普通测量仪器误差的 $\frac{1}{20} \sim \frac{1}{3}$ 时，则可认为前者是后者的相对真值。

在科学实验中，真值就是指在无系统误差的情况下，观测次数无限多时所求得的平均值。但是，实际测量次数总是有限的，故用有限次测量所求得的平均值作为近似真值(或称最可信赖值)。

2. 误差(error)

(1) 绝对误差(absolute error)。

某物理量值与其真值之差称绝对误差，它是测量值偏离真值大小的反映，有时又称真误差。即：

$$绝对误差=量值-真值$$

$$修正值=-绝对误差=真值-量值$$

则

$$真值=量值+修正值$$

这说明量值加上修正值后,就可以消除误差的影响。在精密计量中,常常用加一个修正值的方法来保证量值的准确性。

(2) 相对误差(relative error)。

绝对误差与真值的比值所表示的误差大小称为相对误差或误差率。采用相对误差就能够清楚地表示出测量的准确程度。

按定义, $$相对误差=\frac{绝对误差}{直值}=\frac{绝对误差}{测量值-绝对误差}$$

二、误差的分类

根据误差产生的原因和性质将误差分为以下三大类。

1. 系统误差

系统误差是由于偏离测量规定的条件,或者测量方法不合适,按某一确定的规律所引起的误差。系统误差的符号或绝对值已经确定的称为已定系统误差。理论上讲已定系统误差可用修正值来消除,而未定系统误差则可用系统不确定度来估计。

系统误差的存在将影响试验结果的正确性,因此应尽力消除。根据系统误差产生的特点可将其分为固定系统误差和变化系统误差两大类。凡是整个测量中始终存在着一个固定不变的偏差,便称为固定系统误差;如果这个偏差经常变化 (如累进变化、周期性变化等),则称为变化系统误差。消除系统误差一般可从下面三个方面着手:

(1) 改进或选用适宜的测量方法来消除系统误差;

(2) 用修正值来消除测量值中的系统误差;

(3) 在测量过程中随时消除产生系统误差的因素。

2. 随机误差(或称偶然误差)

如果对系统误差进行修正之后,还出现观测值与真值间的误差,则称此为随机误差。这种误差的特点是在相同条件下,少量地重复测量同一个物理量时,误差时大时小,时正时负,没有确定的规律,且不可能预先测定。但是当观测次数足够多时,随机误差完全遵守概率统计的规律。

(1) 随机误差的有界性。在某确定的条件下,误差的绝对值不会超过一定的限度。

(2) 随机误差的单峰性。绝对值小的误差出现的概率比绝对值大的误差出现的概率大,最小误差出现的概率最大。

(3) 随机误差的对称性。绝对值相等的正负误差出现的概率相等。

(4) 随机误差的抵偿性。在多次、重复测量中,由于绝对值相等的正负误差出现的次数相等,所以全部误差的算术平均值随着测量次数的增加趋于零,即随机误差具有低偿性。抵偿性是随机误差最本质的统计特性,凡是具有相互抵偿特性的误差,原则上都可以按随机误差来处理。

遵守随机误差四大分配律的数学模型——误差方程 $f(x)=ce^{-h^2n^2}$;或者是1795年高斯推导出来的高斯误差分布密度函数或高斯正态分布误差方程 $f(x)=\frac{h}{\sqrt{\pi}}e^{-h^2n^2}$。如图8-1所示。

随机误差产生的原因还不清楚，但由于总体上它遵守统计规律，因此理论上可以计算出它对测量结果的影响。随机误差决定了测量的精密度。

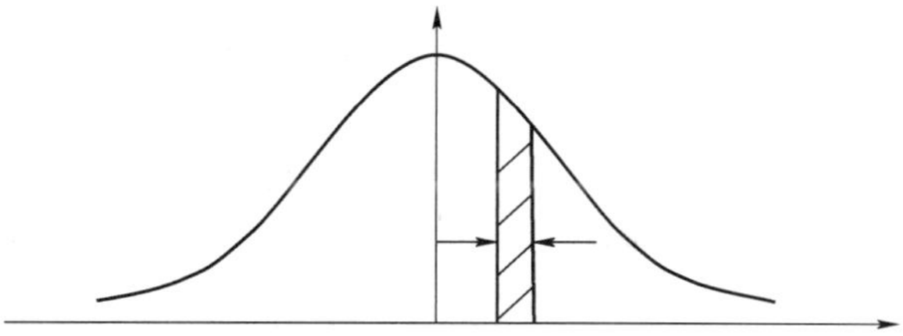

图 8-1　高斯正态分布曲线

3. 粗差（又称过失误差）

明显歪曲测量结果的错差称为粗差，包含有粗差的测量值称为坏值或异常值。读错、测错、记错或者试验条件尚未达到要求就开始测量以及计算的错误等都会直接造成粗差。

通过上面的讨论可知：① 对试验结果进行误差分析时，只讨论系统误差和随机误差两大类，而坏值在试验过程和分析中随时剔除；② 一个精密的测量（即精密度很高，随机误差很小的测量）可能是正确的，也可能是错误的（当系统误差很大，超出了允许的限度时）。所以，只有消除了系统误差之后，随机误差越小的测量才是既正确又精密的，此时称它是精确（或准确）测量，这也正是人们在试验中所要努力争取达到的目标。

三、误差的表示方法

1. 最大（范围）误差

这种方法把测量中的最大值与最小值之差 Δ 作为最大的误差变化范围，通常用最大误差 Δ 与算术平均值 $\bar{x}$ 之比值 h_Δ（最大误差系数）来表示

$$h_\Delta = \frac{\Delta}{\bar{x}}$$

2. 算术平均误差

在一组测量中，用全部测值的随机误差绝对值的算术平均值来表示。按定义

$$\delta = \frac{\sum_{i=1}^{n} \left| x_i - \bar{x} \right|}{n}$$

式中：x_i——一组测量中的各个测值，$i=1,2,\cdots,n$（测量的次数）；

$\bar{x}$——一组测量值的算术平均值；

$\left| x_i - \bar{x} \right| = \left| \Delta x_i \right|$——第 i 个测值 x_i 与平均值 $\bar{x}$ 之偏差（即误差）的绝对值。

3. 标准误差 σ（又称均方根误差）

它是观测值与真值偏差的平方和与观测次数 n 比值的平方根，按定义

$$\sigma = \pm\sqrt{\frac{\sum_{i=1}^{n} (x_i - A)^2}{n}} = \pm\sqrt{\frac{\sum_{i=1}^{n} d_i^2}{n}}$$

式中：A——被测物理量的真值；

$d_i = x_i - A$——第 i 个测值 x_i 与真值 A 之偏差。

在实际测量时,观测次数 n 总是有限的,真值只能用最可依赖(最佳)值来代替,此时的标准误差按下式计算:

$$\sigma_{n-1} = \pm\sqrt{\frac{\sum_{i=1}^{n}(x_i - \overline{x})^2}{n-1}} = \pm\sqrt{\frac{\sum_{i=1}^{n}(\Delta x_i)^2}{n-1}}$$

标准误差 σ 对一组测量中的特大或特小误差反应非常敏感,所以,标准误差能够很好地反映出测量的精密度。这正是标准误差在工程测量中广泛被采用的原因。

四、相关概念

1. 精密度(简称精度 precision)

它表示测量结果中随机误差大小的程度,即在一定条件下,进行多次、重复测量时,所得测量结果彼此之间符合的程度,通常用随机不确定度来表示。

2. 正确度(correctness)

它表示测量结果中系统误差大小的程度。即在规定的条件下,测量中所有系统误差的综合。

3. 准确度(又称精确度 accuracy)

准确度是测量结果中系统误差与随机误差的综合,它表示测量结果与真值的一致程度。从误差的观点来看,准确度反映了测量的各类误差的综合。如果所有已定系统误差已经修正,那么准确度可用不确定来表示。

4. 不确定度(uncertainty)

由于测量误差的存在而对被测量值不能肯定的程度。表达方式有系统不确定度、随机不确定度、总不确定度;系统不确定度实质上就是系统误差限,常用未定系统误差可能不超过的界限或半区间宽度 e 来表示。随机不确定度实质上就是随机误差对应于置信概率 $1-\alpha$ 时的置信区限 $\pm k\sigma$(α 为显著性水平)。当置信因子 $h = 1$ 时,标准误差 σ 就是随机不确定度,此时的置信概率(按正态分布)为 68.27%。总不确定度是由系统不确定度与随机不确定度按合成方差的方法合成而得的。由于不确定度包括测量结果中无从进行修正的部分,所以它反映了测量结果中未能确定的量值的范围。

总之,不确定度是未定误差的特征描述,而不是指具体的误差大小和符号,故不确定度不能用来修正测量结果。

第二节 数据处理方法

一、误差的合成方法

在试验过程中,常常会出现随机误差、固定系统误差和未定系统误差,且它们的绝对值和符号又常是未知的。对于随机误差,只能通过多次测量的办法估算出它的标准误差或极限误差(即随机不确定度);对于未定系统误差,只能估计它的误差界限(即系统不确定度)。而这两种误差都只有借助概率统计的理论和方法来进行误差的合成处理。

1. 已定系统误差ε合成方法——代数和合成

设有m个已定系统误差,其绝对值和符号均已确知,分别为$\varepsilon_i(i = 1,2,\cdots,m)$,则

$$\varepsilon = \sum_{i=1}^{m} \varepsilon_i$$

随机不确定度Δ的合成方法——方差合成。

考虑到有n个随机误差的绝对值或符号未知,故设随机不确定度为$\Delta_i(i = 1,2,\cdots,n)$。随机不确定度通常用$3\sigma$(极限误差)来估计,这里的符号均指正值,所对应的误差范围为$\pm\Delta_i$,则$\Delta = \sqrt{\sum_{i=1}^{n} \Delta_i^2}$。

2. 系统不确定度e的合成方法

考虑到有ρ个未定系统误差的绝对值或符号未知,故设系统误差限(或系统不确定度)为$e_i(i = 1,2,\cdots,\rho)$。这里e_i均指正值,所对应的误差范围为$\pm e_i$,则可有如下两种合成方法。

(1) 绝对值求和法:$e = \sum_{i=1}^{\rho} e_i$

(2) 方差合成法:$e = \sqrt{\sum_{i=1}^{\rho} e_i^2}$

3. 总不确定度E(随机不确定度Δ与系统不确定度e)的合成

(1) 绝对值求和法:$E = \Delta + e$

(2) 方差求和法:$E = \sqrt{\Delta^2 + e^2}$

(3) 广义方差求和法:$E = K\sqrt{\sum_{i=1}^{n} \sigma_i^2 + \sum_{i=1}^{\rho}\left(\frac{e_i}{h_i}\right)^2}$

式中,h为n个随机误差与ρ个未定系统误差之和分布的置信系数,h_i为对应于ρ个未定系统误差概率分布的置信系数,对正态分布,h=2.58～3.0。

在只需估计标准误差时,上式可变为$\sigma = \left(\frac{E}{K}\right) = \sqrt{\sum_{i=1}^{n} \sigma_i^2 + \sum_{i=1}^{\rho}\left(\frac{e_i}{h_i}\right)^2}$。

σ代表($n+\rho$)个误差引起的总标准误差。

4. 准确度A

$$A = \varepsilon \pm E$$

当用已定系统误差ε的反号值(即$-\varepsilon$)来修正测量值后,该项误差即可消除,此时的总不确定度就是测量的精确度。

二、间接测量中误差的数学处理

在实际测量中,往往有很多物理量是不能通过仪器、仪表直接测得的,而是要首先测得一些有关的直接测量量,然后再根据这些量之间的数学关系式,经过计算来求得。这就是间接测量的问题。

1. 间接测量的最可信赖值的计算

设间接测量量y与直接测量量u、v、w在如下的函数关系式:

$$y = f(u、v、w)$$

间接测量中数学处理的任务就是通过实际测得的平均值及误差计算出间接测量量的最

可依赖值$\bar{y}$及其与真值间的误差大小Δy。

在间接测量中,函数量的最可依赖值(即算术平均值)$\bar{y}$只要把各个独立的、直接测量量的算术平均值$\bar{u}$、$\bar{v}$和$\bar{w}$代入间接测量的函数关系式中就可计算得到。

2. 间接测量的标准误差传递

根据标准误差σ概念和随机误差的四大分配规律,对于假设间接测量函数进行n次观测后,可以发现:在间接测量中,函数的绝对标准误差是各独立物理量部分绝对误差平方和的平方根。这就是误差传递的基本规律。

在间接测量误差传递的计算中,应着重解决三方面问题。

(1) 根据已知的各直接测量独立自变物理量的误差,应用误差传递定律计算间接测量量的误差;

(2) 事先按技术要求给定间接测量量的误差大小,通过计算决定各直接测量量所允许的最大误差;

(3) 确定试验最有利的测量条件,使间接测量的函数关系所引起的误差最小。

3. 测量误差处理原则

在间接测量中,各种物理常数、系数、一次测量误差应按下列原则处理。

(1) 常数项处理

根据方差性质,常数的方差为零。实际计算中,可以增加常数项的有效数字位数,提高计算数值的准确度。

(2) 系数项处理

通过标定试验,从一组子样数据中整理出它们的标准误差。

(3) 一次测量项标准误差计算

对于绝大多数一次测量项,通常其最大可能的测量误差是已知的。按误差理论,认为一次测量项的标准误差应为最大可能绝对误差的三分之一。

(4) 查图/表项误差处理

认为最大可能绝对误差值取图/表数据最末位有效数字单位值的二分之一。

(5) 综合测量项误差处理

综合测量项或总体测量项是由各部分的量值按一定函数关系转换而得,误差处理按误差传递规律处理。

第三节 测量不确定度

一、不确定度的发展史

从误差理论得知,一切测试(包括测量与试验)都有误差的存在,所以人们习惯用误差来表示测试结果的质量。测试误差的定义是测试结果与真值之差。但真值是一个理想化的概念,往往是未知的或无法得到的。在实际测试中真值是用接受参照值或约定真值来替代。所以,通常所说的误差实际上是其估计值,并非真正意义上的误差。另外,误差的评定方法不统一,使得不同测试结果间缺乏可比性。采用测量不确定度来统一评价测量结果的质量,是目前世界各国和国际组织普遍重视的相互比较的方法。

1963 年，原美国国家标准局的数理统计学者艾森哈特在《仪器校准系统精密度和正确度评定》中明确提出了测量不确定度的概念。不确定度开始在测量领域被广泛应用。

1977 年，美国国家标准局局长、国际计量委员会委员安布勒向国际计量委员会提交了解决国际上统一表达测量不确定度方法问题的提案。1980 年国际计量委员会起草了建议书 INC-1《实验不确定度表示》，1986 年通过新版 INC-1(1986)，并决定推广应用。

1993 年，国际标准化组织(ISO)、国际电工委员会(IEC)、国际计量局(BIPM)、国际法制计量组织(OIPM)、国际理论化学与应用化学联合会(IUPAC)、国际理论物理与应用物理联合会(IUPAP)、国际临床化学联合会(IFCC)等七个组织联合公布《测量不确定度表述导则》(GUM)，从此国际测量界和相关理论研究领域开始高度关注不确定度。

随着国际不确定度的不断发展，我国在开展相关研究工作的同时，中国计量科学研究院于 1996 年制定了《测量不确定度规范》，1999 年开始等同采用国际上的 GUM。

中国合格评定国家认可委员会(CNAS)2006 年 3 月成立，参照有关国际标准和文献并与我国的实际相结合制定一批有关测量不确定度评定的文件，包括：《测量不确定度评估和报告通用要求》《测量不确定度要求的实施指南》《化学分析中不确定度评估指南》《测量不确定度的要求》等。为我国的测量不确定度评定的普及和提高以及实验室测试能力的提升，起到了很大的推动和帮助作用。

二、测量不确定度与测量误差

1. 测量不确定度

依据我国质量监督检验检疫总局等同 GUM 采用的 JJF 1059.1—2012《测量不确定度评定与表示》，测量不确定度的相关术语和定义如下。

(1) 测量不确定度

根据所用到的信息，表征赋予被测量值分散性的非负参数。简称不确定度。

注 1：测量不确定度包括由系统影响引起的分量，如与修正值和测量标准所赋量值有关分量及定义的不确定度。

注 2：参数可以是诸如称为标准测量不确定度的标准偏差，或说明了包含概率的区间半宽度。

注 3：测量不确定度一般由若干分量组成，分别进行测量不确定度的 A 类或 B 类评定进行评定。

注 4：对于一组给定信息，测量不确定度是相应于所赋予被测量值的，该值的改变将导致相应不确定度的改变。

(2) 标准不确定度

以标准偏差表示的测量不确定度。

(3) 测量不确定度的 A 类评定

在对规定测量条件下测得的量值用统计分析的方法，进行的测量不确定度分量的评定。简称 A 类评定。

(4) 测量不确定度的 B 类评定

用不同于测量不确定度 A 类评定的方法，对测量不确定度分量进行的评定。简称 B 类评定。

(5) 合成标准不确定度

由在一个测量模型中各输入量的标准测量不确定度获得的输出量的标准测量不确定度。

(6) 相对标准不确定度

标准不确定度除以测得值的绝对值。

2. 测量不确定度与测量误差的区别

测量不确定度与测量误差是检测实验室的两个重要概念。它们直接关系到测试结果的准确/可靠程度。然而在日常检测工作中,由于概念的不清,使两者很容易混淆或误用。

不确定度的概念是误差理论的应用和拓展,而误差理论则是不确定度评定的理论基础。误差与不确定度的主要区别详见表 8-1。

表 8-1 误差与不确定度的主要区别

序号	主要区别	测量误差	测量不确定度
1	定义上的差别	表示测量结果与参考量值的偏倚,是一个确定的值	表明赋予被测量值的分散性,是一个区间
2	按其分类而言	随机误差和系统误差	A 类评定和 B 类评定
3	按其操作性而言	以参考量值为依据,进行无限次准确度测量,操作性差	根据试验、资料、经验等信息进行评定,从而来定量操作
4	正、负值的差别	两个量值的差值,不用正负号来表示	是一个无符号的参数,恒取正值
5	对结果修正的差别	已知系统误差的估计值,可以对测量结果进行修正	测量不确定度是一个区间,不能对测量结果进行修正。对修正的测量结果进行不确定度评定时,应考虑修正引入的不确定度分量
6	结果评定的差别	误差是客观存在的,是测量结果的固有属性	测量不确定度与测量仪器和测量方法有关,与人们对测量的认识有关
7	同一测量的变化	对于同一(类型)测量,其结果的误差不尽相同,按正态分布	对于同一(类型)测量,只要测量条件不改变,不确定度是相同的
8	自由度	不存在	可作为不确定度评定的可靠程度指标
9	包含概率	不存在	可按包含概率给出分布区间

三、不确定度评定的理论和方法

按照规范 JJF 1059.1—2012 对测量不确定度评定的方法,称为 GUM 法。用 GUM 法评定测量不确定度的流程见图 8-2。

1. 测量不确定度来源分析

测量不确定度的来源必须根据测量的实际情况进行具体分析,分析时,除了定义的不确定度外,可以从测量仪器、测量环境、测量人员、测量方法等方面全面考虑。特别要注意对测量结果影响较大的不确定度来源,尽量不遗漏且不重复。

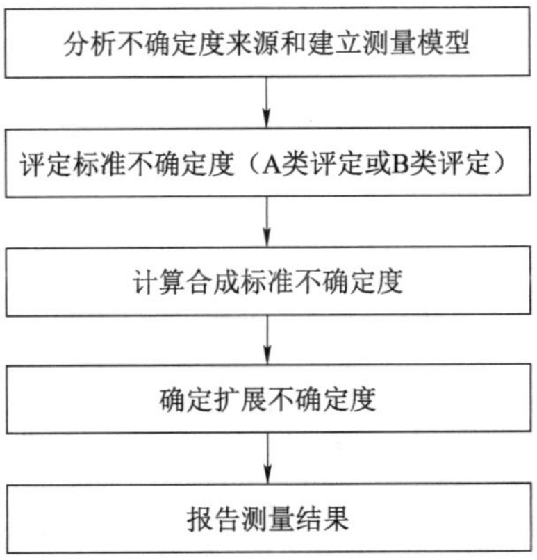

图 8-2　测量不确定度评定流程图

在实际测量中，有许多可能导致测量不确定度的来源。例如：

1）被测量定义的不完整；

2）被测量定义的复现不理想；

3）取样的代表性不够；

4）对测量受环境条件的影响认识不足或对环境条件的测量不足；

5）模拟式仪器人员读数偏差；

6）测量仪器的计量性能的局限性；

7）测量标准或标准参照物的标准值不准确；

8）引用的参数或常数不准确；

9）测量方法或测量程序的近似和假设；

10）相同条件下，被测量重复观测值的变化。

另外，测量中的失误或突发因素不属于测量不确定度的来源。在测量不确定度的评定中，应剔除测量值中的异常值。

2. 测量模型的建立

测量模型与测量方法有关。测量中，当被测量的值 Y(输出量)是由 N 个其他量 X_1，X_2，……X_N(输入量)通过函数 f 来确定时，那么 $Y=f(X_1,X_2,\cdots\cdots,X_N)$可作为测量模型。在分析被测量的值 Y 的不确定度时，测量模型的每个输入量的不确定度，均是 Y 值不确定度的来源。

(1) 测量模型的输入量可以是直接测量值，这些量值及其不确定度可以由单次观测、重复观测或经验估计得到，并可包含对测量的修正值；测量模型的输入量也可以是外来引入量，如计量标准量值、手册参考数据等。

(2) 当测量模型函数 f 为线性函数时，适用规范 JJF 1059.1—2012。Y 的估计值有两种算法，一种是取 n 次 Y 的独立观测值来计算他们的算术平均值；另一种是取 n 次输入量 X_i 的独立观测值，先计算 X_i 的最佳估计值，再由函数关系得出 Y。

(3) 当测量模型函数 f 为非线性函数时，只能取 n 次 Y 的独立观测值来计算他们的算术平均值来获得 Y 的估计值。

(4) 测量不确定度评定时，常有不止一个的测量模型。

3. 标准不确定度的A类评定

测量不确定度一般是由若干分量组成，每个分量用其概率分布的标准差估计值表征，称为标准不确定度。用标准不确定度表示的各分量用 u_i 表示。根据对 X_i 的一系列观测值(统计分析方法)得到的实验标准差的方法为A类评定。评定的一般流程见图8-3。

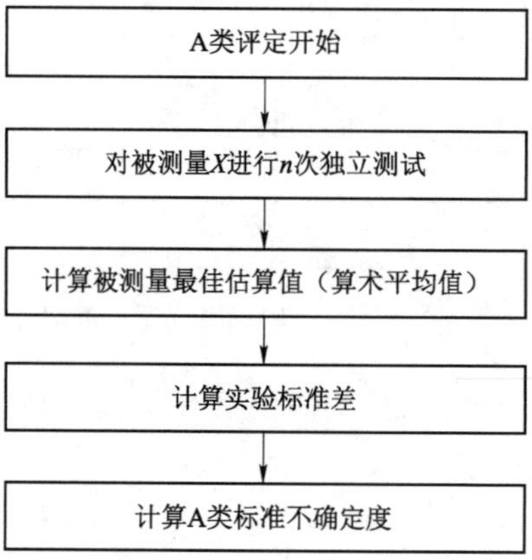

图8-3 标准不确定度A类评定流程图

4. 标准不确定度的B类评定

B类评定方法是根据有关的信息和经验，判断被测量的可能值区间 $[\chi-\alpha,\chi+\alpha]$，假设被测量值得概率分布，根据概率分布和要求的概率 p 确定置信因子 k，则B类标准不确定度 $u_B=\alpha/k$（α 即被测量可能值区间的半宽度）。评定的一般流程见图8-4。

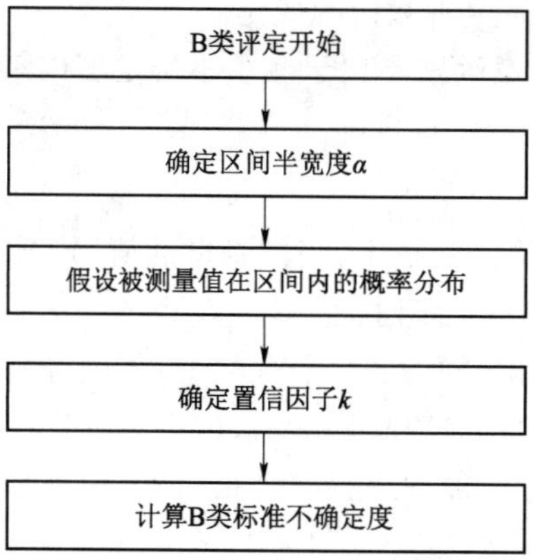

图8-4 标准不确定度B类评定流程图

5. 合成标准不确定度计算

合成标准不确定度计算采用广义方差合成法(参见第二节)，但各输入量均引入了灵敏系数，即测量函数在输入量 X_i 位置的偏导数，灵敏系数表面了输入量 X_i 的不确定度影响被测量估计值的不确定度的灵敏程度。合成标准不确定度计算流程见图8-5。

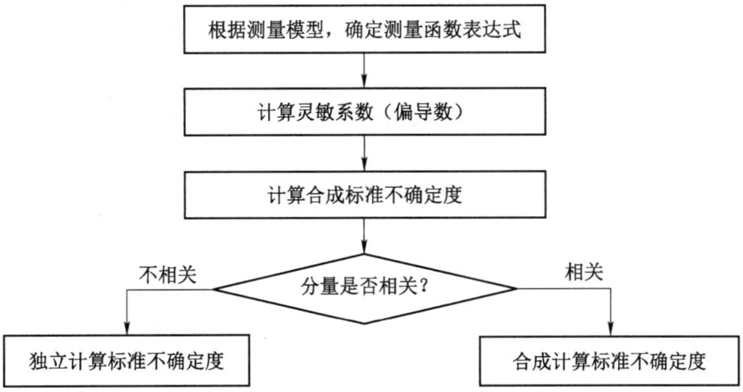

图 8-5　合成标准不确定度计算流程图

思考题

1. 根据误差产生的原因和性质将误差分为哪些类型?
2. 详述测量不确定度与测量误差的区别。

第九章　核燃料元件无损检测基础知识

学习目标：通过本章学习，使学员掌握数据的检测和处理方法、原始记录和检测报告、检测准备、废物处置、仪器日常维护保养、计量知识、测量软件的应用、抽样检测、检测规程和校准规范编制、科技报告编写相关知识。

第一节　有效数字的修约和计算法则

一、有效数字概念

有效数字指在实际测量工作中能测得的有实际意义量值表示的数字(只作定位用的"0"除外)，是由计量器具的精密程度来确定的。有效数字包括全部可靠数字和一位可疑数字在内的有实际意义的数字。

例如：读取滴定管上的刻度，甲得到 23.43 mL，乙得到 23.42 mL，丙得到 23.44 mL，丁得到 23.43 mL，这些四位有效数字中，前三位数字都是准确的，称为可靠数字，第四位数字因为没有刻度，由分析人员的肉眼估计出来的，因此第四位数字是估计值，不甚准确，称为可疑数字。

可疑数字一般认为它可能有±1 或±0.5 个单位的误差，如 1.1 这个有效数字在 1.0～1.2 或 1.05～1.15。

二、有效数字的确定

有效数字的确定包括以下几点：

(1) 对于没有小数位且以若干零结尾的数值，从非零数字最左一位向右数，得到的位数减去无效零(即仅为定位用的零)的个数即为该数值的有效位数。

(2) 对于其他十进位数，从非零数字最左一位向右数，得到的位数即为有效位数。

(3) 系数和常数有效数字位数，可以认为是无限制的，需要几位写几位。如常数 π、系数 $\sqrt{2}$ 、2/3 等。

(4) 对数数值的有效位数应与真数的有效位数相等，也就是说其有效位数仅取决于小数部分(尾数)数字的位数。因整数部分(首数)只与相应真数的 10 的多少次方有关。如 pH=11.20 换算为氢离子浓度时$[H^+]=6.3\times10^{-12}$mol/L，有效位数为二位，而不是四位，因此 pH=11.20 的有效位数是二位。

例 9-1：确定下列数值的有效位数

1.000 8 五位有效数字　　　1.98×10^{-10} 三位有效数字

0.100 0 四位有效数字　　　10.98%四位有效数字

0.038 2 三位有效数字　　　0.05 一位有效数字

28 二位有效数字　　　　　2×10^5 一位有效数字

0.004 0 二位有效数字　　　8.00 三位有效数字

注意：

① 数字之间的“0”是有效数字，如 1.000 8 中有三个“0”都是有效数字。

② 数字末尾的“0”是有效数字，如数字 1.100 0 后面三个“0”都是有效数字

③ 数字前面所有的“0”只起定位作用，不是有效数字。如数字 0.05 小数点前两个“0”只起定位作用，不是有效数字。

④ 1.98×10^{-10}、10.98%、2×10^5 数字中的“10^{-10}”“%”“10^5”只起定位作用。

三、数字修约规则

在数据处理时，需要确定各测量值和计算值的有效位数或者确定把测量值保留到哪一位数。有效位数或数值保留的位数确定后，就要将其后多余的数字舍弃，这种舍弃多余数字的过程称为“数值修约”。在实验室里常遇到的问题是填写实验报告单时，检测结果应取多少有效位数为宜，这时就涉及“数值修约”。质量保证部门往往要求一般数字修约应与技术条件和图纸中的要求一致，特殊情况下，应多报一位数字。

数值修约遵循的规则称为“数值修约规则”，关于数值修约规则，我国已颁布了 GB 8170《数值修约规则》国家标准，现就该标准有关内容择要介绍如下：

1. 修约间隔的概念

所谓修约间隔是确定修约保留位数的一种方式，修约间隔数值一经确定，修约值应为该数值的整数倍。例如，指定修约间隔为 0.1，修约值应在 0.1 的整数倍中选取，相当于将数值修约到一位小数。如果指定修约间隔为 100，修约值即应在 100 的整数倍中选取，相当于修约到“百数位”。修约间隔是修约值的最小单元，修约值中不能有小于修约间隔的数值。

在数值修约时，确定修约位数的表达方式一般有两种：一种是指明数值修约到几位有效数字，类似于上述质量保证部门的要求，另一种就是指明修约间隔，即指定数位。

若指定修约间隔为 $10-n$（n 为正整数），即相当于将数值修约到几位小数；

若指定修约间隔为 1，即相当于将数值修约到个位数（换言之，数值的小数部分全部舍弃）；

若指定修约间隔为 $10n$（n 为正整数），即相当于将数值修约到 $10n$ 数位。

2. 数值修约进舍规则

过去习惯于“四舍五入”的数值修约规则，这种规则的缺点是见五就进，从而使修约的数值系统偏高，现行规定采用“四舍六入五考虑，五后非零则进一，五后皆零看奇偶”的规则，这个规则的含义就是：当测量值中被修约的那个数字等于或小于 4，则舍去；等于或大于 6，则进一；等于 5 时，要看其后跟的数字情况，若跟有并非全部为零的数字时，则进一，若 5 后无数字或都为零，则看保留的末位数（5 前一位数字）是奇数还是偶数，是奇数（1、3、5、7、9）时，则进一，是偶数（2、4、6、8、0）时，则舍去。

3. 数值修约注意事项

（1）负数修约

负数修约时，应先将其绝对值按上述进舍规则进行修约，然后在修约值前面加上负号。

(2) 不许连续修约

拟修约数字应在确定修约位数后,一次修约获得结果,不允许多次连续修约。

例 9-2:将 15.464 5 修约到个位数(即修约间隔为 1)

解:正确修约为 15.464 5→15(一次修约)

错误修约为 15.464 5→15.464→15.46→15.5→16(连续修约)

具体工作中,有时分析测试得到的测量值是为其他部门提供数据,可按规定的修约位数多保留1位报出,以供下一步计算或判定用,此时为避免发生连续修约的错误,当报出的数值其后最后一位数字为 5 时,应在该修约值后面加(+)或(−),表明该数值已进行过舍或进。

例 9-3:16.500 3→16.5(+)(表示实际值比该修约值大,是修约后舍弃获得的)。

16.495→16.5(−)(表示实际值比该修约值小,是修约后进一获得的)。

如果对上述报出值还要修约,比如修约到个位时,则数值后有(+)者进一,数值后有(−)者舍去。

例 9-4:报出值 16.5(+),再次修约成 17。

报出值 16.5(−),再次修约成 16。

在实际工作中,有时还用到 0.5 或 0.2 单位的修约间隔,因不常用到,这里就不一一介绍了。

4. 有效数字的计算法则

所谓有效数字的计算法则,实质是对运算中有效位数确定的法则。在处理分析数据时,涉及运算的数据往往准确度不同,即各数值的有效位数不同,为减少计算中错误,应按下面规则确定运算中的有效位数。

(1) 加减法运算中,保留有效数字的位数,以小数后位数最少的为准,即以绝对误差最大的数为准。如:将 0.012 1、25.64、1.054 82 三个数进行加减运算,有效位数应以 25.64 为依据,即计算结果只取到小数后第二位。

(2) 乘除法运算中,保留有效数字的位数,以有效数字位数最少的为准,即以相对误差最大的数为准。如:0.012 1、25.64、1.054 82 三个数进行乘除运算,有效位数应以 0.012 1 为依据,即计算结果应取三位有效数字。

(3) 在运算中,考虑各数值有效位数时,当第一位有效数字大于或等于 8 时,有效位数可多计一位。如 8.34 本来是三位有效数字,可当成四位有效数字处理。

有效数字的运算法,目前没有统一的规定,大致有三种方式。

1) 先修约再进行运算,即将各数值先修约到规定的有效位数,再进行运算。如:

$$0.012\,1+25.64+1.054\,82=?$$

计算时先以 25.64 为准,进行修约,后计算得:

$$0.01+25.64+1.05=26.70$$

2) 为了避免修约误差的积累,将参与计算的各数值有效位数修约到比应有的有效位数多一位,然后计算,最后对计算结果修约到规定的有效位数。

仍以上例为例:

$$0.012+25.64+1.055=26.707$$

修约后得 26.71。

3）第三种方法是先运算，最后对计算结果修约到应保留的位数。

仍以上面三个数值为例：

$$0.012\,1+25.64+1.054\,82=26.706\,92$$

修约后得 26.71。

可见三种计算方法，对最终结果，只是最后一位数字稍有差别。

显然，如果用笔算，前两者较为方便，如果用计算器计算，建议用第三种方法进行运算，好处是避免不必要的修约误差积累。

第二节　数据处理

一、平均值与准确度

1. 平均值

平均值是将测定值的总和除以测定总次数所得的商。

若以 x_1、x_2……x_n 代表各次的测定值，n 代表测定次数，以 $\overline{x}$ 代表平均值，则

$$\overline{x} = \frac{1}{n}\sum_{i=1}^{n} x_i \tag{9-1}$$

2. 准确度

准确度是测定值与真值的符合程度，用误差来表示，误差可用绝对误差和相对误差来表示。

（1）绝对误差表示测定值与真值之差。

$$绝对误差=测定值-真值 \tag{9-2}$$

例 9-5：某铜合金中铜的含量测定结果为 81.18%，若已知真实结果为 80.13%，绝对误差是多少？

解：绝对误差=81.18%−80.13%=+0.05%。

（2）相对误差是指绝对误差与真值之比。

$$相对误差=(测定值-真值)/真值 \tag{9-3}$$

例 9-6：某铜合金中铜的含量测定结果为 81.18%，若已知真实结果为 80.13%，相对误差是多少？

解：相对误差=(81.18%−81.13%)/81.13%×100%=+0.06%

显然，准确度的高低或与真值符合程度的优劣，是通过比较而言的。误差越小，表示测定值与真值越接近，准确度越高。反之，误差越大，准确度越低。

二、极差、偏差、标准偏差与精密度

精密度表示各测量值相互接近的程度，可用不同的方法表示。

1. 极差

极差是指一组测量值中最大值与最小值之差，用 R 表示。

$$R = x_{最大} - x_{最小} \tag{9-4}$$

它表示测定值的最大离散范围,因此又称范围误差。

2. 偏差

偏差是指测定值与平均值之间的差值,用 d 表示。

$$d = x - \overline{x} \tag{9-5}$$

它表示测定值与平均值之间的偏离程度。偏差越大,表示精密度越低,偏差越小,表示精密度越高。偏差也分为绝对偏差和相对偏差。绝对偏差指个别测量值与平均值之差。相对偏差指绝对偏差相对于测量平均值的百分数

$$相对偏差=\frac{d}{\overline{x}}\times 100\% \tag{9-6}$$

当进行无限多次测定时,为了说明一系列测定数据的精密度,通常以平均偏差 δ 来表示,平均偏差是指各单次测量值偏差的绝对值的平均值,即:

$$\delta = \frac{1}{n}\sum\left|\chi_i - u\right| \tag{9-7}$$

在无系统误差情况下,无限多次测量时,平均值 $\overline{x}$ 趋近于真值(即式中表示的 u)。但在实际工作中,测量次数 n 不可能无限多,当进行有限次测量时,各单次测量值偏差的绝对值之和的平均值,即平均偏差为:

$$\overline{d} = \frac{\sum\left|x_i - \overline{x}\right|}{n} \tag{9-8}$$

使用平均偏差表示精密度比较简单,但这种表示方法的缺点是:由于在一系列测定中,小的偏差的次数总是占多数,而大的偏差的测定次数总是占少数,按总的测定次数求得的平均偏差会偏小,大的偏差得不到反映,所以,用平均偏差表示精密度的方法在数理统计上不是很好。在数理统计中表示精密度最常用的是标准偏差。

3. 标准偏差与相对标准偏差

标准偏差的数学表达式为:

$$\sigma = \sqrt{\frac{\sum_{i=1}^{n}(x_i - u)^2}{n-1}} \tag{9-9}$$

式中:σ ——均方差;

x_i——单次测定值;

u——无限多次测定条件下的总体平均值(此时接近于真值);

n——测定次数。

实际上,测定次数一般不多,且总体平均值不可能知道,因此在有限测定次数情况下,用下述公式计算

$$S = \sqrt{\frac{\sum_{i=1}^{n}(x_i - \overline{x})^2}{n-1}} \tag{9-10}$$

式中:S——标准偏差;

x_i——单次测定值；

$\overline{x}$ ——有限次测定数据的平均值；

n——测定次数。

在数理统计中把式中$(n-1)$称为自由度，说明在 n 次测定中只有$(n-1)$个独立的可变的偏差。当测定次数无限多时，n 与$(n-1)$区别就很小，此时 $\overline{x}$ 趋于 u，同时 S 趋近于 σ。

单次测定结果的相对标准偏差(也称变异系数)可表示为：

$$\text{相对标准偏差}=\frac{S}{\overline{x}}\times 100\% \tag{9-11}$$

不难理解，当测定结果的单次标准偏差相异时，对被测物质含量越低，相对标准偏差越大，反之被测物质含量越高，相对标准偏差越小。

使用标准偏差表示精密度的好处是：由于对单次测定偏差加以平方，不仅避免了单次测定偏差相加时正负的相互抵消，更重要的是大偏差能更显著地反映出来，更能说明数据的分散程度。因此用标准偏差表示精密度比平均偏差好。通过下面例子可以明显看出。

例 9-7：分别用平均偏差和标准偏差比较两批数据的精密度。

第一批数据：10.3、9.8、9.6、10.2、10.1、10.4、10.0、9.7、10.2、9.7。

第二批数据：10.0、10.1、9.3、10.2、9.9、9.8、10.5、9.8、10.3、9.9。

解：将两批数据列表计算如下：

第一批测定数据			第二批测定数据		
x_i	$x_i-\overline{x}$	$(x_i-\overline{x})^2$	x_i	$x_i-\overline{x}$	$(x_i-\overline{x})^2$
10.3	+0.3	0.09	10.0	0.0	0.00
9.8	−0.2	0.04	10.1	+0.1	0.01
9.6	−0.4	0.16	9.3	−0.7	0.49
10.2	+0.2	0.04	10.2	+0.2	0.04
10.1	+0.1	0.01	9.9	−0.1	0.01
10.4	+0.4	0.16	9.8	−0.2	0.04
10.0	0.0	0.00	10.5	+0.5	0.25
9.7	−0.3	0.09	9.8	−0.2	0.04
10.2	+0.2	0.04	10.3	+0.3	0.09
9.7	−0.3	0.09	9.9	−0.1	0.01
$\overline{x}=10$	$\sum\lvert x_i-\overline{x}\rvert=2.4$	$\sum(x_i-\overline{x})^2=0.72$	$\overline{x}=10$	$\sum\lvert x_i-\overline{x}\rvert=2.4$	$\sum(x_i-\overline{x})^2=0.98$

第一批数据：

$$\overline{d}_1=\frac{\sum\lvert x_i-\overline{x}\rvert}{n}=2.4/10=0.24$$

$$S_1=\sqrt{\frac{\sum_{i=1}^{n}(x_i-\overline{x})^2}{n-1}}=\sqrt{\frac{0.72}{10-1}}=0.28$$

第二批数据：

$$\bar{d}_2 = \frac{\sum |x_i - \bar{x}|}{n} = 2.4/10 = 0.24$$

$$S_2 = \sqrt{\frac{\sum_{i=1}^{n}(x_i - \bar{x})^2}{n-1}} = \sqrt{\frac{0.98}{10-1}} = 0.33$$

对两批数据进行比较：因 $\bar{d}_1 = \bar{d}_2$，用平均偏差不能判定两批数据的精密度好坏，但 $S_1 < S_2$，故用标准偏差说明第一批数据精密度比第二批数据好。

三、准确度与精密度关系

准确度是指测量值与真值之间相互符合的程度，是由系统误差所决定的，而精密度是由偶然误差所决定的，两者含义不同，不能相互混淆，但两者之间是有联系的。

例 9-8：甲、乙、丙三人同时测定同一纯的氯化钠样品中的含量，测定结果的质量分数表示如下：

甲：60.54%、60.52%、60.52%、60.50%，平均值为 60.52%；

乙：60.70%、60.54%、60.52%、60.46%，平均值为 60.56%；

丙：60.66%、60.65%、60.64%、60.63%，平均值为 60.64%。

试比较甲、乙、丙三者分析结果的好坏。(Cl 原子的相对质量 35.45，Na 原子的相对质量 22.99)

解：

(1) 通过计算纯氯化钠中氮含量的理论值(可认为真值)为 60.66%，将测定结果绘于下图中：

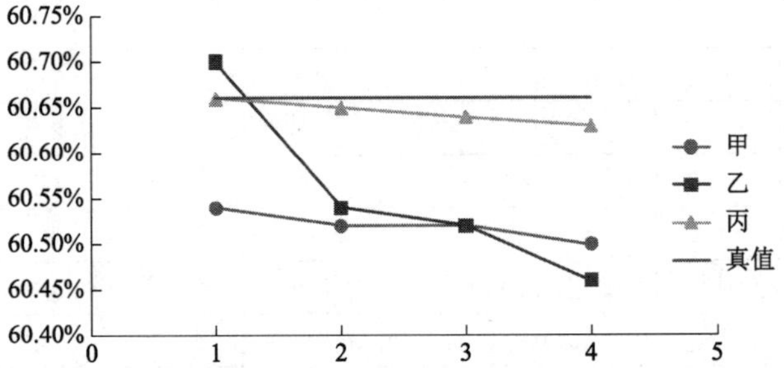

由上图中可见：甲的分析结果精密度高，但平均值与真值相差较大，说明准确度低；乙的分析结果精密度低，准确度也差；丙的分析结果精密度和准确度都比较高。由此可得出下列结论：

① 精密度高，不一定准确度高，因为有系统误差存在。

② 准确度高，一定需要精密度高，精密度是保证准确度的先决条件。

(2) 分别计算甲、乙、丙所得分析结果的误差和偏差为：

甲：绝对误差=60.52%−60.66%=−0.14%；

相对误差=−0.14%/60.66%×100%=−0.23%；

标准偏差 $S_{甲} = \sqrt{\frac{\sum (x_i - \bar{x})^2}{n-1}} = 0.016\%$；

乙:绝对误差＝60.56%－60.66%＝－0.10%;

相对误差＝－0.10%/60.66%×100%＝－0.16%;

标准偏差 $S_{乙}$＝0.10%;

丙:绝对误差＝60.64%－60.66%＝－0.02%;

相对误差＝－0.02%/60.66%×100%＝－0.033%;

标准偏差 $S_{丙}$＝0.013%。

绝对误差的绝对值甲＞乙＞丙;单次测定的标准偏差 $S_{丙}>S_{甲}>S_{乙}$。

结果证明:丙的测定结果的准确度和精密度都高,测定结果最好;甲的测定结果,虽然精密度好,但准确度差;乙的测定结果的精密度低,因此准确度也较差。

第三节　异常数据及其处理

一、异常数据产生的原因

在检测中,检测人员、被检测对象、所用计量器具、检测方法和检测环境构成检测系统,此系统或多或少地存在误差,故任何检测均存在误差。检测误差超出可控范围,就会出现异常数据。

异常数据产生的原因:

(1) 检测人员操作失误。检测人员工作时的心情、责任心、疲劳、视力、听力、操作技术水平及操作固有不良习惯等,都会引起检测误差。

(2) 计量器具误差。一些计量器具在设计原理上存在近似关系或不符合原理而造成误差;又由于计量器具的零件的制造、装配质量存在误差给计量器具带来误差;在量值传递中带来的误差等。任何计量器具都存在误差。

(3) 标准件(物质〕误差。在检定、校验计量器具中由于所用标准的误差给计量器具带来误差。

(4) 检测方法误差。由于所用检测方法不完善而引起检测误差。

(5) 检测环境误差,如检测周围的温度、湿度、尘埃、振动、光线等不符合规定要求而引起检测误差。

此外,尚有不明原因引起的检测误差。应从检测系统中去查找产生检测误差的各种原因。

二、系统误差发现及减少的方法

系统误差对检测结果的影响规律是其值大于零则检测结果值变大;其值小于零,则检测结果值变小。

1. 发现系统误差的方法

(1) 发现定值系统误差的方法

方法 1:如果一组测量是在两种条件下测得,在第一种条件的残差基本上保持同一种符号,而在第二种条件的残差改变符号,则可认为在测量结果中存在定值系统误差,表 9-1 是用两把量具测量的结果，其中前 5 个数值是用一把量具，后 5 个数值是用另一把量具。

从表 9-1 中可知这两把量具中至少有一把的示值超差或零位失准。

方法 2：若对同一个被测量在不同条件下测量得两个值 Y_1、Y_2，设Δ_1 和Δ_2 为测量方法极限误差，如果$|Y_1-Y_2|>\Delta_1+\Delta_2$，则可认为两次测量结果之间存在定值系统误差。

例如，在测长仪上对一个工件进行测量，由两个检测人员分别读数，甲检测人员读得 Y_1=0.012 3 mm，乙检测人员读得 Y_2=0.012 6 mm，请检查他们读数之间是否存在定值系统误差?有经验的检测人员估读的极限误差为 0.1 刻度，故$\Delta_1=\Delta_2$=0.001×0.1 mm=0.000 1 mm (0.001 mm 是测长仪的分度值)。$\Delta_1+\Delta_2$=0.000 2 mm，而$|Y_1-Y_2|$=|0.012 3−0.012 6|=0.000 3 mm，结果是：$|Y_1-Y_2|>\Delta_1+\Delta_2$，故认为他们之间的测量结果存在定值系统误差。

表 9-1 测量残差

序号	测量结果 x_i/mm	平均值 X/mm	残差 $V=x_i-x$/mm
1	25.885	25.889	−0.004
2	25.887		−0.002
3	25.884		−0.005
4	25.886		−0.003
5	25.895		−0.004
6	25.89		+0.007
7	25.893		+0.004
8	25.892		+0.003
9	25.891		+0.002
10	25.892		+0.003

(2) 发现变值系统误差的方法

进行多次测量后依次求出数列的残差，如果无系统误差，则残差的符号大体上是正负相间；如果残差的符号有规律地变化，如出现(++++−−−−)或(−−−−++++)情况则可认为存在累积系统误差；若符号有规律地由负逐渐趋正，再由正逐渐趋负，循环重复变化，则可认为存在周期性系统误差。

2. 减少系统误差的方法

(1) 修正法。取与误差值相等而符号相反的修正值对测量结果的数值进行修正，即得到不含有系统误差的检测结果，一些计量器具附有修正值表，供使用时修正。

(2) 抵消法。通过适当安排两次测量，使它们出现的误差值大小相等而符号相反取其平均值可消除系统误差。

(3) 替代法。测量后不改变测量装置的状态，以已知量代替被测量再次进行测量，使两次测量的示值相同，从而用已知量的大小确定被测量的大小。例如在天平上称重量，由于天平的误差而影响到秤的结果。为了消除这一误差，可先用重量 M 与被测量 Y 准确平衡天平，然后将 Y 取下，选一个砝码 Q 放在天平上 Y 的位置使天平准确平衡，则 Y=Q。

(4) 半周期法。如果有周期性系统误差存在，则对任何一个位置而言，在与之相隔半个周期的位置再进行读数，取两次读数的平均值可消除系统误差。

3. 随机误差发现及减少的方法

随机误差的产生原因大抵上是由于影响随机时空变化的因素。

随机时空变化的因素很多，变化很复杂，它们对误差影响有时小，有时大，有时符号为正，有时符号为负，其发生和变化是随机的。但是，在重复条件下，对同一量进行无限多次测量，其随机误差值的分布规律服从正态分布规律。即随机误差的特点服从正态分布。

在检测中增加测量次数是减少平均值随机误差的有效方法。

三、异常数据的检测和处理

1. 异常数值

在检测所得的一组数值中，有时会发现其中一个或某几个数值与其他大部分数值有明显差异，这种数值可能是异常数值（离群值），也可能不是异常数值。

例如检测得 10 个数值：6.5，6.8，6.3，6.6，7.0，6.9，7.0，10.0，6.0，6.3。从中看到 10.0 比其他 9 个数大许多，它可能是异常数值，但是否是异常数值？必须经过检测后才能下结论。如果是异常数值，则必须对它进行处理，因为它严重歪曲了检测结果，过去将异常数值称为粗大误差、人为误差等。

2. 产生异常数值的原因

产生异常数值的原因可能是生产中人、机、料、法、环突然发生变异所致。也可能是测量中测量条件和测量方法突然变异或者是检测人员看错量具的示值或者是读错数、记录错所致。如果人、机、料、法、环、测突然发生变异，应立即停止生产。待恢复正常后再继续生产；如果是检测人员失误应立即纠正。

3. 可疑数值的取舍

在分析测试的数据总有一定的离散性，这里由偶然误差引起的，是正常的。但往往有个别数据与其他数据相差甚远，这个数据如果是过失误差造成的就必须舍弃，但这个数据是否是由过失误差引起的，往往在实际工作中难于判断，只能说这种数据是可疑值。是否应舍去需要用数理统计方法进行处理，不可轻易取舍。

可疑值的取舍问题，实质上就是区分偶然误差和过失误差两种不同性质的误差问题，统计学处理可疑值的方法有很多种，下面重点介绍几种常用方法。

（1）“$4d$”检测法

用“$4d$”法判断可疑值的取舍步骤如下：

将可疑值除外，计算其余数据的平均值 $\bar{x}$；

将可疑值除外，计算其余数据的平均偏差 $\bar{d}$；

计算可疑数据 x 与平均值 $\bar{x}$ 之差的绝对值 $|x-\bar{x}|$；

判断：当 $|x-\bar{x}|>4\bar{d}$ 时，则数据 x 舍去，反之，则保留。

例 9-9：标定盐酸标准滴定溶液的浓度 $C_{(HCl)}$，得到下列数据：0.101 1、0.101 2、0.101 0、0.101 6，问第 4 次测定的数据是否保留？

解：除去 0.101 6 检测结果，平均值 $\bar{x}=0.101\ 0$；平均偏差 $\bar{d}=0.000\ 07$

则 $|0.1016 - 0.1011| = 0.0005 > 4\bar{d}$ ($4\bar{d} = 0.0003$)

故第 4 次测定数据应舍去。

(2) Q 检测法

用 Q 检测法进行可疑值取舍的判断时，首先将一组数据由小到大排列为：x_1、x_2……x_{n-1}、x_n，若 x_1 或 x_n 为可疑值，则根据统计量 Q 进行判断。

若 x_1 为可疑值时，

$$Q = \frac{x_2 - x_1}{x_n - x_1} \tag{9-12}$$

若 x_n 为可疑值时，

$$Q = \frac{x_n - x_{n-1}}{x_n - x_1} \tag{9-13}$$

当 Q 值计算出后，再根据所要求的置信度查 Q 值表(表 9—2)，若所得 Q 值大于表中的 Q 表值时，该可疑值应舍去，否则应予以保留。

表 9-2 Q 值表（置信度 90%和 95%）

测定次数(n)	2	3	4	5	6	7	8	9	10
$Q_{0.90}$	…	0.94	0.76	0.64	0.56	0.51	0.47	0.44	0.41
$Q_{0.95}$	…	1.53	1.05	0.86	0.76	0.69	0.64	0.60	0.58

例 9-10：用 Q 检测法判断上列中的数据 0.101 6 是否应舍去？

解：将测定数据由小到大排列为 0.101 0、0.101 1、0.101 2、0.101 6，

$$Q = \frac{0.1016 - 0.1012}{0.1016 - 0.1010} = 0.67$$

查 Q 值表，当置信度为 95%，n=4 时，$Q_{表}$=1.05。$Q < Q_{表}$，因此 0.101 6 这个数据应保留。

(3) 格鲁布斯检测法

用格鲁布斯检测法进行可疑值取舍判断时，首先将一组数据由小到大排列为：x_1、x_2……x_{n-1}、x_n。然后计算出该组数据的平均值及标准偏差，再根据统计量 $\lambda(\alpha, n)$ 进行判断。

若 x_1 为可疑值时，

$$\lambda = \frac{\bar{x} - x_1}{S} \tag{9-14}$$

若 x_n 为可疑值时，

$$\lambda = \frac{x_n - \bar{x}}{S} \tag{9-15}$$

当 λ 值计算出后，再根据其置信度查 λ 值表(见表 9—3)，若计算所得 λ 值大于 λ 值表中的 $\lambda_{表}$ 时，则可疑值应舍去，否则应予以保留。

表 9-3　$\lambda(\alpha, n)$ 数值表

测定次数 (n)	置信度 α		测定次数 (n)	置信度 α	
	95%	99%		95%	99%
3	1.15	1.15	10	2.18	2.41
4	1.46	1.49	11	2.23	2.48
5	1.67	1.75	12	2.29	2.55
6	1.82	1.94	13	2.33	2.61
7	1.94	2.10	14	2.37	2.66
8	2.03	2.22	15	2.41	2.71
9	2.11	2.32	20	2.56	2.88

例 9-11:用格鲁布斯法判断上列中的数据 0.101 6 是否应舍去(置信度 95%)。

解:将测定数据由小到大排列为 0.101 0、0.101 1、0.101 2、0.101 6。

$$\bar{x} = 0.1012, S=0.0003,$$

$$\lambda = \frac{0.1016 - 0.1012}{0.0003} = 1.33$$

查 λ 值表,当置信度为 95%,n=4 时,$\lambda_{(0.95,4)}$=1.46。$T < T_{(0.95,4)}$,因此 0.101 6 这个数据应保留。

由上面例题可见,三种方法对同一组数据中可疑值取舍进行判断时,得出的结论不同。这是由于 4d 法虽然运算简单,但在数理上不够严格,有一定局限性,这种方法先把可疑值排外,然后进行检测,因此容易把原来属于正常的数据舍去,目前已很少应用这种方法。Q 检测法符合数理统计原理,但原则上只适用于一组数据有一个可疑值的判断,且要求一组数据里应含 3～10 个数据,当测定数为 3 次时,最好补测 1～2 个数据再检测判断以定取舍。格鲁布斯法,将正态分布中两个重要样本参数 $\bar{x}$ 和 S 引入进来,方法的准确度较好。因此三种方法通常以格鲁布斯法为准。

(4) 狄克逊准则

狄克逊法是对 Q 检测法的改进,它是根据不同的测定次数范围,采用不同的统计量计算公式,因此比较严密。其检测步骤与 Q 检测法类似,这里不再详述。统计量 r 的计算公式见 Dixon 检测临界值表(见表 9—4),同样,当计算的 $r<r_{表}$时,这个数据应保留,否则应舍去。

表 9-4　Dixon 检测临界值表

测定次数	置信度		统计量	
	95%	99%	x_1 为可疑值	x_n 为可疑值
3	0.941	0.988	$r_{10} = \frac{x_2 - x_1}{x_n - x_1}$	$r_{10} = \frac{x_n - x_{n-1}}{x_n - x_1}$
4	0.765	0.889		
5	0.642	0.780		
6	0.560	0.698		
7	0.507	0.637		

续表

<table>
<tr><th rowspan="2">测定次数</th><th colspan="2">置信度</th><th colspan="2">统计量</th></tr>
<tr><th>95%</th><th>99%</th><th>x_1 为可疑值</th><th>x_n 为可疑值</th></tr>
<tr><td>8</td><td>0.554</td><td>0.683</td><td rowspan="3">$r_{11}=\frac{x_2-x_1}{x_{n-1}-x_1}$</td><td rowspan="3">$r_{11}=\frac{x_n-x_{n-1}}{x_n-x_2}$</td></tr>
<tr><td>9</td><td>0.512</td><td>0.635</td></tr>
<tr><td>10</td><td>0.477</td><td>0.597</td></tr>
<tr><td>11</td><td>0.576</td><td>0.679</td><td rowspan="3">$r_{12}=\frac{x_3-x_1}{x_{n-1}-x_1}$</td><td rowspan="3">$r_{12}=\frac{x_n-x_{n-2}}{x_n-x_2}$</td></tr>
<tr><td>12</td><td>0.546</td><td>0.642</td></tr>
<tr><td>13</td><td>0.521</td><td>0.615</td></tr>
<tr><td>14</td><td>0.546</td><td>0.641</td><td rowspan="12">$r_{22}=\frac{x_3-x_1}{x_{n-2}-x_1}$</td><td rowspan="12">$r_{22}=\frac{x_n-x_{n-2}}{x_n-x_3}$</td></tr>
<tr><td>15</td><td>0.525</td><td>0.616</td></tr>
<tr><td>16</td><td>0.507</td><td>0.595</td></tr>
<tr><td>17</td><td>0.490</td><td>0.577</td></tr>
<tr><td>18</td><td>0.475</td><td>0.561</td></tr>
<tr><td>19</td><td>0.462</td><td>0.547</td></tr>
<tr><td>20</td><td>0.450</td><td>0.535</td></tr>
<tr><td>21</td><td>0.440</td><td>0.524</td></tr>
<tr><td>22</td><td>0.430</td><td>0.514</td></tr>
<tr><td>23</td><td>0.421</td><td>0.505</td></tr>
<tr><td>24</td><td>0.413</td><td>0.497</td></tr>
<tr><td>25</td><td>0.406</td><td>0.489</td></tr>
</table>

可疑值的剔除还有其他一些不常用的方法，如拉依达准则、肖维勒准则、罗马诺夫斯基准则、拉依达准则、x^2 检测法等。

第四节 原始记录及检测报告的要求

一、原始记录的重要性

在实验室里，原始记录一般指分析测试岗位所有的记录，如设备运行记录、设备维护保养记录、计量设备检定记录、分析测试的操作过程记录等。总之，原始记录应可以反映出实验室所有活动的概貌。

原始记录的形式，可以是文字记录，也可以是胶卷、底片、音像制品等。这里主要指反映分析测试活动全过程概貌的文字记录。原始记录的设计、填写、存档、保管、销毁是一项非常重要的活动内容，可以反映分析测试活动全过程概貌的原始记录，汇集了涉及最终测量结果质量的重要信息，为质量跟踪、计量量值的传递提供了有力的凭证。

二、原始记录的填写要求

原始记录按以下要求进行填写

(1) 原始记录要真实、详尽、清楚的记录测定条件、所用仪器设备、检测数据及检测人员等信息。

(2) 原始记录应用黑色签字笔在检测的同时记录在事先设计好的原始记录本上，不应事后回忆记录或转抄。

(3) 原始记录采用法定计量单位,数据应按照测量设备的有效位数或技术条件的规定记录。

(4) 原始记录中需要更改记录错误的地方,应在原记录上画一条横线表示消去,在旁边另写正确的记录,并由填写人签字或盖章,并注明更改日期。

(5) 如需使用原始记录中的数据进行结果计算,应正确引用数据并按照规程或标准中的公式进行计算,必要时对计算结果进行数据修约。

(6) 原始记录上必须有记录人签名。

三、检测报告的填写要求

检测报告按以下要求填写

(1) 检测报告应统一格式。

(2) 检测报告中的各项内容应完整填写,无内容填写的栏目内应用"—"表示,不得空缺。

(3) 检测报告中的数据、公式、表格及技术要求应真实可靠,准确无误。

(4) 检测报告中的计量单位应使用法定计量单位,数值应采用阿拉伯数字。

(5) 需要时,应根据适用的技术要求进行结果判定,技术要求可以来自于规程、标准、技术条件、图纸、试验大纲、鉴定大纲等技术性文件。

(6) 检测报告应加盖检测机构相关印章。

(7) 检测报告应有检测人员、复核人员的签字。

第五节　原始记录和检测报告的设计

检测报告是向客户提供的表明其送检物品性能的客观证据,也是向客户兑现承诺的客观证据。检测报告应准确、清晰、明确和客观地报告被检测物品的每一项检测参数的检测结果,并符合检测方法中规定的要求。

报告应包括客户要求的、说明检测结果所必需的和所用检测方法要求的全部信息。对于内部客户或有书面协议的客户,检测报告可用简化的方式报告检测结果;需要时,检测机构应能方便地向上述客户提供报告的信息。

一、检测报告

1. 每份检测报告应至少包括下列信息(有充分的理由除外)

(1) 标题(例如"检测报告");

(2) 检测机构的名称、地址;

(3) 检测报告的唯一性标识,每一页上的标识(如页码和总页数),以及表明检测报告结尾的标识;

(4) 客户的名称、地址;

(5) 检测方法的标识;

(6) 检测物品的描述、状态和标识;

(7) 检测物品的接收日期和进行检测的日期;

(8) 检测机构或其他机构所用的抽样计划和作业指导书的说明(如抽样与检测结果的有效性和应用相关时);

(9) 检测结果的计量单位;

(10) 检测报告批准人的姓名、职务、签字或等效的标识;

(11) 本检测报告中的结果仅与送检物品有关或仅与抽样物品有关(需要时)。

2. 检测报告附加信息

当需要对检测结果作出解释时,检测报告中还应包括下列信息:

(1) 对检测方法的偏离、增添或删节,以及特殊检测条件的信息,如环境条件;

(2) 需要时,符合/不符合要求和/或规范的声明;

(3) 适用时,评定测量不确定度的声明。出现以下情况时,检测报告中还需要包括有关不确定度的信息:

1) 不确定度与检测结果的有效性或应用的关系;

2) 客户有要求;

3) 检测结果处于检测标准或规范规定的临界值附近时,不确定度区间宽度对判断符合性的影响。

(4) 适用且需要时,提出意见和解释(见本程序 6.7 条);

(5) 特定方法、客户或客户群体要求的附加信息。

二、原始记录

每项检测记录应包含充分的信息,以便识别不确定度的影响因素,并确保该检测在尽可能接近原来条件的情况下能够重复。

记录应包括负责抽样、每项检测的操作人员和结果校核人员的标识。

三、检测报告的简化要求

要反映委托单位提供的有关试样信息,诸如:样品名称,样品号(批号、编号);物料样品的富集度;原材料复验的试样材料等;要反映检测时所使用的检测规程编号、版次,所用标准方法编号、版次;要反映准确的检测数据计量单位。

四、检测报告的编制、审查和签发

检测报告的编制、审查和签发有以下几点要求:

(1) 检测人员负责客观、真实地记录检测过程所需信息(包括但不限于检测物品预处理,观测到的现象、示值,结果计算),复核人员负责审核记录的信息。

(2) 检测人员负责提供检测原始记录和检测结果,对原始记录和检测结果负责,并根据有关技术条件、分析检测项目要求,编制检测报告;复核人员对原始记录、结果和检测报告进行审核。

(3) 质量负责人负责审核检测结果、原始记录和检测报告,并对检测结果负责。

(4) 授权签字人负责审核、签发检测报告/校准证书,并对签发的检测报告/校准证书负责。

(5) 发出检测报告还应统一编号、并按照规定时间进行保存。

五、意见和解释

意见和解释包括以下几点：

(1) 当检测报告/校准证书中包含意见和解释时，应在检测报告/校准证书中说明，并应以区别明显的方式标注清楚。

(2) 检测报告/校准证书中包含的意见和解释可以包括(但不限于)下列内容：

1) 关于检测/校准结果符合(或不符合)标准和/或规范规定要求的意见；

2) 是否符合合同要求的意见；

3) 如何使用检测/校准结果的建议；

4) 用于改进的指导意见和建议。

许多情况下，综合管理部负责通过与客户直接对话来传达并记录对检测报告/校准证书的意见和解释。

六、检测报告格式

检测报告格式设计应标准化，检测报告编排、说明，检测结果的数据的表述方式应易于读者理解，以尽量减小误解或误用。检测报告的格式或内容如需变动，需经质量负责人批准才能进行修改。

七、检测报告的修改

检测报告的修改有以下几点要求：

(1) 对已发布的检测报告的实质性修改，应按照《不符合检测/校准工作控制程序》执行，对追加文件或资料调换的形式通知客户。

(2) 当有必要发布全新的检测报告时，需对重新发布的检测报告做唯一性标识，注明所替代的原检测报告的标识。

(3) 如有特殊需要，证书或报告可不包括客户有保密要求的信息。

(4) 对检测报告的补充规定(检测报告上不再进行类似说明)：

未经本所书面批准，不得复制(全文复制除外)检测报告；复制报告未重新加盖检测结构专用检测章视为无效。报告无检测和复核人员签字无效。一般情况下，委托检测仅对来样负责。

第六节　检测准备

一、样品的接收

实验室在接收样品时，应了解要求分析测试项目的具体内容、指定的分析测试方法，并应对照样品实物，核对委托单上提供的信息，诸如：样品名称、样品数量、样品标志(编号)、样品形态等。

如果随意接收样品，比如对委托方要求不清楚，样品提供的信息不全面，则会对下一步的样品处理及分析测试带来影响。

接收样品的同时,要做好样品接收登记记录,尽可能登记好了解核实的一切信息,记下样品委托单位名称,接收样品日期。

接收样品后,要做到样品在测试前保证样品的物理性能、化学性能不发生变化,即使在样品保管、再加工制备过程中,也要确保样品被测试的主要性能特征不被破坏、或不被丢失、或不被沾污。

二、样品的暂存

样品验收、登记后,将样品按顺序妥善存放于指定区域,做到分类存放、标识清楚。样品所处的状态按“待检”“已检”分区存放。

三、样品的交接和存放管理

1. 样品的交接

1) 外单位送检样品需要有检测委托单,物料员负责样品的接收,交接时双方签字确认。

2) 物料卡片上必须注明批号、重量(毛重、皮重、净重)、数量等内容。

3) 所有样品交接必须记录规范,做到有据可查。

4) 待检和已检样品必须分开,标识清楚。

2. 样品的存放

1) 不同规格样品应分开存放,并标识清楚。

2) 样品存放区内禁止水源(包括上下水源),避免由于管道腐蚀、房屋漏雨、洪水等因素造成存放区进水。

四、物资准备

检测前,应备齐检测所需的材料、试剂、标准试块及工具等。检测人员进入岗位进行检测前,应对这些进行检查,满足检测要求可按规程进行检测工作,不符合要求时应先准备好再进行检测,避免实验中断影响检测结果。

1. 在核燃料元件生产过程中,产品或零部件(半成品)不可避免地要与某些材料相接触,这些材料大致可分为两类:

(1) 非限用材料

无须事先批准即可使用的材料。

(2) 限用材料

必须经过预先批准,才能在产品生产的某些或所有阶段使用的材料(与产品或零部件相接触)。这些材料中的某些成分、杂质可能是有害的或难于清除的。

2. 限用材料的使用不得影响产品的质量

3. 非限用材料和限用材料的范围

(1) 非限用材料的范围

—奥氏体不锈钢

—镍基合金

—锆合金
—碳化物硬质合金
—惰性气体
—熔点高于 700 ℃的金属或合金
—吸收截面不大于 3.5 bar 的中子吸收元素
—含量不超过 50 μg/g 的卤化物。
(2) 限用材料的范围
非限用材料之外的所有材料均属限用材料,重点是:
—含卤族元素的材料
—游离或化合的硫
—不锈钢铁素体沾污
—铜及铜合金的沾污
—易于合金化或产生化学反应,或在材料上易形成沉积物的元素
—其他可能影响产品或零部件质量的材料。
限用材料必须预先批准后方可按规定用途使用,并符合有关技术条件的要求。

五、检测环境

检查水、电、气等是否满足安全要求。
按要求检查水、电、气等是否满足使用性能及安全要求。

六、计量器具受控状态的确认方法

计量器具是指能用于以直接或间接测出被测对象量值的装置、仪器仪表、量具。单独地或连同辅助设备一起用以进行测量的器具称为计量器具。实质上是指所需实现测量同一的测量器具和装置,包括计量基准、计量标准和需要量值溯源的工作用计量器具。

在核燃料元件检测工作中,所用到的计量器具必须是检定合格的,因此需要对计量器具是否处于受控状态进行识别。需要时,应对各种计量器具进行检查确认,所有计量器具或检测设备应有同一格式的标志,标明仪器的校准状态。标志分“合格”“准用”“停用”等,标志内容包含:仪器编号、检定结论、检定日期、检定单位和下次检定日期等,可拆卸的检测仪表组合成的一起,每个仪表应有独立的标志;不可拆卸仪表组合成的一仪器,可以只有一个标志。对于不出数据的设备经检查后,也应分别贴上“合格”“准用”“停用”的状态标志。

1. 计量彩色标志使用说明

(1) “合格”标志(绿色)

表示该计量器具符合国家检定/校准系统或公司内部相关要求。

(2) “限用证”标志(浅蓝色)

表示该计量器具定范围定点使用。检定时也只定期检定和校验某一特定测量范围或测量点,应标明限用范围和限用点。

(3) “禁用”标志(红色)

出现故障暂时不能修好或超过检定周期以及抽检不合格的计量器具在生产、管理中停

止使用。

(4) “封存”标志(深蓝色)

用于长期闲置或暂时不投入使用,也不进行周期检定的计量器具,使用“封存”标志,防止流入生产和管理中使用。

(5) “报废”标志(红色)

表示该计量器具不符合国家检定/校准系统或公司内部相关要求。

2. 测量设备标志的管理

现场使用的测量设备应有有效的彩色标志。

计量彩色标志上应注明该测量设备 A、B、C 分类的类别,使用彩色标志时应与检定原始记录或检定证书相符,标志应粘贴在计量器具(不妨碍工作)的明显位置上或计量器具的盒子上。

暂时不用或经检定不合格的计量器具应撤离现场,无法撤离的或暂时不投入使用也不进行周期检定的计量器具,计量室应在其明显位置粘贴“封存”标志。

七、辅助设备、装置的检查确认

检测过程中的辅助设备、装置主要有以下类型,检测前应保证需要的设施功能正常,使用安全。

1. 供气装置

钢制气瓶应按要求安装或存放于固定的位置,对钢制气瓶应标明使用状态(使用中、满瓶、空瓶、检修等。

压缩机可提供压缩空气,驱动设备工作。

2. 供水装置

水净化装置:如燃料元件对实验用水有严格的要求,岗位应有水净化设备或装置,确保检测用水的质量。

循环冷却装置:如在进行管材超声检测时,可用循环冷却装置保证检测时水温恒定,防止水温上升影响检测结果。

第七节 设备的检查和测量系统受控状态的确认及校准

一、设备的检查

通常,对设备进行状态检查及性能测试,确认设备是否处于正常状态,需要热机一段时间才能使性能稳定的设备应提前开机运行,为检测做好准备。

(1) 检查设备的供电供气供水设施是否正常。主要检查与设备相关的各种插座及开关是否安全有效。

(2) 检查检查设备能否正常开机。开机后是否运转正常,如有异响或其他报警,应立即停机,检查调试。

(3) 检查设备的控制软件能否正常打开机运行。在硬件运行正常后,打开控制软件,检查控制软件是否正常;检查设备有无异常状态。

(4) 需要时,用标准物质或标样进行测量,检查设备是否已运行稳定,是否进入良好的工作状态。

二、受控状态的确认

(1) 标识是否完整。测量设备或测量器具应有完整的检定合格标识及准用标识。

(2) 功能是否正常:测量设备及其控制软件应正常。

(3) 环境应是否达标:实验室温湿度、抗震性能、抗电磁辐射性能等应满足使用要求。

(4) 按测量系统的要求使用,如精度、量程等。

(5) 用标样或计量器具确认:对有些设备,可用标样或计量器具测量或核查,检查确认是否正常。

三、校准

(1) 必须由专门部门检定校准的,必须定期送检。

(2) 不方便拆卸送检的,可由检定单位派专业人员到现场检定校准

(3) 没有相关专业资质的单位进行检定的设备,可由本单位编制相应的校准程序,由获得授权的人员按程序检定校准。

第八节　废物的分类和处置办法

一、废物的分类

废物主要分为液体废物和固定废物两大类。废物又分为可燃放射性固体废物和不可燃放射性固体废物。

1. 可燃放射性固体废物

各生产岗位产生的污染口罩、手套、工作服、拖布、塑料布、分析用过的滤纸、废旧纸张和用废的圆珠笔等。

2. 不可燃固体废物

废旧灯泡、保温材料、过滤器芯体、器皿、用废的筛网及污染过的废旧钢材、废钼材、设备等。

3. 放射性固体废物的来源

(1) 劳动保护所产生的放射性固体废物。诸如,口罩、手套、工作服、外来参观人员参观作用过的头套、鞋套等。

(2) 生产过程产生的放射性固体废物。诸如,滤纸、废纸张、标签、废旧圆珠笔、保温材料、过滤器芯体、器皿、筛网及废旧钢材、废旧钼材、设备等。

(3) 设备维护保养、检修所产生的放射性固体废物。诸如,更换下来的螺帽、螺钉、垫圈、密封圈、电线、金属容器、工具、废弃的零部件等。

(4) 清洁所产生的固体废物。诸如,拖布、塑料桶、塑料铲等。

(5) 其他途径产生的固体废物。如:包装材料,边角料等。

二、放射性固体废物的处置办法

1. 可回收使用的放射性固体废物处理办法

(1) 坚持以防为主,应尽量防止放射性固体废物的产生。

(2) 对于不必要产生的放射性固体废物,尽量做到不产生放射性固体废物。例如:对于有包装材料的又需要带到现场的物品,应尽量在场外拆除包装。

(3) 清洁用品应尽量采用结实的用品。

(4) 生产、维护保养、检修、清洁过程中,应尽量做到细心操作,减少放射性固体废物的产生。

(5) 可以回收使用的放射固体废物,应积极回收作用。

(6) 用过的口罩、滤纸等,可以稍做处理用于清洁的,应尽量用于清洁物品。

(7) 对于更换较大的部件,其中较小的而且完好的零件,可以拆除下来用作它用。

2. 不可回收使用的放射性固体废物处理办法

(1) 指定专门人员负责放射性固体废物管理。负责废物的分类、收集、贮存、填报废物统计报表等工作。

(2) 放射性固体废物应在指定的地方,严格按可燃、不可燃废物的分类办法进行收集(特殊口罩中取出铅条,铅条要专门收集)。

(3) 贮存放射性固体废物的包装容器或收集袋装满后,应在包装容器或收集袋上贴上标识标签,注明内容物、富集度、编号、日期等。

(4) 放射性固体废物中严禁混有易燃、易爆、剧毒性物质。禁止将非放射性废物中。

(5) 收集、贮存放射性固体废物及收集袋、应有足够的强度和防腐蚀性。防止在收集、贮存、运输过程中应具有防火、防雨水漏等措施。污染过的废旧钢材、设备应经解体、去污、经检测合格后,指定暂存库。

(6) 在每批富集度物料生产完成后,放射性固体废物应统一管理。

第九节 仪器设备日常维护保养

仪器的保养与维护是实验室管理工作的重要组成部分,搞好仪器的保养与维护,关系到仪器的完好率和使用率,关系至实验成功率。因此,应懂得仪器保养与维护的一般知识,掌握保养与维护的基本技能。

一、仪器使用环境

按照仪器的使用要求,控制环境的温度、湿度,必要时仪器房间应安装空调、除湿机等设备。

二、除尘

灰尘多为带有微量静电的微小尘粒,常飘浮于空气中随气流而动,灰尘附着在仪器设备上会影响其色泽，增大运动部件的磨损，严重时会造成短路、漏电，贵重精密仪器上有灰尘，严重者会使仪器报废。

清除灰尘的方法很多，主要应依灰尘附着表面的状况及其灰尘附着的程度而定。在干燥的空气中，若灰尘较少或灰尘尚未受潮结成块斑，可用干布拭擦，毛巾掸刷，软毛刷刷等方法，清除一般仪器上的灰尘；对仪器内部的灰尘可用皮唧、洗耳球式打气筒吹气除尘，也可用吸尘器吸尘；对角、缝中的灰尘可将上述几种方法结合起来除尘。不过对贵重精密仪器，如光学仪器，仪表表头等，用上述方法除尘也会损坏仪器，此时应采用特殊除尘工具除尘，如用镜头纸拭擦，沾有酒精的棉球拭擦等。

在空气潮湿，灰尘已结成垢块时，除尘应采用湿布拭擦，对角、缝中的灰垢可先用削尖的软大条剔除，再用湿布拭擦，但是对掉色表面、电器不宜用湿布拭擦。若灰垢不易拭擦干净，可用沾有酒精或乙醚的棉球进行拭擦，或进行清洗。

三、清洗

仪器在使用中会沾上油腻、胶液、汗渍等污垢，在贮藏保管不慎时会产生锈蚀、霉斑，这些污垢对仪器的寿命、性能会产生极其不良的影响。清洗的目的就在于除去仪器上的污垢。通常仪器的清洗有两类方法，一是机械清洗方法，即用铲、刮、刷等方法清洗；二是化学清洗方法，即用各种化学去污溶剂清洗。具体的清洗方法要依污垢附着表面的状况以及污垢的性质决定。下面介绍几种常见仪器和不同材料部件的清洗方法。

1. 玻璃器皿的清洗

附着玻璃器皿上的污垢大致有两类，一类是用水即可清洗干净的，另一类则是必须使用清洗剂或特殊洗涤剂才能清洗干净的。在实验中，无论附在玻璃器皿上的污垢属哪一类，用过的器皿都应立即清洗。

盛过糖、盐、淀粉、泥砂、酒精等物质的玻璃器皿，用水冲洗却可达到清洗目的。应注意，若附着污物已干硬，可将器皿在水中浸泡一段时间，再用毛刷边冲边刷，直至洗净。

玻璃器皿沾有油污或盛过动植物油，可用洗衣粉、去污粉、洗洁精等与配制成的洗涤剂进行清洗。清洗时要用毛刷刷洗，用此洗涤剂也可清洗附有机油的玻璃器皿。玻璃器皿用洗涤剂清洗后，还应用清水冲净。

对附有焦油、沥青或其他高分子有机物的玻璃器皿，应采用有机溶剂，如汽油、苯等进行清洗。若还难以洗净，可将玻璃器皿放入碱性洗涤剂中浸泡一段时间，再用浓度为 5%以上的碳酸钠、碳酸氢钠、氢氧化钠或磷酸钠等溶液清洗，甚至可以加热清洗。

在化学反应中，往往玻璃器皿壁上附有金属、氧化物、酸、碱等污物。清洗时，应根据污垢的特点，用强酸、强碱清洗或动用中和化学反应的方法除垢，然后再用水冲洗干净。使用酸碱清洗时，应特别注意安全，操作者应带橡胶手套防护镜；操作时要使用镊子，夹子等工具，不能用手取放器皿。

此外，洗净的玻璃器皿，最后应用毛巾将其上沾附的水擦干。

2. 橡胶件的清洗

教学仪器中用橡胶制成的零部件很多，橡胶作为一种高分子有机物，在沾有油腻或有机溶剂后会老化，使零部件产生形变，发软变粘；用橡胶制成的传动带，若沾有油污会使摩擦系数减小，产生打滑现象。

清洗橡胶件上的油污，可用酒精、四氯化碳等作为清洗剂，而不能使用有机溶剂作为清洗剂。清洗时，先用棉球或丝布粘清洗剂拭擦，待清洗剂自然挥发净后即可。应注意，四氯化碳具有毒性，对人体有害，清洗时应在较好通风条件下进行，注意安全。

3. 塑料件的清洗

塑料的种类很多，有聚苯乙烯、聚氯乙烯、尼龙、有机玻璃等。塑料件一般对有机溶剂很敏感，清洗污垢时，不能使用如汽油、甲苯、丙酮等有机溶剂作为清洁剂。清洗塑料件用水、肥皂水或洗衣粉配制的洗涤剂洗擦为宜。

4. 钢铁零部件除锈

钢铁零部件极易锈蚀，为防止锈蚀，教学仪器产品中的钢铁件常涂有油层、油漆等防护层，但即使如此，锈蚀仍常发生。清除钢铁零部件的锈蚀，应根据锈蚀的程度以及零部件的特点采用不同的方法。

对尺寸较大，精密程度不高或用机械方法除锈不易除净钢铁零部件，可采用化学方法除锈，如用浓度为 2%～25%的磷酸浸泡欲除锈的部件，浸泡时加温至 40～80 ℃为宜，待锈蚀除净后，其表层会形成一层防护膜，再将部件取出浸泡在浓度为 0.5%～2%的磷酸溶液中约一小时，最后取出烘干即可。

在实验室使用这类化学方法除锈中若操作稍有不当，反会损坏零部件，特别是精密零部件。因此在实验室，除锈不宜多用化学方法，而应采用机械除锈方法，即先用铲、剔、刮等方式将零部件上的锈蚀层块除去，再用砂纸砂磨、打光，最后涂上保护层。

对于有色金属及其合金材料构成的零部件，其除锈方法可参照钢铁零部件的除锈方法进行。但应注意两点，其一，采用化学方法除锈时，应根据零部件材料的化学特性配制和使用不同的化学除锈剂；其二，除去有色金属及其合金构成的零部件的锈蚀，一般采用机械除锈方法为宜。

第十节　计量知识

自然界的一切现象、物体或物质是通过一定的“量”来描述和体现的，“量是现象、物体或物质可定性区别于定量确定的一组属性”。要认识大千世界，造福人类社会，就必须对各种量进行分析和确认，既要区分量的性质，又要确定其量值。计量正是达到这种目的的重要手段之一。

一、有关计量的概念

测量、计量、计量学是计量管理工作中三个既有关联又有区别的概念。

1. 测量

测量是以确定量值为目的的一组操作。

当今计量学中，测量既是核心概念，又是研究对象。所以，人们有时也称测量为计量，例如称测量单位为计量单位，测量标准为计量标准等。

2. 计量

计量是实现单位统一、量值准确可靠的活动。

定义所指的活动包括科学技术上的、法律法规上的和行政管理上的活动。

3. 计量学

计量学是关于测量的科学。

计量涉及社会的各个领域。根据其作用与地位，国际上趋向于把计量学分为科学计量、工程计量和法制计量三类，分别代表计量的基础性、应用性和公益性三个方面。这时，计量学通常简称为计量。

二、计量的对象

当前普遍开展和比较成熟或传统的有十大计量。

1. 几何量计量

几何量计量又称长度计量，是指对物体的几何量与其单位的定义做比较的精密测量。几何量的基本参量是长度和角度。长度的基本单位是米(m)，角度分平面角(简称角)和立体角，单位分别是弧度(rad)和球面度(sr)。它的内容包括长度计量、角度计量、工程参量计量。

2. 温度计量

温度计量是利用各种物质的热效应，研究测量温度的技术。基本单位是开尔文(K)。其内容按照温度范围可分为超低温计量、低温计量、常温计量、高温计量和超高温计量；按照测量方法分可分为直接计量和间接计量。

3. 力学计量

力学计量的内容极为广泛，它包括质量、容量、密度、力值、压力、真空、流量、力矩、速度、加速度、硬度、冲击、转速、振动等。其基本单位是千克(kg)。千克原器是国际上唯一以实物形式保存的基本单位基准。目前保存在位于巴黎的国际计量局。

4. 电磁学计量

电磁学计量是根据电磁学基本原理，应用各种电磁计量器具，对各种电磁物理现象进行的测量。按学科分为电学计量和磁学计量；按工作频率分为直流计量和交流计量。

5. 无线电计量

无线电计量又称电子计量，以无线电技术所用频率范围内(从超低频到微波)需要几辆的电磁量为对象。

6. 时间频率计量

时间频率计量包括时间计量和频率计量。时间的基本单位是秒(s)，频率的基本单位是赫兹(Hz)。

7. 光学计量

光学计量包括光源的总光通量计量、照度和亮度计量、辐射度计量、激光功率计量、激光能量计量、色度计量、感光计量、光学材料计量和成像系统计量等。其基本单位是发光强度的单位坎德拉(cd)。

8. 电离辐射计量

电离辐射计量一般分为三个部分：放射性核素计量；X、γ 射线和电子计量；中子计量。它的主要任务一是计量放射性物质本身有多少的量，二是计量辐射和被照介质相互作用的量。

9. 声学计量

声学计量研究声波的产生、传播、接收和影响特性中有关计量的知识。分为有源计量和无源计量两类。主要参量:声压、声强、声功率、质点速度。声压是最重要的基本量,其计量单位为帕斯卡(Pa)。

10. 物理化学计量

物理化学计量使用物理测量的方法对化学量进行计量。其有两个特定的含义:一是被测量是物质体系或化学体系中的化学特性量;二是测量应具有统一性,即在不同的空间和时间里测量同一量,其结果应当一致。它的基本单位是摩尔(mol)。在物理化学计量众多用标准物质来传递量值。

同时,在一些高新技术领域,如生物、医学、环保、信息、航天和软件等方面的专业计量测试,也正在逐步形成和不断加强。另外,随着DNA生物计算机的研发,计量的对象已进入微观领域。

三、计量的特点

计量的特点可以归纳为准确性、一致性、溯源性及法制性四个方面。

(1) 准确性是指测量结果与被测量真值的一致程度。所谓量值的准确性,是在一定的测量不确定度或误差极限或允许误差范围内,测量结果的准确性。

(2) 一致性是指在统一计量单位的基础上,无论在何时何地采用何种方法,使用何种计量器具,以及由何人测量,只要符合有关的要求,测量结果应在给定的区间内一致。也就是说,测量结果应是可重复、可再现(复现)、可比较的。

(3) 溯源性是指任何一个测量结果或测量标准的值,都能通过一条具有规定不确定度的不间断的比较链,与测量基准联系起来的特性。溯源性使其准确性和一致性得到技术保证。

(4) 法制性是指计量必需的法制保障方面的特性。量值的准确可靠不仅依赖于科学技术手段,还要有相应的法律、法规和行政管理的保障。

四、计量的内容

1. 计量的内容

(1) 计量单位与单位制;

(2) 计量器具(或测量仪器),包括实现或复现计量单位的计量基准、计量标准与工作计量器具;

(3) 量值传递与溯源,包括检定、校准、测试、检验与检测;

(4) 物理常量、材料与物质特性的测定;

(5) 测量不确定度、数据处理与测量理论及其方法;

(6) 计量管理,包括计量保证与计量监督等。

2. 计量与测量的区别

测量是为确定量值而进行的全部操作,一般不具备计量的四个特点。计量属于测量而又严于一般的测量,在这个意义上,可以狭义的认为,计量是与测量结果置信度有关的、与不确定度联系在一起的规范化的测量。

五、计量管理的概念

1. 计量管理的概念

计量管理是现代管理的一个分支，按系统工程的理论来讲，它是整个国家管理系统中的一个子系统；就计量工作体系来说，它是计量工作的重要组成部分。计量管理的含义是指协调计量技术管理、计量经济管理、计量行政管理和计量法制管理之间关系的总称。通俗地说，计量管理就是在充分了解研究当前计量学技术发展特点和规律的前提下，应用科学技术和法制的手段，正确的决策和组织计量工作，使之得到发展和前进，以实现国家的计量工作方针、政策和目标。

2. 计量管理的特点

现阶段计量管理得到了深入和广泛的发展，其特点是将测量设备的管理发展到测量数据的管理，从狭义的计量管理发展到广义的计量管理，它不但强调对测量设备本身的管理，还强调对测量过程的控制。

3. 计量管理的内容

计量管理的内容主要包括计量保证和计量监督两方面。

(1) 计量保证

用于保证计量可靠和适当的测量准确度的全部法规、技术手段及必要的各种运作称为计量保证。根据定义，计量保证的目的是确保计量的可靠性和准确度，以获得社会与顾客的信任。它要通过制定和推行相应的法律、法规，采用适宜的技术设备，提供必要的环境条件，由经过培训、具有一定素质的操作人员按程序进行各种运作来达到。

(2) 计量监督

计量监督是为核查计量器具是否依照法律、法规正确使用和诚实使用，而对计量器具制造、安装、修理或使用进行控制的程序。这种监督也可以扩展到对预包装品上指示量正确性的控制。

对计量器具计量性能的管理就是型式评价(定型鉴定)、型式批准、首次检定、后续检定和制造许可证考核。

为充分保证计量器具准确，还需对计量器具的制造和使用进行监督。计量监督的另外一个重要方面就是对预包装品上指示量正确性的监督，对预包装品的监督主要是对其净含量的监督。

4. 计量管理的特征

计量管理的特征归纳起来，主要有八个方面：

(1) 统一性

这是计量最基本的特征。计量失去了统一性，就失去了存在的意义。现在统一性已不局限于一个国家量值的统一，而是要实现全球单位量值的统一。

(2) 准确性

准确性是计量工作的核心。一切计量科学技术研究的目的，最终要达到所预期的某种准确度。

(3) 法制性

用法律规定来保证计量的统一性和准确性。

(4) 社会性

这是计量所涉及的面所决定的。

(5) 权威性

建立具有高度权威的计量管理机构和计量技术机构,这是计量本身的性质及其在国民经济中的作用所决定的。

(6) 技术性

计量是一项科学技术性很强的工作,要做好计量管理工作,必须拥有先进的技术手段和雄厚的技术力量。

(7) 服务性

这是我国计量管理的一贯宗旨。管理和服务是对立统一、相辅相成的两个方面。我们提倡加强计量法制管理与社会经济服务相结合,在管理中体现服务精神,在服务中贯穿管理的原则。

(8) 群众性

这一特性包含两层含义。一是计量工作要时刻考虑人民群众的利益,保护用户、消费者免受计量失准或不诚实的测量所造成的伤害;二是注意发动群众参与计量监督管理,是专业计量管理与群众参与管理相结合。

由此可见,计量技术与计量管理是支撑计量大厦的两根支柱。

5. 法定计量单位

1984 年 2 月 27 日颁布的《国务院关于在我国统一执行法定计量单位的命令》明确规定:我国的计量单位一律采用《中华人民共和国法定计量单位》。

我国的法定计量单位(简称法定单位)包括 6 项内容:

(1) 国际单位制的基本单位;

(2) 国际单位制的辅助单位;

(3) 国际单位制中具有专门名称的导出单位;

(4) 国家选定的非国际单位制单位;

(5) 由以上单位构成的组合形式的单位;

(6) 由词头和以上单位所构成的十进倍数和分数单位。

至于法定单位的定义、使用方法,则由国家计量局另行规定。

国际单位制单位包括基本单位,导出单位和辅助单位三类,导出单位是由基本单位根据选定的联系相应量的代数式组合而成的,如,量:速度,导出单位:米每秒。

目前,我们已制订了一系列有关量和单位的国家标准,这些标准是 GB 3100、GB 3101、GB 31021～GB 310213,这些标准等效采用了国际标准 ISO31/0～13 及 ISO1000,属于强制性标准。

6. 计量器具的分类管理

一些测量设备比较多的单位为便于管理,采取了突出重点、兼顾一般的 ABC 分类管理方法。

A 类测量设备，量虽然不多，但使用的位置和用途非常重要，作为重点管理。

B 类测量设备，数量比较多，但在准确度等级和位置的重要程度方面都不高，可进行一般性管理。

C 类测量设备，数量也比较多，但基本都是一些监视类仪表，准确等级较低，确认时采取一次性检定或校准的方法，损坏后更换，不用实行周期检定，可对其进行简要的管理。

ABC 类管理目前在企业内使用广泛，如和标记管理结合起来加以辨别，只需在标记上印有明显的 A、B、C 字样即可。

A、B、C 管理的分类方法是：

(1) A 类测量设备

1) 企业的最高计量标准和用于量值传递的测量设备，经认证授权的社会公用计量器具，列入强制检定目录的工作测量设备。

2) 企业用于工艺控制、质量检测、能源及经营管理，对计量数据要求高的关键测量设备。

3) 准确度高和使用频繁而量值可靠性差的测量设备。

(2) B 类测量设备

1) 企业生产工艺控制、质量检测有测量数据要求的测量设备。

2) 用于企业内部核算的能源、物资管理用的测量设备。

3) 固定安装在生产线或装置上，测量数据要求高，但平时不允许拆装、实际校准周期必须和设备检修同步的测量设备。

4) 对测量数据准确可靠有一定要求，但测量设备寿命较长，可靠性较高的测量设备。

5) 测量性能稳定，示值不易改变而使用不频繁的测量设备。

6) 专用测量设备、限定使用范围的测量设备以及固定指示点使用的测量设备。

(3) C 类测量设备

1) 企业生产工艺过程、质量检验、经营管理、能源管理中以及在流程生产线和装置上固定安装的，不易拆装而又无严格准确度要求的，仅起显示作用而无量值要求的指示用测量设备。

2) 测量性能很稳定，可靠性高而使用又不频繁的，量值不易改变的测量设备。

3) 国家计量行政部门明令允许一次性使用(如玻璃直尺)或实行有效期管理的测量设备(如水表)。

(4) A 类计量器具管理要求

1) 凡国家规定的强制检定的计量器具按国家计量行政部门和国防工业系统计量管理机构的规定办法执行。

2) 严格执行国家规定的检定规程与检定周期。

3) 计量器具使用单位必须指定专人保管维护，并建立严格的使用保管、检定调修等原始档案。

4) 周期受检率应达到 100%。

(5) B 类计量器具管理要求

1) 按照国家检定规程规定的周期进行检定，检定周期原则上不超过检定规程规定的最长周期，特殊情况周期需延长，使用部门/计量管理员须提出申请并经批准。

2）对连续运转装置上拆卸不便的计量器具，可以根据检定规程和可靠性数据资料，按设备检修周期同步安排检定周期，但必须严格监督。

3）通用计量器具作专用的计量器具，按其实际使用需要，可减少检定项目或进行部分检定，但检定证书上应注明限用量限范围和使用地点，在计量器具明显位置处粘贴限用标志。

4）对使用不频繁，性能稳定，准确度要求不高的计量器具，检定周期可以适当延长，延长时间的长短应以保证计量器具可靠性数据为依据。

5）周期受检率应不低于98%。

(6) C类计量器具管理要求

1）除国家规定的可进行一次性检定的计量器具外，对准确度无严格要求，性能不易变化，且低值易耗的计量器具，可以进行一次检定。

2）对非生产关键部位的指示用和在连续运转设备上固定安装的表盘计量器具进行有效期管理。

(7) 计量彩色标志使用说明

1）“合格证”标志：表示该计量器具符合国家检定/校准系统或公司内部相关要求。

2）“限用证”标志：表示该计量器具定范围定点使用。检定时也只定期检定和校验某一特定测量范围或测量点，应标明限用范围和限用点。

3）“禁用”标志：出现故障暂时不能修好或超过检定周期以及抽检不合格的计量器具在生产、管理中停止使用。

4）“封存”标志：用于长期闲置或暂时不投入使用，也不进行周期检定的计量器具，使用“封存”标志，防止流入生产和管理中使用。

5）“报废”标志：表示该计量器具不符合国家检定/校准系统或公司内部相关要求。

(8) 计量彩色标志的管理

1）现场使用的计量器具应有有效的彩色标志。

2）计量彩色标志上应注明该计量器具A、B、C分类的类别，使用彩色标志时应与检定原始记录或检定证书相符，标志应粘贴在计量器具(不妨碍工作)的明显位置上或计量器具的盒子上。

3）暂时不用或经检定不合格的计量器具应撤离现场，无法撤离的或暂时不投入使用也不进行周期检定的计量器具，计量室应在其明显位置粘贴“封存”标志。

第十一节 测量软件管理

一、基本概念

核燃料组件、相关组件生产和服务中所用计算机软件，按其使用功能分为：设备控制软件、产品加工软件和测量软件三类，主要进行测量软件的介绍。

1. 设备控制软件

用于设备操作过程中进行自动控制的软件。

2. 产品加工软件

指在设备原有功能外专门开发直接用于产品加工的软件。

3. 测量软件

指测量设备自带会附加(自行开发设计)的用于产品测量和结果处理的软件。对测量软件的要求主要包括计算方法的正确性、功能的完整性和操作的便利性三个方面。

二、测量软件的确认

(1) 初次使用以及变更后的测量软件,在投入使用前必须对软件进行确认,以确保预期用途能力及测量结果的有效。

(2) 新购置、技术改造、设备大修等设计软件的测量设备,在设备安装、调试结束后必须按回到对测量设备进行检定和校准,确保测量设备量值的准确、可靠。

(3) 用部门通过测量设备配置的测量软件对测量标准或相关产品进行测量,实现软件测量功能,对软件进行确认测试,并将测试结果形成测量软件确认报告,由相关管理部门对报告进行审批,经批准同意后的测量软件方可用于产品的测量,当软件内容发生变更时,需重新进行确认测试。

三、测量软件的管理

(1) 测量软件应由专人进行备份,并做好备份介质的标识。

(2) 所备份的软件及软件使用情况应定期进行检查,做好检查记录。

(3) 经批准,任何人不得擅自对计算机软件进行配置和变更,确保使用中计算机软件功能及测量软件和测量结果的有效性。

四、测量软件的操作

由于无损检测所包含的仪器测量软件种类繁多,包括设备控制记录软件、图形采集软件、分析软件、测试软件等,在此不进行一一详细的介绍,但技师应掌握仪器测量软件的安装及操作方法。

第十二节　仪器安装和工作环境的要求

对一台从未使用过或新的仪器,在动手操作之前,必须认真阅读仪器使用说明书,详细了解和熟练掌握仪器各部件的功能,仪器设备安装、调试、检定应严格按其安装、调试指导书和检定规程执行。在使用仪器的过程中,最重要的是注意安全,避免发生人身、设备事故。仪器的日常维护保养也是不容忽视的。这不仅关系到仪器的使用寿命,还关系到仪器的技术性能,有时甚至影响到分析数据的质量。仪器的日常维护保养是分析人员必须承担的职责。因此操作仪器时应严格遵守《检测规程》《设备操作维护规程》《设备检修规程》的要求。

一、仪器安装和工作环境的要求

1. 电源

作为精密测量仪器,要求有相对稳定的电源,供电电压:交流电源 210～230 V,15 A 或更大,电压变化一般不超过 5%,确保稳定的电压。

(1) 使用自动调压器或磁饱和稳压器,不能使用电子稳压器,因为电子稳压器在电压高时形成电脉冲,影响电子计算机、微处理器及相敏放大器的工作,引起误动作。

(2) 仪器供电线路不与大功率用电设备如通风机、空调机、马弗炉等共用一条供电线路。

(3) 仪器必须连接底线。地线电阻要小于 5 Ω,计算机地线电阻要小于 0.25 Ω,防止相互干扰。

(4) 在仪器的使用中,禁止在过压或欠压下工作。

2. 地面

确保仪器放置平稳,避免振动。

3. 外界温度和湿度

温度最好在(10～35)℃,避免在有很大温差处安装使用;应在湿度 20%～80%的地方安装仪器。

4. 安装

在平整坚固的平台上安装仪器。工作台具有较好的防震设施,台面应有较好的水平度。有条件可在仪器与台面之间垫上一层具有一定弹性的材料。

5. 气氛及排气

不要使用爆炸性气体作为气氛,另外通常情况下不宜采用氧气,因为大部分物质在一定的温度下极易被迅速氧化,并释放出大量的热量,以至于温度在瞬间急剧升高,并可能超过仪器最高温度上限。由于测试过程中,试样可能会释放出有害气体,因此要采用有效的排气,通风措施,及时把有害气体排到室外,并确保室内空气的流通。

6. 避免在以下地点安装仪器

阳光能够直射或暴晒,附近有较大的振动源、油腻处、尘污处或暴露在腐蚀性气体处.有较高的局部接地电流和高压、电闸噪声等强电场和强磁场,有加热器或空调制出的热空气或冷气处。

二、仪器工作环境要求

1. 室温

放置仪器的实验室的环境温度应满足仪器使用要求。

2. 湿度

实验室相对湿度一般控制在 45%～65%,上限不超过 80%。要定期更换仪器内的干燥剂。当湿度大时应用去湿机对放有仪器的实验室进行去湿处理。

3. 防尘

实验室内的尘土对仪器的光学系统和电子系统都会产生不良影响,因而实验室应尽可能减少尘土的污染。

4. 防震和防电磁干扰

仪器必须安装在牢固的工作台上,尽可能远离强烈震动的震源,如机械加工、强通风电动机、公路上来往车辆等都会影响仪器的正常工作。外界电磁场使仪器电子系统产生扰动,尤其影响光源灯的稳定性,导致仪器的电子系统工作不稳定。因此仪器的电源最好采用专用线,不要与用电量变化大的其他大型仪器共用电源。

5. 防腐蚀

仪器工作室与化学操作室必须分开，避免化学操作室的酸雾及其他腐蚀性气体进入工作室；当测量具有挥发性或腐蚀性样品溶液时，必须安装抽风装置，实验结束时，应及时对仪器进行清理。

含有挥发性、腐蚀性的样品或化学试剂不能放在有仪器的工作室中。

第十三节　抽样检测

一、抽样检测的基本概念

1. 抽样检测

抽样检测是按照规定的抽样方案，随机地从一批或一个生产过程中抽取少量个体（作为样本）进行的检测。其目的在于判定一批产品或一个过程是否可以被接收。

抽样检测的特点：检测对象是一批产品，根据抽样结果应用统计原理推断产品批的接收与否。不过经检测的接收批中仍可能包含不合格品，不接收批中当然也包含合格品。

抽样检测一般用于下述情况：

(1) 破坏性检测。

(2) 批量很大，全数检测工作量很大的产品的检测。

(3) 测量对象是散料或流程性材料。

(4) 其他不适于使用全数检测或全数检测不经济的场合。

2. 抽样检测的分类和名称术语

(1) 抽样检测的分类

按检测特性值的属性可以将抽样检测分为计数抽样检测和计量抽样检测两大类。计数抽样检测又包括计件抽样检测和计点抽样检测，计件抽样检测是根据被检样本中的不合格产品数，推断整批产品的接收与否；而计点抽样检测是根据被检样本中的产品包含的不合格数，推断整批产品的接收与否。计量抽样检测是通过测量被检样本中的产品质量特性的具体数值并与标准进行比较，进而推断整批产品的接收与否。

(2) 名词术语

根据 GB/T 2828.1，介绍抽样检测中若干常用的名词与术语。

1) 检测

为确定产品或服务的各特性是否合格，测定、检查、试验或度量产品或服务的一种或多种特性，并且与规定要求进行比较的活动。

2) 技术检测

关于规定的一个或一组要求，或者仅将单位产品划分为合格或不合格，或者仅计算单位产品中不合格的检测。

技术检测既包括产品是否合格的检测，又包括每百单位产品不合格数的检测。

3) 单位产品

可单独描述和考察的事物。

例如：

①一个有形的实体;一定量的材料;

②一项服务,次活动或一个过程;一个组织或个人;

③上述项目的任何组合。

4）不合格

不满足规范的要求。

注1:在某些情况下,规范与使用要求一致;在另一些情况它们可能不一致,或更严,或更宽,或者不完全知道或不了解两者间的精确关系。

注2:通常按不合格的严重程度将它们分类,例如:

①A类 认为最被关注的一种类型的不合格。在验收抽样中,将给这种类型的不合格指定一个很小的AQL值。

②B类 认为关注程度比A类稍低的一种类型的不合格。如果存在第三类(C类)不合格,可以给B类不合格指定比A类不合格大但比C类不合格小的AQL值,其余不合格依此类推。

注3:增加特性和不介格分类通常会影响产品的总接收概率。

注4:不合格分类的项目、归属于哪个类和为各类选择接收质量限,应适合特定情况的质量要求。

5）缺陷

不满足预期的使用要求。

6）不合格品

具有一个或一个以上不合格的产品。

注:不合格品通常按不合格的严重程度分类,例如:

①A类 包含一个或一个以上A类不合格,同时还可能包含B类和(或)C类不合格的产品。

②B类 包含一个或一个以上B类不合格,同时还可能包含C类等不合格,但不包含A类不合格的产品。

7）批

汇集在一起的一定数量的某种产品、材料或服务。

注:检测批可由几个投产批或投产批的几部分组成。

8）批量

批中产品的数量。

9）样本

取自一个批并且提供有关该批的信息的一个或一组产品。

10）样本量

样本中产品的数量。

11）抽样方案

所使用的样本量和有关批接收准则的组合。

注1:一次抽样方案是样本量、接收数和拒收数的组合。二次抽样方案是两个样本量、第一样本的接收数和拒收数及联合样本的接收数和拒收数的组合。

注2:抽样方案不包括如何抽出样本的规则。

12）抽样计划

抽样方案和从一个抽样方案改变到另一抽样方案的规则的组合。

13）接收质量限 AQL

当一个连续系列批被提交验收抽样时，可允许的最差过程平均质量水平。

14）使用方风险质量

对抽样方案，相应于某一规定使用方风险的批质量水平或过程质量水平。

注：使用方风险通常规定为 10%。

15）极限质量 LQ

对一个被认为处于孤介一状态的批，为了抽样检测，限制在某一低接收概率的质量水平。它是对生产方的过程质量提出的要求，是容忍的生产方过程平均(不合格品率)的最大值。

二、抽样方案与接收概率

1. 抽样方案

抽样检测的对象是一批产品，一批产品的可接受性，即通过抽样检测判断批的可接收性与否，可以利用批质量指标来衡量。因此，在理论上可以确定一个批接收的质量标准 P_t，若单个交检批质量水平 $P \leqslant P_t$，则这批产品科接收；若 $P > P_t$，则这批产品不予接收。但在实际中，除非进行全检，不可能获得 P 的实际值，因此不能以此来对批的接收性进行判断。

在实际抽样检测过程中，将上述批质量判断规则转换为一个具体的抽样方案。最简单的一次抽样方案由样本量 n 和利用判定批接收与否的接收数 c 组成，记为(n,c)。

抽样方案(n,c)实际上是对交捡批起到一个评判的作用，它的判断规则是如果交检批质量满足要求，即 $P \leqslant P_t$，抽验方案接收该批产品的可能性就很大，如果批质量不满足要求，就尽可能不接收该批产品。因此使用抽验方案最关键的在于确定质量标准，明确什么样的批质量满足要求，什么样的批质量不满足要求，在此基础上找到合适的抽样方案。

2. 接收概率及可接收性的判定

所谓的接收概率是指批不合格品率为 P 的一批产品按给定的抽检方案检查后能判为合格批而被接收的概率。接收概率是不合格品率的函数，记为 $L(P)$。由于对固定的一批产品用不同的抽检方案检查，其被接收的概率也不会相同，因此，$L(P)$实质是抽检方案验收特性的表示，故又称 $L(P)$为抽样特性曲线，它是我们进行抽样方案分析、比较和选择的依据。

在这里我们仅介绍一般的标准一次抽检方案和二次抽检方案。

(1) 一次抽检方案

标准型一次抽样检查的程序图如图 9-1 所示：

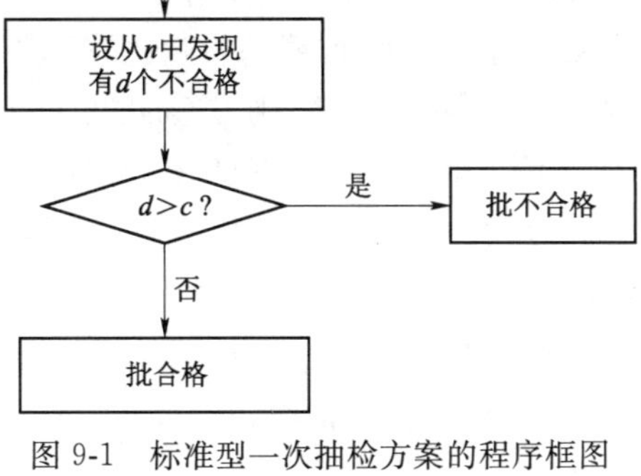

图 9-1　标准型一次抽检方案的程序框图

由图可知这种检查是：从产品批中抽取 n 个产品进行检查，把 n 个产品中检出的不合格品数 d 和判定数 c 比较，满足 $d \leqslant c$ 时，判产品批为合格批；否则，即当 $d > c$ 时，判产品批为不合格批。可见标准型一次抽检方案规定了两个参数，即子样的容量 n 和判定数 c，故通常把它记为 (n,c)。很显然，采用 (n,c) 检查时，产品批被接受的概率为子样不合格品数取值为 0，1，2，……，c，这 $c+1$ 种情况出现的概率之和。

根据概率论知识可知，从容量为 N 的且其中有 N_p 个不合格品的产品批中，随机地抽取 n 个产品为子样，则子样中不合格品数唯一服从超几何分布的随机变量。所以对该批产品采用 (n,c) 方案检查时，接收概率可利用超几何分布来计算。

(2) 二次抽检方案

二次抽样对批质量的判断允许最多抽两个样本。在抽检过程中，如果第一样本中的不合格(品)数 d_1 不超过第一个接收数 c_1，则判断批接收；如果 d_1 等于或大于第一个拒收数 c_1+1，则不接收该批。如果 d_1 大于 c_1，但小于 c_1+1，则继续抽第二个样本。设第二个样本中不合格(品)数为 d_2，当 d_1+d_2 小于等于第二接收数 c_2 时，判断该批产品接收；如果 d_1+d_2 大于或等于第二拒收数 c_2+1，则判断该批产品不接收。

3. 抽样特性曲线

当用一个确定的抽检方案对产品批进行检查时，产品批被接收的概率是随产品批的批不合格品率 p 变化而变化的，它们之间的关系可以用一条曲线来表示，这条曲线称为抽样特性曲线，简称为 OC 曲线。

(1) 抽样特性曲线的性质

1) 抽样特性曲线和抽样方案是一一对应关系，也就是说有一个抽样方案就有对应的一条 OC 曲线；相反，有一条抽样特性曲线，就有与之对应的一个抽检方案。

2) OC 曲线是一条通过(0,1)和(1,0)两点的连续曲线。

3) OC 曲线是一条严格单调下降的函数曲线，即对于 $p_1 < p_2$，必有 $L(p_1) > L(p_2)$。

(2) OC 曲线与 (n,c) 方案中参数的关系

由于 OC 曲线与抽样方案是一一对应的，故改变方案中的参数必导致 OC 曲线发生变化。但如何变化呢？它们之间的变化有什么关系呢？下面分三种情况进行讨论。

1) 保持 n 固定不变，令 c 变化，则如果 c 增大，则曲线向上变化，方案放宽；如果 c 减小，则曲线向下变形，方案加严。

2) 保持 c 不变，令 n 变化，则如果 n 增大，则曲线向下变形，方案加严；反之 n 减小，则曲线向上变形，方案放宽。

3) n，c 同时发生变化，则如果 n 增大而 c 减小时，方案加严；若 n 减小而 c 增大时，则方案放宽；若 n 和 c 同时增大或减小时，对 OC 曲线的影响比较复杂，要看 n 和 c 的变化幅度各有多大，不能一概而论。如果 n 和 c 尽量减少时，则方案加严；对于 n 和 c 不同量变化的情况，只要适当选取它们各自的变化幅度，就能使方案在 $(0,p_t)$ 和 $(p_t,1)$ 这两个区间的一个区间上加严，而另一个区间上放宽，这一点对我们是很有用的。

4. 百分比抽样的不合理性

我国不少企业在抽样检查时仍沿用百分比抽检法，所谓百分比抽检法，就是不论产品的批量大小，都规定相同的判定数，而样本也是按照相同的比例从产品批中抽取。即如果仍用

c 表示判定数，用 k 表示抽样比例系数，则抽样方案随交检批的批量变化而变化，可以表示为 $(kN|c)$。通过 OC 曲线与抽样方案变化的关系很容易弄清楚百分比抽检的不合理性。因为，对一种产品进行质量检查，不论交检产品批的批量大小，都应采取宽严程度基本相同的方案。但是采用百分比抽检时，不改变判定数 c，只根据批量不同改变样本容量 n，因而对批量不同的产品批采用的方案的宽严程度明显不同，批量大则严，批量小则宽，故很不合理。百分比抽检实际是一种直觉的经验做法，没有科学依据，因此应注意纠正这种不合理的做法。

5. 抽检方案优劣的判别

既然改变参数，方案对应的OC曲线就随之改变，其检查效果也就不同，那么什么样的方案检查效果好，其 OC 曲线应具有什么形状呢？下面就来讨论这一问题。

（1）理想方案的特性曲线

在进行产品质量检查时，总是首先对产品批不合格品率规定一个值 p_0 来作为判断标准，即当批不合格品率 $p \leqslant p_0$ 时，产品批为合格，而当 $p > p_0$ 时，产品批为不合格。因此，理想的抽样方案应当满足：当 $p \leqslant p_0$ 时，接收概率 $L(p)=1$，当 $p > p_0$ 时，$L(p)=0$。其抽样特性曲线为两段水平线，如图 9-2 所示。

理想方案实际是不存在的，因为，只有进行全数检查且准确无误才能达到这种境界，但检查难以做到没有错检或漏检的，所以，理想方案只是理论上存在的。

（2）线性抽检方案的 OC 曲线

所谓线性方案就是$(1|0)$方案，因为 OC 曲线是一条直线而得名的，如图 9-3 所示。

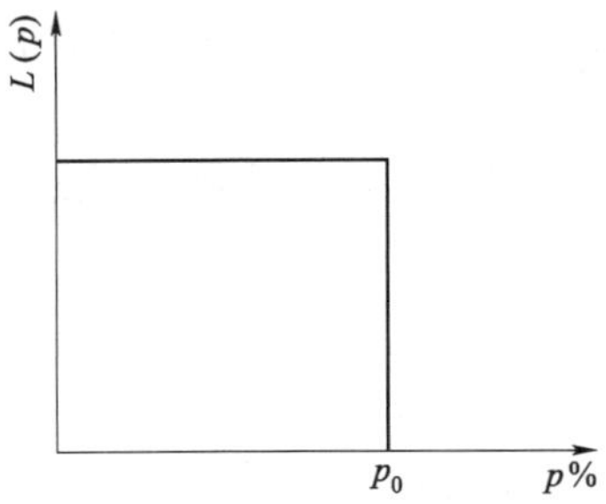

图 9-2　理想方案的特性曲线

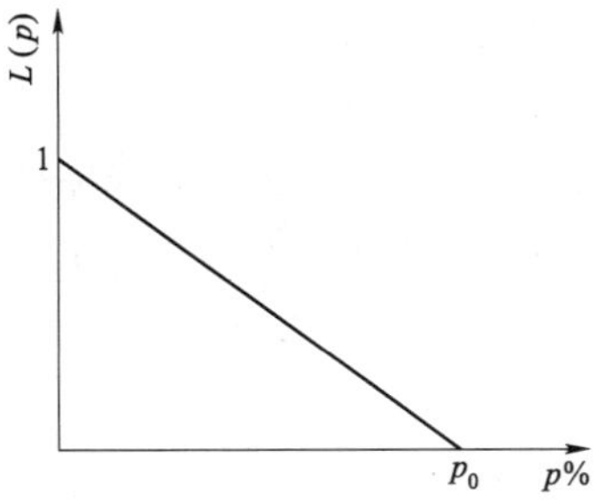

图 9-3　线性抽检方案的 OC 曲线

由图 9-3 可见，线性抽检方案是从产品批中随机地抽取 1 个产品进行检查，若这个产品不合格，则判产品为批不合格品，若这个产品不合格，则判产品批不合格。这个方案的抽样特性函数为：

因为它和理想方案的差距太大，所以，这种方案的检查效果是很差的。

理想方案虽然不存在，但这并不妨碍把它作为评价抽检方案优劣的依据，一个抽检方案的 OC 曲线和理想方案的 OC 曲线接近程度就是评价方案检查效果的准则。为了衡量这种接近程度，通常是首先规定两个参数 p_0 和 $p_1(p_0<p_1)$，p_0 是接收上限，即希望对 $p \leqslant p_0$ 的产品批以尽可能高的概率接收；p_1 是拒收下限，即希望对 $p \geqslant p_1$ 的产品批以尽可能高的概率拒收。若记 $\alpha=1-L(p_0)$，$\beta=L(p_1)$，则可以通过这四个参数反映一个抽检方案和理想方案的接近程度，当固定 p_0，p_1 时，α、β 越小的方案就越好；同理若对固定的 α、β 值，则 p_0 和 p_1 越接近越好；当 α 和 $\beta \to 0$，$p_0 \to p_1$ 时，则抽检方案就趋于理想方案。

6. 抽样检测的两类错误

抽样检查是一个通过子样来估计母体的统计推断过程，因此就可能出现两类错误判断，即可能把合格的产品批错判为不合格的产品批，这种错判称为第一类错误；还有可能把不合格的产品批判为合格品，后一类错误称为第二类错误。

同前面一样，继续规定 $p \leqslant p_0$ 的产品批为质量好的产品批，$p \geqslant p_1$ 的产品批为质量很差的产品批。由于存在着两类错判，所以就不能强求对 $p \leqslant p_0$ 的产品批一定要接收，而只能以高的概率接收，也就是说不能排除绝收这些产品的可能性，这一可能性的大小用 $\alpha=1-L(p_0)$来表示，称为第一类错判率，因这类错判会给生产放带来损失，因此 α 又称为生产者风险率。同样也不能强求对 $p \geqslant p_1$ 的产品一定拒收，而只能要求以高的概率拒收，即不能排除接收这样产品批的可能性，这种可能性的大小用 $\beta=(p_1)$表示，称为第二类错判率。由于第二类错判率表示给用方带来的损失的大小，所以又称 β 为使用者风险率。实际工作中，通常取 $\alpha=0.01$，0.05 或 0.1，取 $\beta=0.05$，0.1 或 0.2。

p_0、p_1、α 和 β 都是抽样检查的重要参数，对一个确定方案，可以通过这几个参数去进行分析评价。

三、计数抽样检测

1. 概念和特点

计数抽样检测是根据过去的检测情况，按一套规则随时调整检测的严格程度，从而改变也即调整抽样检测方案。

计数调整型抽样方案不是一个单一的抽样方案，而是由一组严格度不同的抽样方案和一套转移规则组成的抽样体系。

因此，计数调整型方案的选择完全依赖于产品的实际质量，检测的宽严程度就反映了产品质量的优劣，同时也是使用方选择供货方提供依据。

以国家标准 GB/T 2828.1—2012 为代表的计数调整型抽样检测的主要特点：

(1) 主要适用于连续批检测

连续批抽验检测是一种对所提交的一系列批的产品的检测。如果一个连续批在生产的同时提交验收，在后面的批生产前，前面批的检测结果可能是有用的，检测结果在一定程度上可以反映后续生产的质量。当前面批的检测结果表明过程已经变坏，就有理由使用转移规则来执行一个更为严格的抽样程序；反之若前面的检测结果表明过程稳定或有好转，则有理由维持或放宽抽样程序。GB/T 2828.1 是主要为连续批而设计的抽样体系。

与此相对应的是孤立批的抽样检测，在某种情形，GB/T 2828.1 也用于孤立批的检测，但一般地，对孤立批检测应采用 GB/T 2828.2。

(2) 关于接收质量限(AQL)及其作用

在 GB/T 2828.1 中接收质量限 AQL 有特殊意义，起着极其重要的作用。接收质量限是当一个连续批被提交验收抽样时，可允许的最差过程平均质量水平。它反映了使用方对生产过程质量稳定性的要求，即要求在生产连续稳定的基础上的过程不合格率的最大值。如规定 AQL=1.0(%)，是要求加工过程在稳定的基础上最大不合格品率不超过 1.0%。而且AQL 在这个指标和过程能力也是有关的，如要求产品加工过程能力指数 Cp 为 1.0，则要求过程不合品率为 0.27%，此时设计抽样方案可规定 AQL 为 0.27(%)。

接收质量限 AQL 可由不合格品百分数或每百单位产品不合格数表示，当不合格品百分数表示质量水平时，AQL 值不超过 10%；当以每百单位产品不合格数表示质量水平时，可使用的 AQL 值最高可达每百单位产品中有 1 000 个不合格。

在 GB/T 2828.1 中 AQL 的取值从 0.01 至 1 000 共有 31 个级别，如果 AQL 的取值与表中所给数据不同，就不能使用该抽样表。因此在选取 AQL 值时应和 GB/T 2828.1 抽样表一致。

2. 不合格品数计数抽样方案

以 N 表示总体大小，n 表示样本大小，A_c 表示合格判定数，R_e 表示不合格判定数，且 $R_e=A_c+1$。则不合格品数计数抽样一次方案表示为(N,n,A_c)或(n,A_c)

例从批量为 $N=2\,000$ 个产品的检测批中，随机抽取 $n=50$ 个作为样本进行检查，按标准的规定：样本的不合格品数少于或等于 $A_c=1$ 时，判为批合格；不合格品数等于或多于 $R_e=2$ 时，则判批为不合格，拒收这批产品。则该方案表示为(2 000，50，1)或(50，1)。

3. 缺陷数计数抽样方案

以N表示总体大小，n表示样本大小，A_c表示合格判定的累计总缺陷数，R_e表示不合格判定的累计总缺陷数，且 $R_e=A_c+1$。则缺陷数计数抽样一次方案表示为(N,n,A_c)或(n,A_c)。

例如从批量为 $N=2\,000$ 个产品的检测批中，随机抽取 $n=50$ 个作为样本进行检查，按标准的规定：样本的累计总缺陷数少于或等于 $A_c=60$ 时，判为批合格；累计总缺陷数等于或多于 $R_e=61$ 时，则判批为不合格，拒收这批产品。则该方案表示为(2 000，50，60)或(50，60)。

4. 二次计数抽样方案

以N表示总体大小，n_1表示第一次抽样的样本大小，n_2表示第二次抽样的样本大小，A_{c_1}表示第一次抽样时的合格判定数，A_{c_2} 表示第二次抽样时的合格判定数，R_{e_1} 表示第一次抽样时的不合格判定数，R_{e_2} 表示第一次抽样时的不合格判定数，且 $R_{e_1}>A_{c_1}+1$，$R_{e_2}=A_{c_2}+1$。则缺陷数计数抽样方案表示为$(N,n_1,A_{c_1},R_{e_1};n_2,A_{c_2},R_{e_2})$或$(n_1,A_{c_1},R_{e_1};n_2,A_{c_2},R_{e_2})$

例 9-12：以 r_1 表示表示第一次抽样的样本中的不合格数，r_2 表示表示第二次抽样的样本中的不合格数，$A_{c_1}=1$，$R_{e_1}=4$，$A_{c_2}=3$，$R_{e_2}=4$。当 $r_1\leqslant A_{c_1}=1$ 时，判批合格，$r_1>R_{e_1}=4$ 时，判批不合格；当 $A_{c_1}<r_1<R_{e_1}$ 时，进行第二次抽样，检得 r_2。当 $r_1+r_2\leqslant A_{c_2}=3$ 时，判批合格，$r_1+r_2>R_{e_2}=4$ 时，判批不合格。

5. 多次计数抽样方案

多次计数抽样方案：抽三个或三个以上的样本才能对批质量做出判断的抽样方案。

多次计数抽样方案与二次抽样方案相似，只是抽样检测次数更多而已。

第十四节 检测或校准操作规范的编写

一、编制检测规程的过程

1. 读文件清单

根据已批准的适用文件清单，确定和领取所需要的相关文件，如核燃料组件总体设计书、相关标准、具体技术条件、图纸等。

2. 读总体设计书

学习和理解核燃料组件总体设计书的相关要求，如对某一零部件或某类零部件的总体要求，包括材料性能、焊接性能、未注尺寸的公差要求、适用的相关标准、清洁度要求、外观缺陷(印迹、划伤、机械损伤)等。

3. 收集、学习和理解相关标准

收集、学习和理解相关标准，为将相关要求落实到检测规程做准备。

4. 学习和理解具体技术条件

学习和理解相关的图纸，掌握结构、熟悉每一项技术指标和技术要求。

5. 确定检测项目

检测项目应包括总体设计书、相关标准、技术条件、图纸等文件的指标和要求。

6. 确定检测步骤

检测步骤应体现检测效率和降低劳动强度。

7. 设计和验证检测方法

确定检测方法主要体现对设备及仪器的选择和优化，及使用检测的方法。特别强调，应核实现场是否具备所选的仪器设备和实施相应检测所需具备的检测环境。

8. 编制检测规程

按照要求的格式，把已确定的检测项目、检测步骤、检测方法、检测频率、验收准则(必要时)等内容编写进检测规程中。

9. 审核检测规程

编制的检测规程应交本部门有相关资历的人员或质量管理部有相关资历的人员审核，并答复他们提出的审核意见单。

10. 批准检测规程

经审核通过的检测规程，交由质量管理部相关负责人批准。至此，完成检测规程的编制任务。经批准的检测规程方可下发给生产岗位用于指导检测。

二、检测规程或校准规范内容的构成

1. 检测规程内容构成

检测规程内容主要有以下内容构成，也可根据实际情况调整。

(1) 适用范围。说明规程的适用范围。

(2) 引用文件或依据文件。注明编制规程所引用的文件或进行检测结果判定所依据的文件。

(3) 方法提要(可选项)。对检测的原理或方法进行简要说明。

(4) 设备与材料。列出主要的检测设备、工装、材料和试剂的名称、规格或型号等。

(5) 检测步骤。可采用流程图、表格与文字叙述相结合的方式,直观、准确和简洁地描述完成检测的步骤及要求。

(6) 结果处理(可选项)。规定对检测结果进行处理的要求或方法。

(7) 方法精密度(或不确定度)(可选项)。规定对方法精密度(或不确定度)的要求。

(8) 记录归档。明确记录归档要求。

(9) 附录。检测所产生的记录表格或其他。

检测规程内容主要有以下内容构成,也可根据实际情况调整。

2. 校准规范内容构成

当无国家、地方、行业检定规程及非标测量设备时,又有自编校准规范的要求使,可按照下述内容来编写。

(1) 目的及概述。主要说明自编校准规范编制的原因、用途、主要原理、结论等。

(2) 适用范围。说明校准规范适用的领域或对象,必要时可以写明其不适用的领域或对象。

(3) 引用文件。注明正文与附录所引用的依据标准、技术条件。

(4) 术语和定义。一般只对下述两种情况下的术语给出定义。

(5) 计量特性和技术要求。主要说明被校准对象开展工作的基本要求(如外观及附件的要求、工作正常性要求、环境适应性要求等)和校准对象各参数的测量范围,各技术指标的要求(如示值误差、分辨率、重复性等)以及校准与相关技术要求的关系(如校准与技术条件、技术图纸的关系)。

(6) 校准条件。主要说明校准的环境条件(如环境温度、相对湿度、大气压强等):校准用设备(说明其名称、测量范围、不确定度规定或允许误差极限或准确度等级等具体技术指标)。

(7) 校准项目和方法。

(8) 校准结果处理和校准周期。

(9) 校准记录归档。规定校准所采用的校准记录格式。

(10) 附录。校准规范正文所提及内容的附加说明。

第十五节　科技报告编写规则

一、科技报告的基本特征及分类

1. 科技报告的基本特征

科技论文是在科学研究、科学实验的基础上,对自然科学和专业技术领域里的某些现象或问题进行专题研究，运用概念、判断、推理、证明或反驳等逻辑思维手段，分析和阐述，揭示出这些现象和问题的本质及其规律性而撰写成的论文。科技论文区别于其他文体的特点，在于创新性科学技术研究工作成果的科学论述，是某些理论性、实验性或观测性新知识的科学记录、是某些已知原理应用于实际中取得新进展、新成果的科学总结。因此，完备的科技论文应该具有科学性、首创性、逻辑性和有效性，这也就构成了科技论文的基本特征。

科学性——这是科技论文在方法论上的特征，它不仅仅描述的是涉及科学和技术领域的命题，而且更重要的是论述的内容具有科学可信性，是可以复现的成熟理论、技巧或物件，或者是经过多次使用已成熟能够推广应用的技术。

首创性——这是科技论文的灵魂，是有别于其他文献的特征所在。它要求文章所揭示的事物现象、属性、特点及事物运动时所遵循的规律，或者这些规律的运用必须是前所未见的、首创的或部分首创的，必须有所发现，有所发明，有所创造，有所前进，而不是对前人工作的复述、模仿或解释。

逻辑性——这是文章的结构特点。它要求科技论文脉络清晰、结构严谨、前提完备、演算正确、符号规范，文字通顺、图表精制、推断合理、前呼后应、自成系统。

有效性——指文章的发表方式。当今只有经过相关专业的同行专家的审阅，并在一定规格的学术评议会上答辩通过、存档归案；或在正式的科技刊物上发表的科技论文才被承认为是完备和有效的。这时，不管科技论文采用何种文字发表，它表明科技论文所揭示的事实及其真谛已能方便地为他人所应用，成为人类知识宝库中的一个组成部分。

2. 科技论文的分类

从不同的角度对科技论文进行分类会有不同的结果。从目前期刊所刊登的科技论文来看主要涉及以下5类：

第一类是论证型——对基础性科学命题的论述与证明，或对提出的新的设想原理、模型、材料、工艺等进行理论分析，使其完善、补充或修正。如维持河流健康生命具体指标的确定，流域初始水权的分配等都属于这一类型。从事专题研究的人员写这方面的科技论文多些。

第二类是科技报告型——科技报告是描述一项科学技术研究的结果或进展，或一项技术研究试验和评价的结果，或论述某项科学技术问题的现状和发展的文件。记述型文章是它的一种特例。专业技术、工程方案和研究计划的可行性论证文章，科技报告型论文占现代科技文献的多数。从事工程设计、规划的人员写这方面的科技论文多些。

第三类是发现、发明型——记述被发现事物或事件的背景、现象、本质、特性及其运动变化规律和人类使用这种发现前景的文章。阐述被发明的装备、系统、工具、材料、工艺、配方形式或方法的功效、性能、特点、原理及使用条件等的文章。从事工程施工方面的人员写这方面的稿件多些。

第四类是设计、计算型——为解决某些工程问题、技术问题和管理问题而进行的计算机程序设计，某些系统、工程方案、产品的计算机辅助设计和优化设计以及某些过程的计算机模拟，某些产品或材料的设计或调制和配制等。从事计算机等软件开发的人员写这方面的科技论文多些。

第五类是综述型——这是一种比较特殊的科技论文(如文献综述)，与一般科技论文的主要区别在于它不要求在研究内容上具有首创性，尽管一篇好的综述文章也常常包括某些先前未曾发表过的新资料和新思想，但是它要求撰稿人在综合分析和评价已有资料基础上，提出在特定时期内有关专业课题的发展演变规律和趋势。它的写法通常有两类：一类以汇集文献资料为主，辅以注释，客观而少评述。另一类则着重评述。通过回顾、观察和展望，提出合乎逻辑的、具有启迪性的看法和建议。从事管理工作的人员写这方面的科技论文较多。

3. 科技报告的定义

GB/T 7713.3《科技报告编写规则》中科技报告定义：科学技术报告的简称，是用于描述科学或技术研究的过程、进展和结果，或描述一个科学或技术问题状态的文献。

描写科技报告的数据，用于实现检索、管理、使用、保存等功能称为元数据。科技报告应包含三类必备的元数据：描述元数据，如责任者、题名、关键词等；结构元数据，如图表、目次清单等；管理元数据，如软件类型、版本等。

4. 科技报告组成

国家标准 GB/T 7713.3 中将科技报告分为 3 个组成部分：① 前置部分；② 主体部分；③ 结尾部分。各组成部分的具体结构及相关的元数据信息见表 9-5。

本章根据 GB/T 7713.3 的内容，重点介绍科技报告主要包含的要素：题目，作者，单位，摘要，关键词，引言或前言，正文，结论，参考文献。

(1) 封面

科技报告应有封面。封面应提供描述科技报告的主要元数据信息，一般主要有下列内容：

1) 题目

题目一定要恰当、简明。避免出现题名大、内容小，题名烦琐、冗长，主题不鲜明；不注意分寸，有意无意地拔高等问题；

题目应该避免不常见的缩写词，题目不宜超过 20 个字；题目语意未尽，可以采用副标题补充说明论文中的内容。

2) 作者(或责任者)

科技报告封面题目下面署名作者。作者只限于那些对于选定研究课题和制定研究方案、直接参加全部或主要部分研究工作并做出主要贡献以及参加撰写论文并能对内容负责的人，按贡献大小排列名次。其他参加者可作为参加工作的人员列入致谢部分。

3) 完成机构(或完成单位)

科技报告主要完成者所在单位的全称。作者单位应写出完整的、正规的名称，一般不用缩写。如果有两个以上单位，应按作者所在单位按顺序号分别标明。

表 9-5　科技报告构成元素表

	组成	状态	功能
前置部分	封面	必备	提供题名、责任者描述元数据信息
	封二	必备	可提供权限等管理元数据信息
	题名页	必备	提供描述元数据信息
	摘要页	必备	提供关键词等描述元数据信息

续表

	组成	状态	功能
前置部分	目次页	必备	结构元数据
	图和附表清单	图表较多时使用	结构元数据
	符号、缩略语等注释表	符号较多时使用	结构元数据
	序或前言	可选	描述元数据
	致谢	可选	内容
主体部分	引言(绪论)	必备	内容
	正文	必备	内容
	结论	必备	内容
	建议	可选	内容
	参考文献	有则必备	结构元数据
结尾部分	附录	有则必备	结构元数据
	索引	可选	结构元数据
	辑要页	可选	提供描述和管理元数据信息
	发行列表	进行发行控制时使用	管理元数据
	封底	可选	可提供描述元数据等信息

4) 完成日期

科技报告撰写完成日期,可置于出版日期之前,宜遵照 YYYY-MM-DD 日期格式著录。

(2) 摘要

科技论文应有中文摘要,若需要也可有英文摘要。摘要应具有独立性和自含性,即不读论文的全文,就能获得必要的信息。摘要是简明、确切、完整记述论文重要内容的短文。应包括目的、方法、结果和结论等,应明确解决什么问题,突出具体的研究成果,特别是创新点。摘要应尽量避免采用图、表、化学结构式、引用参考文献、非公知公用的符号和术语等。

论文摘要控制在 200～300 字,应避免简单重复论文的标题,要用第三人称叙述,不用“本文”“作者”“文章”等词作摘要的主语。

(3) 关键词

关键词是从论文的题目、层次标题、摘要和正文中精选出来的,能反映论文主要概念的词和词组。严格遵守一词一义原则,关键词控制在 3～5 个。

5. 主体部分

(1) 引言(绪论)

引言(绪论)应简要说明相关工作背景、目的、范围、意义、相关领域的前人工作情况、理论基础和分析、研究设想、方法、实验设计、预期结果等。但不应重述或解释摘要。不对理论、方法、结果进行详细描述,不涉及发现、结论和建议。

引言作为论文的开端,主要是作者交代研究成果的来龙去脉,即回答为什么要研究相关的课题，目的是引出作者研究成果的创新论点，使读者对论文要表达的问题有一个总体的了解，引起读者阅读论文的兴趣。包括学术背景、应用背景、创新性三部分。

短篇科技报告也可用一段文字作为引言。

(2) 正文内容

正文是科技报告的核心部分，应完整描述相关工作的理论、方法、假设、技术、工艺、程序、参数选择等，本领域的专业读者依据这些描述应能重复调查研究过程。应对使用到的关键装置、仪器仪表、材料原料等进行描述和说明。

正文内容一般按提出观点，分析交代论据，得出结果和结论思路写作。可以分为：理论分析，分析交代论据，结果和讨论四部分来进行写作。

正文的层次结构应符合逻辑规律，要衔接自然、完整统一，可采用并列式、递进式、总分式等结构形式。

(3) 结论

结论是整篇文章的最后总结。论文结论部分要做到概括准确、结构严谨，明确具体、简短精练，客观公正、实事求是。

结论不是科技论文的必要组成部分。主要是回答“研究出什么”(What)。它应该以正文中的试验或考察中得到的现象、数据和阐述分析作为依据，由此完整、准确、简洁地指出：一是由研究对象进行考察或实验得到的结果所揭示的原理及其普遍性；二是研究中有无发现例外或本论文尚难以解释和解决的问题；三是与先前已经发表过的(包括他人或著者自己)研究工作的异同；四是本论文在理论上与实用上的意义与价值；五是对进一步深入研究本课题的建议。如果不能导出应有的结论，可以通过讨论提出建议意见、研究设想、仪器设备改进意见、尚待解决的问题等。

(4) 参考文献

论文中引用的文献、资料必须进行标注，文中标注应与参考文献一一对应。应著录最新、公开发表的文献，参考文献的数量不宜太少。内容顺序为：序号、作者姓名、文献名称、出版单位(或刊物名称)、出版年、版本(年、卷、期号)、页号等。

6. 结尾部分

(1) 附录

附录可汇集以下内容：

——编入正文影响编排，但对保证正文的完整性又是必需的材料；

——某些重要的原始数据、数学推导、计算程序、图、表或设备、技术等的详细描述。

——对一般读者并非必要但对本专业同行具有参考价值的材料。

(2) 索引

索引应包括某一特点主题及其在报告中出现的位置信息，例如，页码、章节编码或超文本链接等。可根据需要编制分类索引、著者索引、关键词索引等。

二、科技报告格式要求

1. 编号

(1) 章节编号

科技报告可根据需要划分章节，一般不超过 4 级，分为章、条、段、列项。其第一层次为章,章下设条,条下可再设条,依次类推。

章必须设标题,标题位于编号之后。章以下编号的层次为“条”,第一层次的条(例如 1.1),可以细分为第二层的条(例如 1.1.1)。章、条的编号顶格排,编号与标题或文字之间空一个字的间隙。段的文字空两个字起排,回行时顶格排。前言或引言不编号。

第三层次按数字编号加小括号编写,例如:(1)、(2)……,第四层次按字母编号加小括号编写,例如:(a)、(b)……第三和第四层次采用居左缩进两个字符。

(2) 图、表、公式编号

图、表、公式等一律用阿拉伯数字分别依序连续编号。 可以按出现先后顺序统一编号,如:图 1,表 2,式(3)等,也可分章依序编号,如:图 2–1,表 3–1,或式(3–1)等,但全文应一致。

(3) 附录编号

附录宜用大写拉丁字母依序连续编号,编号置于“附录”两字之后。如:附录 A、附录 B 等。附录中章节的编排格式与正文章节的编排格式相同,但必须在其编号前冠以附录编号。如,附录 A 中章节的编号用 A1,A2,A3……表示。

附录中的图、表、公式、参考文献等一律用阿拉伯数字分别依序连续编号,并在数字前冠以附录编号,如:图 A1;表 B2;式(B3)等。

2. 图示和符号资料

(1) 表

每个表在条文中均应明确提及,并排在有关条文的附近。不允许表中有表,也不允许将表再分为次级表。表均应编号。用阿拉伯数字从 1 开始对开始表连续编号,并独立于章和图的编号。只有一个表也应标明“表 1”。表必须有表题和表头。表号后空一个字接排表题,两者排在表的上方居中位置。如果表中内容不能在同一页中排列,则以“续表 X”排列,表头不变。

表头设计要简洁、清晰、明了。栏中使用的单位应标注在该栏表头名称的下方。如果所有单位都相同,应将计量单位写在表的右上角。表格中某栏无内容填写时,以短横线表示。表格中相邻参数的数字或文字内容相同时,不得使用“同上”或“同左”等,应以通栏形式表示。表格中系列参数的极限偏差,如不同,应另辟一栏分别填写在基本值后面,如相同,应辟一通栏填写。表格采用三线表形式,可适当添加必要的辅助线,以构成各种各样的三线表格,其中表格首尾主线线宽 1.5 磅,辅助线宽 0.5 磅。表注应在表的下方与表对齐,居左空两个字,六号宋体字;

表号与表题之间空一个汉字,表题段前段后间距 0.5 行,表后正文段前间距 0.5 行。

(2) 图

图应包括曲线图、构造图、示意图、框图、流程图、记录图、地图、照片等。

图应能够被完整而清晰地复制或扫描。图要清晰、紧凑、美观,考虑到图的复制效果和成本等因素,图中宜尽量避免使用颜色。每个图在条文中均应明确提及,并排在相关条文附近。

图宜有图题,置于图的编号之后。图的编号和图题应置于图的下方。图均应用阿拉伯数字从 1 开始连续编号。并独立于章、条和表的编号。只有一幅图也应标明“图 1”。只能对图进行一个层次的细分,例如:图1a,图1b。必须设图题。图号后空一个字接排图题,两者排在图的下方居中位置。图注应区别于条文中的注,图注应位于图与图题之间,图注应另起行左缩进两个字符。图中只有一个注时,应在注的第一行文字前标明“注”。当同一图中有多个注时,应在“注”后用阿拉伯数字从1开始连续编号,例如:注:1-×××　2-×××。每个图中的注应各自单独编号。图中坐标要标注计量单位、符号等。

图号与图题之间空一个字符,图题段前段后间距0.5行。

(3) 公式

科技报告中有多个公式时应用带括号的阿拉伯数字从1开始连续编号,编号应位于版面右端。公式与编号之间可用“…”连接。

每个公式在条文中均应明确提及,并排在有关条文之后。公式应另起一行居中排,较长的公式尽可能在等号处换行,或者在“+”“-”等符号处换行。上下行尽量在“=”处对齐。

公式下面符号解释中的“式中:”居左起排,单独占一行。符号按先左后右,先上后下的顺序分行空两个字排,再用破折号与解释的内容连接,破折号对齐,换行时与破折号后面的文字对齐。解释量和数值的符号时应标明其计量单位。

公式中分数线的横线,长短要分清,主要的分数线应与等号取平。

思考题

1. 简述数值修约规则。
2. 简述有效数字的计算法则。
3. 准确度与精密度有何区别?
4. 异常数据产生的原因有哪些?
5. 简述减少误差的方法。
6. 常用的可疑值处理方法有哪些?如何对检测结果可疑值进行取舍?
7. 原始记录和检测报告填写有哪些要求?
8. 检测报告主要内容有哪些?
9. 简述样品的交接和存放管理要求。
10. 核燃料元件生产有哪些限用材料?
11. 计量器具的彩色标志是何含义?
12. 简述放射性固体废物的处理办法。
13. 仪器设备的日常维护保养有哪些基本要求?
14. 计量有哪些特点?计量与测量有何区别?
15. 简述计量器具的A、B、C分类管理要求。
16. 通常,仪器安装和工作环境的有哪些要求?
17. 抽样检测的类别有哪些?计数抽样检测有哪些特点?
18. 检测规程或校准规范需要包含哪些主要内容?
19. 科技论文有哪些类型?
20. 科技论文主体部分由哪些构成?

参考文献

[1] 中国核工业集团公司人力资源部. 中国核能电力股份有限公司组织编写. 核反应堆核级设备检修工(基础知识)[M]. 北京:中国原子能出版社,2014.

[2] 中国核工业集团公司人力资源部. 中国核能电力股份有限公司组织编写. 核反应堆控制保护检修工(基础知识)[M]. 北京:中国原子能出版社,2014.

[3] 中国核工业集团有限公司人力资源部. 中国原子能工业有限公司组织编写. 核燃料元件性能测试工(物理性能测试中级技能 高级技能 技师技能 高级技师技能)[M]. 北京:中国原子能出版社,2020.

[4] 贺禹. 核电站基本安全授权培训教材[M]. 北京:中国原子能出版社,2014.

[5] 中国就业培训技术指导中心组织编写. 无损检测员[M]. 北京:中国劳动社会保障出版社,2010.

[6] 李家伟,陈积懋. 无损检测手册[M]. 北京:机械工业出版社,2002.

[7] 梁耀能. 工程材料及加工工程[M]. 北京:机械工业出版社,2001.

[8] 陈宝山,刘承新. 轻水堆燃料元件[M]. 北京:化学工业出版社,2007.

[9] 民用核安全设备无损检验人员资格鉴定委员会. 无损检验概论及民用核安全设备基本知识[M],2011.